普通高等教育"十一五"国家级规划教材

MATLAB 及其在理工课程中的应用指南

（第四版）

陈怀琛　编著

西安电子科技大学出版社

内 容 简 介

本书分为语言篇、数学篇和应用篇三部分，共 9 章内容。语言篇介绍 MATLAB 语言的发展情况及基本语法，有 4 学时的录像作为辅助教学手段，供 MATLAB 入门学习；数学篇给出了微积分、线性代数和概率统计三门数学课程中使用 MATLAB 解题的实例约 50 个，为使用计算机解决高等数学计算问题打下基础；应用篇给出大学低年级课程中用 MATLAB 科学计算方法解题的 60 多个实例，涉及大学物理、力学、机械、电工、电子、电机、信号和系统等约十门课程，比照这些程序，可以帮助读者提高完成各科作业的效率，例题中给出的图形、图像、声音、动画等，能有效地加强学生对概念的理解。

本书的适用范围较广：一是作为 MATLAB 及其应用（数学实验或科学计算导论等）课程的教材；二是作为某些低年级基础课习题的参考书；三是供相关课程的教师作为讲课和演示的工具；四是作为工程技术人员自学 MATLAB 的参考书。本书也是理工科大学生提高科学计算能力和学习效率的必备工具书。

图书在版编目(CIP)数据

MATLAB 及其在理工课程中的应用指南/陈怀琛编著. —4 版. —西安：西安电子科技大学出版社，2018.2(2024.5 重印)
ISBN 978 - 7 - 5606 - 4737 - 1

Ⅰ. ①M… Ⅱ. ①陈… Ⅲ. ①Matlab 软件－应用－理科(教育)－指南
Ⅳ. ①G423.02 - 39

中国版本图书馆 CIP 数据核字(2017)第 271014 号

策 划 毛红兵
责任编辑 万晶晶
出版发行 西安电子科技大学出版社(西安市太白南路 2 号)
电 话 (029)88202421 88201467 邮 编 710071
网 址 www. xduph. com 电子邮箱 xdupfxb001@163.com
经 销 新华书店
印刷单位 陕西天意印务有限责任公司
版 次 2018 年 2 月第 4 版 2024 年 5 月第 15 次印刷
开 本 787 毫米×1092 毫米 1/16 印张 17.5
字 数 399 千字
定 价 47.00 元
ISBN 978 - 7 - 5606 - 4737 - 1/F

XDUP 5029004 - 15

* * * 如有印装问题可调换 * * *

陈怀琛教授简历

陈怀琛，西安电子科技大学教授，1953 年 7 月毕业于军事电信工程学院，1980 年到美国宾夕法尼亚大学系统工程系做访问学者。

陈怀琛教授

毕业后留校任教，一直担任教学和科研工作。先后在机械系、自动控制系和电子工程系讲授过十多门课程。1984 年至 1994 年，任副校长，主管科研和研究生教育。

1994 年后，致力于推动大学课程和教学的计算机化，目标是使教师及学生都用计算机取代计算器，解决各课程的问题。在把 MATLAB 语言应用于大学课程教育方面，陈教授主持编写了《MATLAB 及其在理工课程中的应用指南》(2000)、《MATLAB 及在电子信息课程中的应用》(2002)、《数字信号处理教程——MATLAB 释义与实现》(2004)、《线性代数实践及 MATLAB 入门》(2005)、《实用大众线性代数》(2014)等八本教材，并发表论文十余篇。

2005 年以来，陈教授就线性代数中加强计算机实践的问题，在校内进行了大面积的宣传和试点，并用试点结果向教育部及数学教学指导委员会呼吁和谏言，得到重视。2008 年，高教司设立"用 MATLAB 和建模实践改造工科线性代数"项目，并指定陈怀琛为项目负责人，组织 19 所大学对此项目实施两年，从而推动了计算机在大学教学中的早期应用。

2016 年，他组织的团队制作了在线课程《实用大众线性代数（MATLAB 版）》，每学期都在中国大学 MOOC 网站上播放。

序

半个世纪以来，信息科技特别是计算机技术的飞速发展，大大加速了社会的改革进程。利用计算机不仅能使人们摆脱繁重的体力劳动，更快捷、更精确地进行生产，而且借助于计算机辅助设计(CAD)和辅助制造(CAM)，乃至计算机集成制造系统(CIMS)，可使企业的生产效率大幅度提高。

信息科技发展对高等教育的影响是深远的，特别是在理工科教学方面，普遍增设了计算机类的课程，使学生能够适应将来的工作环境。其实，在大学教育里，利用计算机手段提高教学效率，并使学生在实用中掌握计算技能同样是十分重要的。现在的中、老年教师都会记得曾经使用计算尺和电子计算器，来进行一般的算术和简单的函数运算。计算机，特别是微机的出现和普及，使原来因计算复杂而难以实现的问题得到了解决，有可能在教学中不再回避复杂计算，而将问题的分析引向更深的层次。

计算机的应用离不开计算语言，FORTRAN、BASIC ……已成功地应用于各种场合，但作为科学和工程问题，更多的是在分析计算(如常用的矩阵计算和复杂的函数运算)和形象图示等方面，应用通常的计算语言并不方便。为此，在 20 世纪 80 年代初期，推出了多种科学计算语言。MATLAB 就是应用最广泛的语言之一。它的特点是与科技人员的思维方式和书写习惯相适应，操作简易，人机交互性能好，从而使广大科技人员乐于接受。

基于以上原因，国外有许多理工科的书籍和教材已将 MATLAB 作为专用的科学计算语言融入专业内容之中，并从大学一年级就开始使用这种语言。实践表明，特别是对一些数值计算广泛应用的专业，教学效率和效果的提高是非常明显的。

过去，在 MATLAB 计算语言的使用上，国内高校与国外高校相比有较大的差距，客观原因是硬件条件较差，许多高校还不能为低年级学生提供必要的设备。近年来，情况已经有了很大的变化：不仅学校的设备条件得到了改善，而且许多学生都有了自己的微机。这就使理工科学生完全有可能将 MATLAB 这一科学计算语言学好用好，使之成为自己熟练掌握的工具，这会对自己提高当前学习效率和今后的工作带来较大裨益。

陈怀琛教授热心祖国教育事业，他在美国访问期间做了广泛的调查，并为西安电子科技大学购买了 MATLAB 的教学版。为了从大学一年级开始就能在许多课程里应用它，陈教授又与众多的基础课和专业基础课教师进行了多次探讨，并在学校开办了讲习班，收到了良好的效果。

为了能将这一工作在国内更快地推广，他又编写了这本应用指南。我认为将MATLAB用于各个理工科课程是一件刻不容缓的事，本书的出版将对这项工作起到推动作用。

保　铮　谨识
1999 年 11 月
于西安电子科技大学

前　言

　　2000 年本书初版，当时的想法是尝试用 MATLAB 解决大学低年级各门课程中的问题，主要的对象不是学生，而是方便教师示教。现在，17 年过去了。在这段时期，我们对于把计算机软件用于工科各课程的重要性有了更深的认识，对于如何在大学本科逐步培养学生的科学计算能力，有了较深的体会和实践，国际科学计算软件的发展也给了我们更多新启示。

　　(1) 在这期间我们拜读了吴文俊和钱学森先生 1989 年前后对"脑力劳动机械化"和"对工科数学改革"的精辟意见。吴文俊先生提出："我国在体力劳动的机械化革命中曾经掉队，以至造成现在的落后状态。在当前新的一场脑力劳动的机械化革命中，我们不能重蹈覆辙。"

　　钱学森先生写道："今天已是二十世纪后期，我们正面临世纪之交，所以要考虑二十一世纪会需要什么样的工科教育；保持五十年代的模式不行，保持八十年代的模式也不行。我想现在已经可以看到电子计算机对工程技术工作的影响；今后对一个问题求解可以全部让电子计算机去干，不需要人去一点一点算。而直到今天，工科理科大学一二年级的数学课是构筑在人自己去算这一要求上的。从解析几何、微积分、微分方程、复变函数论、偏微分方程等，无不如此。…… 所以理工科的数学课必须改革，数学课不是为了学生学会自己去求解，而是为了学生学会让电子计算机去求解，学会理解电子计算机给出的答案，知其所以然，这就是工科教学改革的部分内容。"

　　数学和工科大师的远见卓识，把我们写这本书时的朦胧意识提到了一个新的高度，工科数学改革的目标应该是使脑力劳动机械化(即计算机化)。不妨看看计算机的诞生地美国是如何实现这一点的。1946 年发明了计算机以后，1949 年，Leontiff 教授用计算机解出了以 42 阶线性方程组表示的美国经济模型，在 1973 年因此获诺贝尔奖。他把计算机用于解高阶线性方程组的成就引起了美国的线性代数热。其表现：一是在 20 世纪 70 年代末迅速开发了大型线性代数软件包 LINPACK，MATLAB 就是以它为基础推出的，使得线性代数不再是少数数学家的秘笈，而成为一般工程技术人员的手边工具；二是在大学里，把线性代数列为许多非数学专业的数学基础课，以便使学生会用计算机解题。

　　也许有读者会问，怎么钱先生没提线性代数？要知道，线性代数原先是数学系的课程，1960 年后才进入中外本科教学计划的。开始时一提到线性代数，数学教师们就习惯地去讲二十世纪前的抽象的经典理论，学生的反映是"听不懂，没有用"。因为许多经典方法只能处理几阶的小矩阵，理论很深很繁，但在求解几十阶的大矩阵时没什么用处，所以教给工科的理论必须从中筛选。同时要强化线性代数的实践：必须用计算机和数学软件，否则三阶以上的问题就解不出来，根本谈不上解决工程问题。认识到这点后，美国在 1990 年提出了改革线性代数教学的五项建议(LACSG recommendations)：(i) 要面向应用，满足非数学专业的需要；(ii) 它应该面向矩阵而不是向量空间；(iii) 它应该适应学生的水平和需要；(iv)它应该利用新的计算技术；(v)抽象内容应另设后续课程来讲。此后又大规模对教师进行 MATLAB 的培训，线性代数的教学内容才有了大的改观。中国的步伐有些落后，要赶快把计算机和数学软件补进去，少讲一些无用的古典理论。这就是我校从 2005 年开始的线性代数课程改革的主题，在教务处和理学院的支持下，试点取得了很好的成效，得到教育部数学教指委和高教司的高度肯定。

(2) 2008 年，高教司设立了"用信息技术工具改造课程"的项目，下分三类(基础课程，经管课程，艺术课程)18 个子项，本书作者有幸被任命为"用 MATLAB 和建模实践改造工科线性代数"子项的负责人。高教司要求由西安电子科技大学牵头，联合 15～20 所大学共同实施。项目从 2009 年启动，为期两年，其核心是在线性代数课程中推行 MATLAB 软件。这个项目的最大成绩是让全体学生在大一就接触和初步学会把计算机用于课程，深深地体会用计算机的甜头，为他们整个本科期间的学习打下现代化的基础。据 2011 年结题时的统计，两年内全国 19 个大学共有 45 000 名学生直接受益。许多参试的大学已将这个成果巩固下来，在以后各届学生中恒定地推行。以西安电子科技大学为例，2009 年之后入学的全体学生都在大一就学了 MATLAB 并尝到使用软件的甜头，在后续课学习和各种校际竞赛中显示出巨大的潜力。此项目的间接影响还在于：把数学软件引入大学数学和工程课程教学已成为教育界更多教师的共识，推动了更多课程的改革。

(3) 近年来科学计算软件的飞速发展证明了钱老的远见。大学工科中，最难学难用的，即钱老把它放在最后的数学课，要算是偏微分方程(Partial Differential Equation)了。它需要从最小的单元体出发建立方程，以便从场的概念出发更深入地解决问题。它的应用最广泛，可以应用于很多种物理系统。比如：化学(Schrodinger 薛定谔方程)；结构力学(弹性力学方程)；温度(热传导方程)；天气预报(地球风方程)；航空和涡轮设计(Navier-Stokes 流体动力学方程)；声学(Helmholtz 方程)；电磁场(Maxwell 方程)……能在任意介质、任意边界条件下，快速准确地得出这些偏微分方程的数值解，就可以体现数学对工程的最大支持，也反映了工程对数学的最高需求。

解这样的问题，原理上并没有什么困难，只要在三维空间用有限元法，对每一个单元列出几个代数方程即可。但这就将出现极大的阶数，如果把研究区域的每个方向都分成 100 小段，三维空间就将形成 100 万个单元，写出的矩阵方程就将是几百万阶的，如果仍用线性代数软件包 LINPACK 为基础的 MATLAB，目前的微型机无论从速度上和存储量上都无法完成这个任务，所以要作各种特别的处理。例如考虑到有限元法中，系数矩阵通常是稀疏的，有大量的零元素，可以节省时间，于是就开发出稀疏矩阵的特殊算法；此外还可以用外联的服务器和并行处理的方法来提高效率，这些都需要数学家和软件工作者的合作。按照这个思路，国际上已经开发出多种软件，比较出色的是 COMSOL Multiphisics 多物理场耦合仿真软件，它实际上就是从 MATLAB 中的偏微分方程(PDE)工具箱发展而来的。因为实际的工程系统中都有多种物理现象交互作用，所以它在数学上就相当于求几个联立偏微分方程组的数值解。

(4) 工科学生的数学能力应该怎样培养？

这样的软件工具，对工程师和科学家而言，整个求解的过程，概念非常清楚，计算过程也是透明的，但计算的细节完全由计算机完成，任何单个的工程师或数学家都不可能知道其全部。这代表了未来工程师和科学家的工作环境，从中也可以看出该如何培养工程师的数学能力，使数学真正成为工程师的工具。从教育学角度来考虑，重要的是如何把这样的工具的原理、思路、选用、判断结果等的关键点，用较少的时间教给学生，既不要求学生求证公式，也不要学生掌握编程的细节，只需要他们掌握总的思路。这才能使他们能在几年之内，从一个中学生进入现代化工程科学的殿堂。

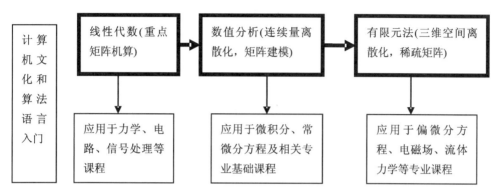

上面画出的是实现工科数学和课程改革的一种路线图。其中粗线表示的是数学课构成的一条主线。计算机语言和操作课要围绕主线所需基础做准备，必须先学会直接能进行科学计算的高级语言，如 MATLAB 或 Mathematica 等，只学 C 语言等是不行的。美国二十多年和我们近十年的经验证明，在线性代数课程中把 MATLAB 入门融合进去是最佳的选择。其他工程课和数学课要尽量应用矩阵建模和计算机解题，使学生熟练主线内容。按这样一个大思路来构成的教学计划和大纲将能够较好地实现钱学森先生提出的工科数学教学改革的目标。我们希望有志于此的大学能够开始试验并创造出灿烂多样的优秀方案，把我国的工科数学改革提到一个新水平。

从这个角度出发，希望我们这本书能起一个导引的作用。第四版的增补主要在第 9 章末尾增加了一个偏微分方程（热传导方程）数值解的例题。这个例子其实在本书第一版中是有的，后来考虑到有些偏深，就把它删去了。现在看还是添上比较完整，符合现代科学计算为工程服务的总趋向。只是把原来的静电场问题换成温度场，使低年级读者更容易体会。新版的程序集名为 dsk07n，它比上一版只增加了两个程序 exn951 和 exn952。

尽管作者年事已高，但只要一息尚存，我还是愿意继续修改我的作品，希望广大读者继续不吝对本书提出批评和建议。

陈怀琛

于西安电子科技大学

2017 年 12 月

第 三 版 前 言

本书的第一版于1999年8月写成，2000年1月出版。当时正值世纪之交，全世界大学的计算工具正处在由计算机全面取代计算器之际。当时出版的目的就是为了推动中国大学的课程教学普遍采用计算机，与国际接轨。是否会使用计算机进行科学计算，就看是否会使用科学计算语言，所以在这里，"学会MATLAB"就是"用计算机进行科学计算"的同义语。八年后的今天，回顾起来，科学计算的普及，在中国有了很大的进步，但是国外的进步更快，我国在大学课程中使用计算机方面与其他国家的差距在不断加大。其标志之一就是在大部分课程的教学大纲中，没有反映出计算机在课程教学中的应用。邓小平提出"教育要面向现代化、面向世界、面向未来"的要求，在各门课程中还未充分体现。

从新型（即全面使用科学计算语言）教科书的出版时间来看，目前我国与美国的比较如下：自动控制课落后三年，信号处理课落后八年，线性代数课落后至少十年（因为中国至今还没有出过这样的教材）。而实际使用新型教材的学校和教师，则更少得可怜。中国这么大，大学生有几千万，大学教师上百万，如果只有几十位、几百位教师在课程中试点使用计算机解题，只有少数几种使用MATLAB的书籍被用做教材，那只能说大学教学只有百分之零点几进入了计算机时代，其平均水平还远远落后于发达国家。

军队是否现代化，首先看军人使用的武器；工厂是否现代化，首先看技术人员和工人的装备；教育是否现代化，当然首先要看第一线师生向科学进军所用的工具。我们国家国防现代化和工业现代化的口号很响亮，但教育现代化的呼声却比较弱，也许这就是课程和教材改革缓慢的症结所在。各级教育主管部门如果真正想把"教育要面向现代化"落到实处，那就一定要把各门课程中使用计算机的状况作为一项重要指标进行评估和检查。只有这样，才能缩小与国际水平的差距。

1999年笔者编写本书第一版时，并没有把它用做教材的明确思想，而主要是想告诉各门理工课程的老师，科学计算语言可以用于他们的课程，并可大大提高计算的效率，所以该版注重于面向教师而不是学生，注重于学术讨论而不是教学。根据读者的反映，原书的优点是对不少课程的现代化起到了推动作用，帮助一些教师解决了课程中从示教到计算的许多难题。它的缺点主要是面太宽，一本书涉及了十多门课，虽然这些课学生都是要学的，但教师很难教。因此，在教学计划中需要一门适当的课程来实施这本教材。

为了使本书能适应"十一五"规划教材的目标，此次修订就想既能保持为各门课程的现代化服务的优点，又能使它适合教学的需要，为此笔者对原版教材从以下几方面做了修订：

（1）加强MATLAB用于数学的部分。基础数学教学指导委员会近年来对数学软件的教学给予相当的重视，提出要逐步将它变为必修课，各个学校纷纷开出了这类课程。课程名尚不规范，如"数学实验"、"科学计算导论"、"MATLAB及其应用"、"数学建模和数学软件"等等。本书的目标是为这类新课程提供教材，所以就增加了数学部分的篇幅。为此，我们把最新中外高等数学教材[5-9]中用计算机求解的一些例题充实到本书中。但有些数学书中采用的软件为 Mathematica，所用的方法则为符号数学，与工科的需求有距离。工科的后续课中主要使用 MATLAB，而且工科学生应该以数值计算为主。遵循这样的原则，我们改编了数学部分的讲解方法和程序，并且在每节的最后给出了习题，把数学的篇幅扩大了近两倍，单独设为本书的第二篇。这样，本书的语言篇和数学篇就可以构成数学软件课程了。

尽管这本书可以用于"数学实验"课，但数学实验与理论分别设课，对微积分还可以，对线性代数就不合适，会使理论更加脱离实际，忽视计算机的应用，与国际的发展方向不符。学习数学软件，应当是面向后续课和工程实践。这样才能有的放矢，找到改革的动力和方向，本书的应用篇就反映了这种思想。不过，中国目前首先要培养足够的能教数学软件的教师，也许设立一门"数学实验"课有利于建设一支稳定的教师队伍，为把数学实验并入数学理论课准备条件。

（2）应用篇主要反映科学计算语言的应用价值，也反映数学在各门课程中的重要基础地位。这部分内容也使本书给学生留有可品的余味，是本书原有的特色，笔者尽量予以保留。为了加强数学篇与应用篇的联系，在数学篇的各节中，都加入了【应用篇中与本节相关的例题】，这样就扩展了数学篇中例题的数量，教师也可以根据学生的专业和实际水平，把应用篇中的相关实例适当地引进课程，使课程变得更加生动和实用。

（3）为了控制书的篇幅，我们把原书的语言篇和应用篇进行了压缩。语言篇删去了一些大学本科用不到的函数库，应用篇将范围限定为机电类一、二年级的课程，按此范围删去了原书中一些偏深的例题。

这三项是本书修订的主要方面。其他的一些修改主要是为了适应 MATLAB 的不断升级。本书中有时会出现语言篇和后面两篇的某些重复，这并不奇怪，我们也没有刻意去改它，因为读者不一定从头到尾地按顺序看这本书。特别是语言篇，完全可以挑着看，用到什么读什么。在后两篇中涉及某些语言问题时，假定读者没看过或已遗忘，给出一些重复提示，应该是有益的。

本书的全部例题程序集取名为 dsk07，可以在西安电子科技大学出版社的网站 http://www.xduph.com 上免费下载。如果下载不成功，读者也可以访问作者的主页 http://chen.matlabcdu.cn，从中找到下载文件。原来与"语言篇"配套的四学时的录像带，现已升级为一张教学光盘，定价 10 元，邮寄 10 元，可与作者用电子邮件联系购买。

我校的老师高淑萍、冯晓慧曾用本书的老版本开设过"数学实验"选修课，此次修订中，安玲玲、张卓奎、冶继民等老师阅读了部分稿件，他们都对本书提出了许多有益的建议，笔者谨对他们的帮助表示感谢。本人热忱欢迎读者提出有关本书的改进意见，再次修改时将会继续改进。作者联络方法如下：

邮政地址：（710071）西安电子科技大学 334 信箱

电话：（029）88202988

电子邮址：hchchen1934@vip.163.com 或 hchchen@xidian.edu.cn

陈怀琛

2007 年 4 月 30 日

第 一 版 前 言

1. 为什么要写这本书？

从 20 世纪 80 年代起，出现了科学计算语言，也称为数学软件。因其高效、可视化和推理能力强等特点，在大学教育和科学研究中，正迅速取代 FORTRAN 和 BASIC 语言。这类语言中已商品化的有 MATLAB、MATHEMATICA、MATHCAD、MAPLE 等，它们的功能大同小异，又各有所长。目前在工程界流行最广的是 MATLAB 语言，这种语言首先在研究生课程中应用，如自动控制和信号处理等课程，并开始有这方面的教材，随后在各种课程中广泛使用。根据最近因特网上的检索，美国已有 300 多种有关 MATLAB 语言的书籍，仅 Prentice-Hall 出版社近 3 年内出版的将 MATLAB 用于各门课程的教材就超过百种，其范围包括：微积分、矩阵代数、应用数学、物理、力学、信号与系统、电子线路、电机学、机械振动、科学计算、有限元法、计算机图形学、自动控制和通信技术等。

这种算法语言为何能大大提高教学的效率呢？

（1）它可用一种几乎像通常笔算式的简练程序，把繁琐的计算交给计算机去完成。

（2）由于它的表达式简练而准确，往往可以简化公式的推导和概念的叙述。

（3）它可以方便迅速地用三维图形、图像、声音、动画等表述计算结果，帮助逻辑思维。

（4）它可很方便地把复杂的计算过程凝聚成一个程序，以后可随意调用，避免教学中的重复计算。

（5）它的可扩展性强，在学好其基础部分之后，还有几十种工具箱可用于各类科研需要，这可缩短学习和实践工作的距离。

由于这些特点，我认为，应该把 MATLAB 作为一种贯穿大学学习全过程的语言教给学生。这就是说，① 应该使一年级大学生就初步学会这种语言；② 应该在以后的各门主要课程中不断地反复应用和深化。

近几年来，有关 MATLAB 语言的书籍在我国逐渐增多，已有十多种，但它们都不适用于低年级本科教学。为了使各科的老师看到 MATLAB 在相关课程中的应用价值，为了指导学生在学习各门课程中能利用 MATLAB 语言解题，我们编写了这本教材。

2. 本书的构成

本书包括语言篇和应用篇两篇。

第一篇为语言篇，介绍 MATLAB 语言的基础。这部分内容既可自学，也可与西安电子科技大学电教中心出版的录像带配套使用。该录像带共有 4 节课（每节课 50 分钟），以一年级大学生为对象。在 MATLAB 的基础部分中，那些大学本科用不到的内容，我们只作简述并用小字印刷。本书不使用 MATLAB 的工具箱，一是因为大学三年级以前用不到，二是过早应用工具箱不利于低年级学生理解概念和掌握编程。

第二篇是应用篇，是 MATLAB 语言在大学课程中的应用举例。本篇列举了大学本科（以电子和机械专业为主）的十多门基础课程中使用 MATLAB 语言的近百个示例。这些例题能启发学生应用的兴趣，并提高他们的编程技巧。实际上，由于 MATLAB 语言与数学基础有密切关系，学生不可能在学习语言入门后就马上掌握各种应用。通过应用篇，大学生可随着知识的增长，从一年级到三年级一直把这本书用做参考书。三年级以后的有些课程需要 MATLAB 语言的控制系统工具箱或信号处理工具箱，读者还需阅读专门的书籍。

为了使本书能作为一本指南和手册，书中列出了 MATLAB 的全部基本函数，并采用了多种索引方法。对于一些重要的函数，本书给出了它们的应用例题，以便查阅它们的用法，并列出了按字母排序的 MATLAB 函数索引，以便读者阅读程序时反向查找。在每个例题中也指出了其语法和编程的特点。

3. 在本科教育中使用 MATLAB 语言对提高教学的效率十分有益

人类的知识正以指数规律飞速增长，21 世纪将是知识经济的时代。使我们年轻的一代以最高的效率掌握人类已有知识的精华，又能以最快的速度和现代化方法去创新和探索，这是我们高等教育界的奋斗目标。

我们知道，借助于计算机辅助设计和制造（CAD 和 CAM），设计业和制造业已大大地提高了效率，创造了空前的物质财富。在教学领域，如果能像设计业和制造业那样利用计算机，把师生从繁琐重复的低级劳动中解放出来，把更多的时间用于概念的思考，那么教学的效率也必然大大提高。现在各大学开设某些计算机课程，只是为了学生就业的需要，很少对学生在校学习有直接的帮助。目前大学生的学习工具还是"计算器水平"，MATLAB 语言在大学教学中的普遍推广，可以与设计业中广泛应用的 CAD 相媲美，它可使计算机真正成为教学的有力工具。

作者从 1995 年初开始接触 MATLAB，先是用于自动控制课程，而后用于信号处理，并且一直致力于把它推广应用于大学教学的全过程。经验说明，后者是一件很艰难的工作，需要有各课程大批教师的参与，更需要领导的大力支持，例如购买教学版软件，并创造上机条件等。本书涉及如此多的课程，也足以说明，推广 MATLAB 语言是一个有全局意义的问题，教育部门的领导应像设计和工业部门抓"甩图板"那样来抓好这件事。

4. 致谢

作者虽然已任教 46 年，教过十多门课程，但因为这本书涉及的学科领域广泛，还没有这样的书籍作为先例，写起来有相当难度，包括构思、选材、编程和注释都要从头做起，并要使程序简短易读，能被大学生看懂。在此作者对陈开周、祝向荣、刘三阳、冯晓慧、陈怀琳（北京大学）、徐雄（Ohio State University）、过巳吉、葛德彪、吴振森、郭立新、王德满、曾余庚、贾建援、黄一红、仇原鹰、张永瑞、冯宗哲、孙肖子、沈耀忠、戴树荪、路宏敏等（以章次排列）各位老师致谢，他们为本书提供了许多例题或程序，并提出了一些宝贵的意见，对本书的编写有很大的帮助。作者还要感谢责任编辑毛红兵，她对本书的及时出版也作出了贡献。作者也特别感谢中科院院士保铮教授对本书的支持。

陈怀琛

1999 年 8 月 31 日

符号及标注说明

（1）由于本书涉及大量的计算机程序，而程序中无法输入斜体和希文字母，因此为统一起见，本书中使用的符号均为正体；程序中采用国际上惯用的象形符号，例如在叙述中使用的符号 ω（希），在程序中用 w（或 W）代替；叙述中使用的带上下标的符号，如 a_1、ω_s、T_s 等，在程序中用 a1、ws、Ts 等代替。

（2）为了使全书公式与程序相统一，本书中涉及的矢量和矩阵没有用黑体表示。

（3）在本书的图中，凡是计算机自动生成的 Y 坐标标注，字体旋转 $90°$，而人工生成的 Y 坐标标注，字体未旋转 $90°$。

（4）在应用篇中，由于各例题来自不同的领域及课程，因此程序中的符号大小写未要求统一。

目 录

第三篇 应 用 篇

第一篇　语　言　篇

MATLAB 是一种与数学密切相关的算法语言。本篇的内容设计适合大学一年级下学期的水平。要求学生有一定的计算机操作技能，并且有矩阵运算的基本知识。这样，学生在学习本书的 1～3 章和第 4 章的部分内容时将不会有多少困难。

第 4 章中介绍的某些内容需要较多的高等数学知识，要随着年级的增加才能逐渐深入掌握这些内容。读者可根据自己的数学水平进行自学，并可与应用篇联系起来深入体会。

MATLAB 的基本函数都包括在路径为 MATLAB\toolbox\matlab 的子目录下，我们称它为 MATLAB 的基本部分。MATLAB 所有的强大功能（称为各种工具箱）都是由这些基本函数编程完成的。本书不涉及工具箱，只介绍基本部分中的函数。即使如此，其中还有不少大学本科中用不到的内容，过去的版本中用小字列出，使本语言篇还具备一定的手册功能。此次修订中，我们将本书明确定位为教材，为了减少篇幅，删除了这些内容。好在现在关于 MATLAB 的书籍已非常多，读者容易查找到相应的参考书。不过，语言篇中仍有少数内容超过了大学低年级学生的数学基础，这部分内容可以先跳过去，待需要时再看。

MATLAB 的符号运算功能在近几年中有了很大的发展，并且为数学界在数学实验课中广泛应用。本书仍保持原有的以数值计算为主的宗旨，并适当地增加了对符号运算知识的介绍。

第 1 章　MATLAB 语言概述

1.1　MATLAB 语言的发展沿革

MATLAB 是一种科学计算软件，主要适用于矩阵运算及控制和信息处理领域的分析设计，它使用方便，输入简捷，运算高效，内容丰富，并且很容易由用户自行扩展。MATLAB 当前已成为美国和其他发达国家在大学教学和科学研究中最常用而且必不可少的工具。

MATLAB 是由美国 Mathworks 公司于 1984 年正式推出的，到 1988 年推出了 3. x (DOS)版本；1992 年推出了 4. x 版本；1997 年推出了 5. x 版本；2000 年推出了 6. x 版本；2005 年推出了 7. x 版本。随着版本的升级，内容不断扩充，人机界面更加生动易学。另一方面，版本的升级对使用环境也提出了更高的要求。对于初学者掌握其语法基础来说，各版本的差别不太大。考虑到国内多数学校本科计算机软、硬件资源的条件，本书将以 6. x 版本为标准。

MATLAB 是"矩阵实验室(Matrix Laboratory)"的缩写，它是一种以矩阵运算为基础的交互式程序语言，是专门针对科学和工程中计算和绘图的需求而开发的。与其他计算机语言相比，其特点是简洁和智能化，适应科技专业人员的思维方式和书写习惯，使得编程和调试效率大大提高。它用解释方式工作，键入程序立即得出结果，人机交互性能好，使科技人员乐于接受。特别是它可适应多种平台，并且随着计算机软硬件的更新而及时升级。MATLAB 语言在国外大学的工学院中，特别是在数值计算用得最频繁的电子信息类学科中，已成为每个学生都掌握的工具了。它大大提高了课程教学、解题作业、分析研究的效率。学习掌握 MATLAB，也可以说是在科学计算工具上与国际接轨。

MATLAB 语言比较好学，因为它只有一种数据类型，一种标准的输入输出语句，不用"指针"，不需编译，比其他语言少了很多内容。听三四个小时课，上机练几个小时，就可入门了，以后自学也十分方便，通过它的演示(Demo)和求助(Help)命令，人们可以方便地在线学习各种函数的用法及其内涵。

MATLAB 语言的难点是函数较多，仅基本部分就有 700 多个，其中常用的有二三百个，要尽量多记少查，这样可以提高编程效率，而且将会终身受益。

1.2　MATLAB 语言的特点

MATLAB 语言有以下特点：

1．起点高

（1）每个变量代表一个矩阵，它有 n×m 个元素。从 MATLAB 名字的来源可知，它以矩阵运算见长，在当前的科学计算中，几乎无处不用矩阵运算，这使它的优势得到了充分的体现。

（2）每个元素都看做复数。这个特点在其他语言中也是不多见的。

（3）所有的运算都对矩阵和复数有效，包括加、减、乘、除、函数运算等。

2．人机界面适合科技人员

（1）语言规则与笔算式相似。MATLAB 的程序与科技人员的书写习惯相近，因此易写易读，易于在科技人员之间交流。

（2）矩阵行列数无需定义。要输入一个矩阵，用其他语言时必须先定义矩阵的阶数，而 MATLAB 则不必用阶数定义语句。输入数据的行列数就决定了它的阶数。

（3）键入算式立即得出结果，无需编译。MATLAB 是以解释方式工作的，即它对每条语句解释后立即执行，若有错误也立即作出反应，便于编程者马上改正。这些都大大减少了编程和调试的工作量。

3．强大而简易的作图功能

（1）能根据输入数据自动确定绘图坐标。

（2）能规定多种坐标系（极坐标、对数坐标等）。

（3）能绘制三维坐标中的曲线和曲面。

（4）可设置不同的颜色、线型、视角等。

如果数据齐全，通常只需一条命令即可出图。

4．智能化程度高

（1）绘图时自动选择最佳坐标以及自动定义矩阵阶数。

（2）作数值积分时自动按精度选择步长。

（3）自动检测和显示程序错误的能力强，易于调试。

5．功能丰富，可扩展性强

MATLAB 软件包括基本部分和专业扩展两大部分。基本部分包括：矩阵的运算和各种变换，代数和超越方程的求解，数据处理和傅里叶变换，数值积分等，可以充分满足大学理工科本科的计算需要。本书将介绍这部分的主要内容。

扩展部分称为工具箱。它实际上是用 MATLAB 的基本语句编成的各种子程序集，专门用于解决某一方面的问题，或实现某一类的新算法。现在已经有控制系统、信号处理、图像处理、系统辨识、模糊集合、神经元网络、小波分析等 20 余个工具箱，并且它们还在继续发展中。

MATLAB 的核心内容在它的基本部分，所有的工具箱子程序都是用它的基本语句编写的，学好这部分是掌握 MATLAB 必不可少的基础。

1.3　MATLAB 的工作环境

不同版本的 MATLAB 要安装在不同的操作系统下。MATLAB 4.0 以后的版本都是以 Windows 操作系统为基础的。它的工作环境主要由命令窗（Command Window）、若干个图形窗（Figure Window）、文本编辑窗（File Editor Window）组成。另外，还可以打开一些辅助视窗。作为入门课程，本章将把重点放在命令窗和图形窗上。

1.3.1　命令窗

在 Windows 桌面上，双击 MATLAB 的图标，就可进入 MATLAB 的工作环境。首先出现 MATLAB 的标志图形，接着出现其缺省的桌面系统，如图 1－1 所示。

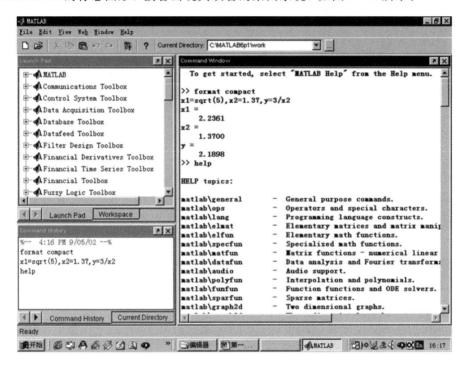

图 1－1　MATLAB 6.x 的桌面系统

其左上视窗为资源目录（Launch Pad），可切换为工作空间（Workspace）；其左下视窗为历史命令（Command History），可切换为当前目录（Current Directory）；右半个视窗则为命令窗（Command Window）。命令窗是用户与 MATLAB 进行人机对话的主要环境。"＞＞"是它的提示符，可以在提示符后键入 MATLAB 的各种命令并读出相应的结果。例如键入

x1＝sqrt(5)，x2＝1.37，y＝3/x2

答案为

x1＝2.2361　　　x2＝1.3700　　　y＝2.1898

命令窗主菜单的有些项目与 Word 相仿，这里只对其中几个主要的做一些说明。

• format 命令：在 MATLAB 默认的 format loose（稀疏格式）下，屏幕上的显示会有许多空行，如果键入 format compact（紧凑格式），空行就会去掉。format 命令还可以控制数字显示的方式。虽然 MATLAB 只采用双精度格式进行数据的存储和运算，但数字的显示格式可以有八种。在各种格式的控制命令下圆周率 π 的显示结果如表 1－1 所示。

表 1 - 1　数字显示的八种格式

MATLAB 命令	显 示 形 式	说　　　明
format long	3. 141 592 653 589 79	定点 15 位十进制数
format short e	3.1416e+000	浮点 5 位十进制数加指数
format long e	3. 141 592 653 589 793e+000	浮点 15 位十进制数加指数
format hex	400921fb54442d18	16 位十六进制数
format bank	3. 14	2 位小数
format +	+	正、负或零
format rat(默认)	355/113	分数近似
format short	3.1416	定点 5 位十进制数

显示格式也是 MATLAB 接受输入数据的格式。

· 命令窗编辑功能：键入和修改程序的方法与通常的文字处理相仿。特殊的功能键为

　　ESC　　恢复命令输入的空白状态

　　↓　　　调出下一行命令

　　↑　　　调出上一行(历史)命令

命令窗编辑功能在程序调试时十分有用。对于已执行过的命令，如要做些修改后重新执行，则可不必重新键入，用↑键调出原命令做修改即可。

· 主菜单中的编辑项功能：用它可以把屏幕上加深选定了的文字裁剪(Cut)或复制(Copy)下来，放在剪切板(Clip Board)上，然后粘贴(Paste)到任一其他视窗的任何位置上去。这是 MATLAB 与其他软件(例如 Word)交换文件、数据和图形的重要方法。

· 主菜单中的视图项功能：用它可以改变屏幕上显示的视窗布局。例如，我们希望只显示命令窗，使它占整个屏幕，如图 1 - 2 所示，依次引出 View 的下拉菜单，即【View】→【Desktop Layout】→【Command Window Only】。

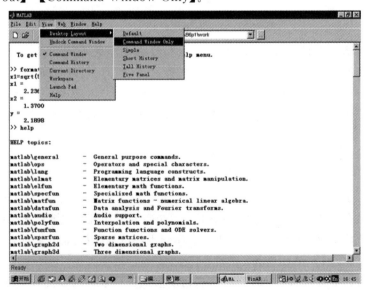

图 1 - 2　只显示命令窗的屏幕及其生成的菜单

· 键入"help"，屏幕上将显示系统中已装入的函数库（即子目录）的名称。如果只装了 MATLAB 的基本部分，则屏幕上将显示出表 1－2 中所示的子目录名称。

表 1－2　MATLAB 基本部分目录下的函数库

库 内 容	库名及其路径	在本书中的章节
数据分析函数库	MATLAB\toolbox\matlab\datafun	4.1 节表 4－3
动态数据交换函数库	MATLAB\toolbox\matlab\dde	3.3 节表 3－4
初等数学函数库	MATLAB\toolbox\matlab\elfun	2.3 节表 2－4
基本矩阵和矩阵运算函数库	MATLAB\toolbox\matlab\elmat	2.1 节表 2－1
时间和日期函数库	MATLAB\toolbox\matlab\timefun	3.1 节表 3－2
函数功能和数值积分函数库	MATLAB\toolbox\matlab\funfun	4.4 节表 4－7
通用命令函数库	MATLAB\toolbox\matlab\general	3.1 节表 3－1
数据类型库	MATLAB\toolbox\matlab\datatypes	未列出
通用图形函数库	MATLAB\toolbox\matlab\graphics	2.5 节表 2－10
低层输入/输出函数库	MATLAB\toolbox\matlab\iofun	3.3 节表 3－3
语言结构函数库	MATLAB\toolbox\matlab\lang	2.6 节表 2－13
矩阵和线性代数函数库	MATLAB\toolbox\matlab\matfun	4.2 节表 4－4
运算符和逻辑函数库	MATLAB\toolbox\matlab\ops	2.4 节表 2－5
二维图形函数库	MATLAB\toolbox\matlab\graph2d	2.5 节表 2－9
特殊图形函数库	MATLAB\toolbox\matlab\specgraph	2.5 节表 2－12
三维图形和光照函数库	MATLAB\toolbox\matlab\graph3d	2.5 节表 2－11
多项式和插值函数库	MATLAB\toolbox\matlab\polyfun	4.3 节表 4－6
稀疏矩阵函数库	MATLAB\toolbox\matlab\sparfun	未列出
特殊函数库	MATLAB\toolbox\matlab\specfun	4.4 节表 4－5
字符串函数库	MATLAB\toolbox\matlab\strfun	4.5 节表 4－8
用户界面工具库	MATLAB\toolbox\matlab\uitools	未列出
MATLAB 演示库	MATLAB\toolbox\matlab\demos	未列出

※ 键入 help 子目录名，如 help elfun，即得出 elfun 库中各函数名。

※ 键入 help 函数名，如 help tan2，即得到 tan2 函数的意义及用法。

· 退出 MATLAB 有两种方法。一种是键入 exit 或 quit，另一种是用鼠标双击左上角的小方块或单击右上角的×号，后者是非正常退出，该过程中所有的输入命令将不记录在"历史命令"中，所以应当尽量避免使用。

1.3.2　图形窗

通常，只要执行了任意一种绘图命令，就会自动产生图形窗，以后的绘图都在这一个图形窗中进行。如想再建一个或几个图形窗，则可键入 figure，MATLAB 会新建一个图形窗，并自动给它依次排序。如果要人为规定新图为图 3，则可键入 figure(3)。如要调看已经存在的图形窗 n，也应键入 figure(n)。

在命令窗中，键入 figure，得出空白的图形窗。如键入 logo，即可生成 MATLAB 的标志图形，如图 1 - 3 所示。图形窗上的一排按钮，可以用来对图形进行修改或注释。

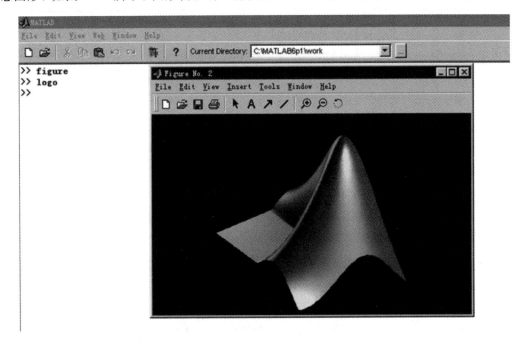

图 1 - 3　MATLAB 6.x 的命令窗、图形窗和标志图形

1.3.3　文本编辑窗

MATLAB 程序编制有两种方式。一种称为行命令方式，这就是在命令窗中一行一行地输入程序，计算机每次对一行命令作出反应，像计算器那样。这只能编简单的程序，在入门时可以用这种方式。程序稍复杂一些，就应把程序写成一个由多行语句组成的文件，让 MATLAB 来执行这个文件。编写和修改这种文件程序就要用到文本编辑器。

命令窗上方最左边的按钮是用来打开文本编辑器空白页的，左边第二个按钮是用来打开原有程序文件的。打开后的文本编辑窗见图 1 - 4。

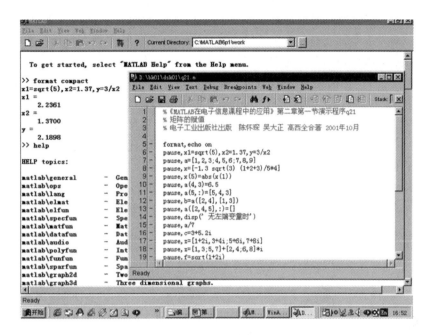

图 1 - 4　MATLAB 6.x 的命令窗和文本编辑窗

1.4　演 示 程 序

在命令窗中键入 demo，将出现 MATLAB 的演示视窗，如图 1 - 5 所示。

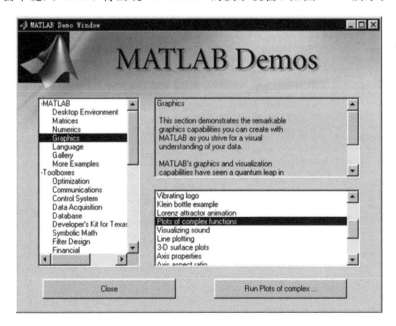

图 1 - 5　MATLAB 的演示视窗

　　演示视窗的左侧是库目录。图 1 - 5 中选定的是图形类(Graphics)，右方上部是对该演示库的说明，下部则是库中各项目的名称。双击该名称或选中该项目后点击右下角的

【Run . . .】方框，即出现该项目的演示界面。通常，演示画面的右侧是一些功能按钮，左上半部是图形，而左下半部则是相应的 MATLAB 程序语句。还可以在界面上直接修改这些语句并重新执行，因此演示程序也是一个很好的学习手段。

例如，图 1 - 5 中选的是 MATLAB 的基本部分【MATLAB】中的绘图库【Graphics】，下选的项目是复数函数图形【Plots of complex functions】。当前选择的例子是复数 z 的三次方(【z^3】按钮)，如图 1 - 6 所示。此图中，底平面表示复数自变量 z 的实部和虚部所张的平面，而高则表示 z^3 的绝对值大小。读者可自行判断为什么此图形有三个翼。注意左下角方框中就是生成此图的 MATLAB 程序，其中前两句是注释，只有后两句是有实效的。这说明 MATLAB 的程序非常简练。修改这两个语句的参数就可改变相应的图形。例如，将最后语句中的末尾数字由 3 改为 5，再用鼠标点击图形部分，即可生成 z^5 的图形。

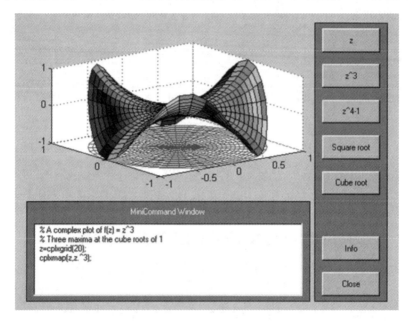

图 1 - 6　复数图形的演示视窗

第 2 章　MATLAB 的基本语法

2.1　变量及其赋值

2.1.1　标识符与数

标识符是标志变量名、常量名、函数名和文件名的字符串的总称。在 MATLAB 中，变量和常量的标识符最长允许 63 个字符；函数和文件名则通常不超过八个字符，如果 MATLAB 安装在能管理长文件名的操作系统中，那么，函数名和文件名也可以取长些。用于标识符的合法字符包括全部的英文字母（大小写共 52 个）、阿拉伯数字和下划线等符号。标识符中第一个字符必须是英文字母。MATLAB 对大小写敏感（Case Sensitive），即它把 A 和 a 看做两个不同的字符。

MATLAB 内部只有一种数据格式，那就是双精度（即 64 位）二进制，对应于十进制 16 位有效数和 ±308 次幂。MATLAB 运算和存储时都用双精度格式，这对绝大多数工程计算足够了，许多情况下过于"浪费"。在一些其他的算法语言中设有多种数据格式，如字符型（8 位）、整数型（16 位）、单精度型（32 位）等，这样可节省内存和提高速度，但增加了编程的复杂性。MATLAB 把简化编程作为其主要目标，省去了多种数据格式，但也在运算速度和内存消耗方面付出了代价。不过现在计算机的时钟频率和内存容量都以几何级数迅速增长，MATLAB 付出的代价很容易得到弥补。虽然它的数据格式只有一种，但为了人机交互的友好方便，其输出显示格式有八种，这在第 1 章中已指出。

2.1.2　矩阵及其元素的赋值

赋值就是把数赋予代表常量或变量的标识符。MATLAB 中的变量或常量都代表矩阵，标量应看做 1×1 元的矩阵。赋值语句的一般形式为

　　变量＝表达式（或数）

　　例如：输入语句

　　a＝[1 2 3；4 5 6；7 8 9]

则显示结果为

　　a＝1　2　3
　　　　4　5　6
　　　　7　8　9

输入

　　x=[-1.3 sqrt(3) (1+2+3)/5*4]

结果为

　　x=-1.3000　　　1.7321　　　4.8000

可以看出，矩阵的值放在方括号中，同一行中各元素之间以逗号或空格分开，不同的行则以分号隔开，语句的结尾可用"回车"或逗号，此时会立即显示运算结果。如果不希望显示结果，就以分号结尾，此时运算仍然执行，只是不作显示。

变量的元素用圆括号中的数字（也称为下标）来注明，一维矩阵（也称数组或向量）中的元素用一个下标表示；两维的矩阵可有两个下标数，以逗号分开；三维或更高维的矩阵，可有三个或更多下标。用户可以单独给元素赋值，如 x(2)=1.7321，a(2,3)=6 等。如果赋值元素的下标超出了原来矩阵的大小，矩阵的行列会自动扩展。例如输入

　　x(5)=abs(x(1))

结果为

　　x=-1.3000　　　1.7321　　　4.8000　　　0　　　1.3000

又如键入

　　a(4，3)=6.5

得

　　a=1.0000　　　2.0000　　　3.0000
　　　4.0000　　　5.0000　　　6.0000
　　　7.0000　　　8.0000　　　9.0000
　　　0　　　　　0　　　　　6.5000

可见，跳空的元素 x(4)，a(4，1)，a(4，2)被自动地赋值 0。这种自动扩展维数的功能只适用于赋值语句。在其他语句中若出现超维调用的情况，MATLAB 将给出出错提示。

给全行赋值，可用"："。例如，给 a 的第 5 行赋值，可键入

　　a(5，：)=[5，4，3]

得

　　a=1.0000　　　2.0000　　　3.0000
　　　4.0000　　　5.0000　　　6.0000
　　　7.0000　　　8.0000　　　9.0000
　　　0　　　　　0　　　　　6.5000
　　　5.0000　　　4.0000　　　3.0000

把 a 的第 2、4 行及 1、3 列交点上的元素取出，构成一个新矩阵 b，可键入

　　b=a([2，4]，[1，3])

得

　　b=4.0000　　　6.0000
　　　0　　　　　6.5000

要抽去 a 中的 2、4、5 行，可利用空矩阵[ ]的概念。键入

$$a([2,4,5],:)=[\ ]$$

得到

$$a=1 \qquad 2 \qquad 3$$
$$\qquad 7 \qquad 8 \qquad 9$$

注意，"空矩阵"是指没有元素的矩阵。对任何一个矩阵赋值为[ ]，就是使它的元素都消失掉。这完全不同于"零矩阵"，后者是元素存在，只是其数值为零而已。可以看出，空矩阵在使矩阵减缩时是不可缺少的概念。

除"变量＝表达式（或数）"的标准形式外，可以不要等式左端而只剩下"表达式"。这有两种可能：① 该表达式并不产生数字解，例如产生图形或改变系统状态；② 该表达式产生数字解，但不需要保存它。此时 MATLAB 自动给出一个临时变量 ans，把右端的结果暂存在 ans 中。若再做下一次运算又用到 ans，则前一次的结果就被冲销了。例如键入

$$a/7$$

得到

$$ans= \quad 0.1429 \qquad 0.2857 \qquad 0.4286$$
$$\qquad\qquad 1.0000 \qquad 1.1429 \qquad 1.2857$$

2.1.3　复数

MATLAB 中的每一个元素都可以是复数，实数是复数的特例。复数的虚数部分用 i 或 j 表示，这是在 MATLAB 启动时就已在内部设定的。例如，键入

$$c=3+5.2i$$

得

$$c=3.0000+5.2000i$$

对复数矩阵有两种赋值方法，既可将其元素逐个赋予复数，例如，键入

$$z=[1+2i,\ 3+4i;\ 5+6i,\ 7+8i]$$

得

$$z= \quad 1.0000+2.0000i \qquad 3.0000+4.0000i$$
$$\qquad\quad 5.0000+6.0000i \qquad 7.0000+8.0000i$$

也可将其实部和虚部矩阵分别赋值，如

$$z=[1,\ 3;\ 5,\ 7]+[2,\ 4;\ 6,\ 8]*i$$

两种赋值方法得出同样的结果。注意只有数字和 i 的乘积式中可省略乘号，在上述矩阵式中若省略乘号" * "，就会出错。另外，如果在前面程序中曾经给 i 或 j 赋过其他值，则 i，j 已经不是虚数符号，这些虚数赋值语句都不对了。此时应键入

clear i，j

即把原有的 i，j 清掉，然后再执行复数赋值语句。

MATLAB 中所有的运算符和函数都对复数有效。例如键入

$$f=sqrt(1+2i)$$

得

$$f=1.2720+0.7862i$$

检验

    $f * f$

    ans＝1.0000＋2.0000i

因此，复数的表达式同样都能作为赋值语句。再来看复数矩阵 z 的转置、共轭运算：运算符"'"表示把矩阵作共轭转置，即把它的行列互换，同时把各元素的虚部反号。函数 conj 则只把各元素的虚部反号，即只取共轭。所以若想求转置而不要共轭，就要用 conj 和"'"结合起来完成。键入

    w＝z$'$，u＝conj(z)，v＝conj(z)$'$　　　　　　%共轭转置，共轭和转置

得

    w＝1.0000－2.0000i   5.0000－6.0000i

        3.0000－4.0000i   7.0000－8.0000i

    u＝1.0000－2.0000i   3.0000－4.0000i

        5.0000－6.0000i   7.0000－8.0000i

    v＝1.0000＋2.0000i   5.0000＋6.0000i

        3.0000＋4.0000i   7.0000＋8.0000i

2.1.4　变量检查

在调试程序时，往往需要检查工作空间中的变量及其维数，可用 who 或 whos 命令。键入

    who

得

    Your variables are：

a	c	v	x1	z
ans	f	w	x2	
b	u	x	y	

这些就是我们前面用过的变量，如果还需要知道它们的详细特征，可键入 whos，结果为

变量名	维数	元素数	字节数	密度	复数
a	2 by 3	6	48	Full	No
ans	2 by 2	4	64	Full	Yes
b	2 by 2	4	32	Full	No
c	1 by 1	1	16	Full	Yes
⋮	⋮	⋮	⋮	⋮	⋮
z	2 by 2	4	64	Full	Yes

    Grand total is 40 elements using 496 bytes

最后一句英文的意思是以上共 40 个元素，占 496 字节。可以看出，每个实元素占 8 个字节，复元素则占 16 个字节。读者可自行解释其原因。

MATLAB 中实际上还有几个内定的变量，在变量检查时不作显示。把它们列于表 2－1 中。这里着重介绍一下 Inf 和 NaN。

表 2-1　基本矩阵和矩阵运算函数库（elmat）

类别	函数名	意　　义	函数名	意　　义
基本矩阵	zeros	全零矩阵（m×n 维）	logspace	对数均分向量（1×n 维数组）
	ones	全幺矩阵（m×n 维）	freqspace	频率特性的频率区间
	rand	随机数矩阵（m×n 维）	meshgrid	画三维曲面时的 X、Y 网格
	randn	正态随机数矩阵（m×n 维）	meshdom	在 MATLAB 5 中取消
	eye(n)	单位矩阵（方阵）	:	将元素按列取出排成一列
	linspace	均分向量（1×n 维数组）		
特殊变量和函数	ans	最近的答案	i, j	虚数单位
	eps	浮点数相对精度	inf	Infinity（无穷大）
	realmax	最大浮点实数	NaN	Not-a-number（非数）
	realmin	最小浮点实数	computer	计算机类型
	pi	3.141 592 653 589 79		
矩阵结构提取和变换	cat	链接数组	diag	提取或建立对角阵
	fliplr	矩阵左右翻转	ind2sub	把元素序号变为矩阵下标
	flipud	矩阵上下翻转	sub2ind	把矩阵下标变为元素序号
	repmat	复制和排成矩阵	tril	取矩阵的左下三角部分
	reshape	维数重组（元素总数不变）	triu	取矩阵的右上三角部分
	rot90	矩阵整体逆时针旋转 90°	inputname	输入变量名
	length	一维矩阵的长度	size	多维矩阵的各维长度
特殊矩阵	compan	Companion 矩阵	magic	魔方矩阵
	gallery	Higham 测试矩阵	pascal	Pascal 矩阵
	hadamard	Hadamard 矩阵	rosser	经典的对称特征值测试问题
	hankel	Hankel 矩阵	toeplitz	Toeplitz 矩阵
	hilb	Hilbert 矩阵	vander	Vandermonde 矩阵
	invhilb	Hilbert 逆矩阵	wilkinson	Wilkinson's 特征值测试矩阵

　　Inf 是无穷大（还有 −Inf 是无穷小），键入 1/0 就可得到它。NaN 是非数（Not a Number）的缩写，由 0/0、0 * Inf 或 Inf/Inf 而得。在其他语言中遇到上述非法运算时，系统就停止运算并退出。而 MATLAB 却不停止运算，仍给结果赋于 Inf 或 NaN，并继续把程序执行完。这有很大的好处，可以避免因为一个数据不好而破坏全局。出现 Inf 或 NaN 后，对它们作的任何运算，结果仍为 Inf 或 NaN，这种运算规则称为 IEEE（电工和电子工程师协会）运算规则，是 IEEE 的一种标准。

2.1.5　基本赋值矩阵

为了方便给大量元素赋值，MATLAB 提供了一些基本矩阵。表 2-1 给出了最常用的一些，其用法可从下面的例子中看到。其中魔方矩阵 magic(n) 的特点是：其元素由 1～n×n 的自然数组成；每行、每列及两对角线上的元素之和均等于 $(n^3+n)/2$。单位矩阵 eye(n) 是 n×n 元的方阵，其对角线上的元素为 1，其余元素均为 0。下例列出了上表中的四种矩阵：

键入

    f1＝ones(3，2)，f2＝zeros(2，3)，f3＝magic(3)，f4＝eye(2)

得么矩阵

```
f1＝1    1
    1    1
    1    1
```

零矩阵

```
f2＝0    0    0
    0    0    0
```

魔方矩阵

```
f3＝8    1    6
    3    5    7
    4    9    2
```

单位矩阵

```
f4＝1    0
    0    1
```

线性分割函数 linspace(a，b，n) 在 a 与 b 之间均分地产生 n 个点值，形成 1×n 元向量。例如，键入

    f5＝linspace(0，1，5)

得

    f5＝　0　　0.2500　　0.5000　　0.7500　　1.0000

大矩阵可由若干个小矩阵组成，但其行列数必须正确，恰好填满全部元素。如键入

    fb1＝[f1，f3；f4，f2]

得

```
fb1＝1    1    8    1    6
     1    1    3    5    7
     1    1    4    9    2
     1    0    0    0    0
     0    1    0    0    0
```

可再由它与 f5 组成一个更大的矩阵，键入

    fb2＝[fb1；f5]

得

fb2＝1.0000	1.0000	8.0000	1.0000	6.0000
1.0000	1.0000	3.0000	5.0000	7.0000
1.0000	1.0000	4.0000	9.0000	2.0000
1.0000	0	0	0	0
0	1.0000	0	0	0
0	0.2500	0.5000	0.7500	1.0000

可以看出，fb1 和 fb2 显示的数据不同，fb1 的元素都是整数，而 fb2 则都是带小数的。其原因是 MATLAB 要求一个矩阵中所有元素用同一显示格式。因为 f5 中的元素含小数，所以所有的元素都得用小数格式来显示(0 元素除外，它表示真正的 0，与无法显示的小数值 0.0000 不同)。

为了用同一格式显示，当矩阵中的最大元素小于 0.001 或其最小元素大于 1000 时，MATLAB 会把其中小于 0.001 或大于 1000 的公因子提出来，如键入由两个很小的数组成的矩阵

　　　　f＝[0.000073，　5.33e－6]

得到

　　　　f＝1.0e－004 ＊

　　　0.7300　　　0.0533

如果矩阵中出现大小差别很多的元素，则显示时将以大元素优先，小元素就只能显示很少的有效位，甚至成为 0.0000。这时不要误以为它是 0，可以用显示单个元素的命令来得到它的准确值，也可改用长格式(format long)来显示整个矩阵。

2.2　矩阵的初等运算

2.2.1　矩阵的加减乘法

矩阵算术运算的书写格式与普通算术运算相同，包括加、减、乘、除。也可用括号来规定运算的优先次序，但它的乘法定义与普通数(标量)不同。相应地，作为乘法逆运算的除法也不同，有左除(\)和右除(／)两种符号。

两矩阵的相加(减)就是其对应元素的相加(减)，因此，相加(减)的两个矩阵的阶数必须相同，且它们的和也有相同的阶数。检查矩阵阶数的 MATLAB 语句是 size，例如，键入

　　　　[m，n]＝size(fb2)

得

　　　　m＝6　　　n＝5　　　(6 行 5 列)

如果要自己编写矩阵 A 和 B 相加(减)的程序，就必须先求 mA，nA，mB，nB，并检验是否满足 mA＝mB 和 nA＝nB。确认无误后再按对应元素相加(减)，得出 C＝A＋B(或 C＝A－B)。如果阶数检验不合格，则显示出错。当两个相加矩阵中有一个是标量时，MATLAB 承认算式有效，它自动把该标量扩展成同阶等元素矩阵，再与另一矩阵相加。例如，键入

X＝[-1 0 1]；Y＝X-1

得

Y＝　　-2　　　　-1　　　　　0

如果已经知道 X 是一维矩阵(数组)，则也可以用

l＝length(X)

来求它的长度。注意 size 有两个输出量，而 length 只有一个输出量。length 不区分列或行，所以作加减法阶数检验时只能用 size。

现在来看矩阵的乘法。$m \times p$ 阶矩阵 A 与 $p \times n$ 阶矩阵 B 的乘积 C 是一个 $m \times n$ 阶矩阵，它的任何一个元素 C(i, j)的值为 A 阵的第 i 行和 B 阵的第 j 列对应元素乘积的和，即

$$C(i,j) = A(i,1) * B(1,j) + A(i,2) * B(2,j) + \cdots + A(i,p) * B(p,j)$$

$$= \sum_p A(i,k) * B(k,j)$$

式中的乘号是普通数(标量)的乘号。p 是 A 阵的列数，也是 B 阵的行数，也称为两个相乘矩阵的内阶数，两矩阵相乘的必要条件是它们的内阶数相等。不难看出，对于标量 A，B，因为 n，p，m 均为 1，所以矩阵乘法就退化为普通数的乘法。

如果要自己编写矩阵 A 和 B 相乘的程序，就必须先求 mA，nA，mB，nB，并检验 nA 是否等于 nB，确认无误后再按上式把对应元素相乘后累加，得出 C(i, j)。分别取 i 从 1 到 mA，j 从 1 到 nB，得出 mA×nB 个元素，排成矩阵形式，得到 C。

实际 MATLAB 已将上述矩阵加、减、乘的程序编程为内部函数，我们只要用＋、－、＊ 作运算符号，就包含了检查阶数和执行运算的全过程，而且其运算对复数有效。

由此可见，前面定义的 X 和 Y 是不能相乘的，因为它们的内阶数分别为 3 和 1。与加减法相仿，如果乘数中的一个是标量，则 MATLAB 不检查其内阶数，而用该标量乘以矩阵的每个元素。例如，键入

pi＊X

得

ans＝-3.1416　　　　0　　　3.1416

若把 Y 转置，成为 3×1 阶，内阶数变为与 X 相同，就可以求

X＊Y′

得

ans＝2

不难用心算检验其正确性。这个式子可读成 X 左乘 Y′。现在让 X 右乘 Y′，这时两者的内阶数都是 1，而外阶数(定义中的 nA 和 mB)都成了 3。于是有

Y′＊X

得

ans＝　2　　　　0　　　-2

　　　　1　　　　0　　　-1

　　　　0　　　　0　　　　0

显然，X 左乘和右乘 Y′所得的结果是完全不同的。只有单位矩阵例外，单位矩阵乘以任何

矩阵 A(其阶数为 mA ∗ nA)时，不管是左乘还是右乘，其积仍等于该矩阵，即

　　　　eye(mA) ∗ A＝A

　　　　A ∗ eye(nA)＝A

读者可按单位矩阵的定义自行检验其正确性。

　　设三个线性方程组成的联立方程组：

$$x_1 + 2x_2 + 3x_3 = 2$$
$$3x_1 - 5x_2 + 4x_3 = 0$$
$$7x_1 + 8x_2 + 9x_3 = 2$$

令

　　　　a＝[1, 2, 3; 3, -5, 4; 7, 8, 9]; x＝[x_1, x_2, x_3]; b＝[2; 0; 2]

则这个联立方程组就可表示为简洁的矩阵形式

$$a * X' = b$$

给出 a 和 X，可以用矩阵乘法求出 b。但若给出 a 和 b，要求 X，那就需要进行逆运算——除法了。

2.2.2　矩阵除法及线性方程组的解

　　在线性代数中，本来就没有除法，只有"逆矩阵"。矩阵除法是 MATLAB 从逆矩阵的概念引申来的。先介绍逆矩阵的定义，对于任意 n×n 阶方阵 A，如果能找到一个同阶的方阵 V，使

　　　　A ∗ V＝I

其中，I 为 n 阶的单位矩阵 eye(n)，则 V 就是 A 的逆矩阵，用数学符号表示为

　　　　$V = A^{-1}$

逆矩阵 V 存在的条件是 A 的行列式 det(A)不等于 0，V 的最古典求法为高斯消去法。在 MATLAB 中已经做成了内部函数 inv，键入

　　　　V＝inv(A)

就可得到 A 的逆矩阵 V。如果 det(A)等于或很接近于零，则 MATLAB 会显示出错或警告信息："A 矩阵病态(ill-conditioned)，结果精度不可靠。"

　　现在来看方程 D ∗ X＝B，设 X 为未知矩阵，等式两端同时左乘以 inv(D)，即

　　　　inv(D) ∗ D ∗ X ＝ inv(D) ∗ B

因为等式左端 inv(D) ∗ D＝I，而 I ∗ X＝X，所以上式成为

　　　　X＝inv(D) ∗ B ＝ D\B

把 D 的逆阵左乘以 B，MATLAB 就记作 D\，称之为"左除"。从 D ∗ X＝B 的阶数检验可知，B 与 D 的行数相等，因此，左除时的阶数检验条件是：两矩阵的行数必须相等。

　　如果原始方程的未知数向量在左而系数矩阵在右，即

　　　　X ∗ D＝B

则按上述同样的方法可以写出

　　　　X＝B ∗ inv(D)＝B/D

把 D 的逆阵右乘以 B，MATLAB 就记作/D，称之为"右除"。同理，右除时的阶数检验条件是：两矩阵的列数必须相等。

矩阵除法可以用来方便地解线性方程组。例如要求方程组

$$6x_1 + 3x_2 + 4x_3 = 3$$
$$-2x_1 + 5x_2 + 7x_3 = -4$$
$$8x_1 - 4x_2 - 3x_3 = -7$$

的解 $x = [x_1; x_2; x_3]$，方程组可写成矩阵形式 $A * x = B$，求解的 MATLAB 程序为

A＝[6, 3, 4; −2, 5, 7; 8, −4, −3];　B＝[3; −4; −7];　x＝A\B

得

x＝　　0.6000
　　　　7.0000
　　　−5.4000

MATLAB 中的除法还可以用来解方程数不等于未知数个数的情况。比如再加上一个方程

$$x_1 + 5x_2 - 7x_3 = 9$$

这时系数矩阵 A1 成为 4×3 阶，不难看出 A1 的行数 mA1 是方程数，其列数 nA1 是未知数的个数，nA1＜mA1，说明方程组是超定的，方程无解。我们照样列 MATLAB 程序

A1＝[6, 3, 4; −2, 5, 7; 8, −4, −3; 1, 5, −7]; B1＝[3; −4; −7; 9];
x1＝A1\B1

答案为

x1＝−0.1564
　　　　1.0095
　　　−0.6952

它并未显示出错信息，却给出了解，这怎么可能呢？实际上这时 MATLAB 给出的是最小二乘解。把这个 x1 代入方程组，肯定任何一个方程都不满足，并都可得出一个误差，把这四个误差的平方相加，称为均方差。解 x1 保证比其他任何解所得的均方差都小。

对方程数少于未知数个数的情况：A1 矩阵的 nA1＞mA1，说明方程组是不定的，它有无穷个解。此时仍然可用除法符号来求出解。这个解是满足方程的，但它不是唯一解。它是令 x1 中某个或某些元素为零的一个特殊解。

2.2.3　矩阵的乘方和超越函数

MATLAB 的乘幂函数"﹒"、指数函数 expm、对数函数 logm 和开方函数 sqrtm 是对矩阵进行的，即把矩阵作为一个整体来运算。除此之外，其他 MATLAB 函数都是对矩阵中的元素分别进行的，英文直译为数组运算（Array Operations），较准确的意义应为"元素群运算"，这将在下一节讨论。

在幂次运算时矩阵可以作为底数，指数是标量。这是矩阵乘法的扩展，为了保证作乘法时内阶数相同，矩阵作为底数时，它必须是方阵。矩阵也可以作为指数，底数是标量，它仍然应是方阵。底数和指数不能同时为矩阵，如果这样输入，则将显示出错警告。

2.2.4　矩阵结构形式的提取与变换

在作矩阵运算时，往往需要提取其中的某些特殊结构的元素来组成新的矩阵；有时则要改变矩阵的排列。除了我们在 2.1 节讲过的提取行、列和将行列转置的语句之外，

MATLAB 还提供了一些改变矩阵结构的函数。这些函数列于表 2－1 中，读者可在使用过程中体会其功能。

2.3　元 素 群 运 算

元素群运算能大大简化编程，提高运算的效率，是 MATLAB 优于其他许多语言的一个特色。

2.3.1　数组及其赋值

数组通常是指单行或单列的矩阵，一个 N 阶数组就是 $1 \times N$ 或 $N \times 1$ 阶矩阵。一个 N 阶数组可以表述一个 N 维向量。因为一个三维空间的向量可用它在三个坐标上的投影来表示，即 v＝[vx，vy，vz]，也即表示为三阶的数组。这个概念也可扩展到 N 维空间的向量。

在求某些函数值或曲线时，常常要设定自变量的一系列值，例如设时间 t 从 0～1 秒之间，每隔 0.02 秒取一个点，共 51 个点，这是 1×51 阶的数组。如果逐点给它赋值，将非常麻烦。MATLAB 提供了两种为等间隔数组赋值的简易方法。

（1）用两个“：”组成等增量语句，其格式为：t＝[初值：增量：终值]。如键入

　　　t＝[0：0.02：1]

得

　　　t＝ 0　　0.020　　0.040　　…　　0.960　　0.980　　1.000

此语句中的增量也可设为负值，此时初值要比终值大。如键入

　　　z＝10：－3：－5

得

　　　z＝ 10　　7　　4　　1　　－2　　－5

当增量为 1 时，这个增量值可以略去，因而该语句只有一个“：”。如键入

　　　k＝1：6

得

　　　k＝ 1　　2　　3　　4　　5　　6

（2）用 linspace 函数。如键入

　　　theta＝linspace(0，2 * pi，9)

得

　　　theta＝0　0.7854　1.5708　2.3562　3.1416　3.9270　4.7124　5.4978　6.2832

在圆周上 0 和 2 * pi 实际上是一个点，所以这个命令是把圆周分为八份。

有时要求自变量按等比级数赋值，在设频率轴时往往如此，这时可用 logspace 函数。如键入

　　　w＝logspace(0，1，11)

得

　　　w＝1.0000　1.2589　1.5849　…　6.3096　7.9433　10.0000

它的意义是将 10 的 0~1 次幂之间按幂等分(即数是等比的)为 11 个点。

2.3.2　元素群的四则运算和幂次运算

　　元素群运算也就是矩阵中所有元素按单个元素进行运算。为了与矩阵作为整体的运算符号相区别,要在运算符" * 、/、\、^"前加一点符号".",以表示进行的是元素群运算。参与元素群运算的两个矩阵必须是同阶的(标量除外,它会自动扩展为同阶矩阵参与运算),表 2-2 中表示两个 1×3 阶的元素群运算的结果。因为数取得很简单,所以可用心算加以检验。元素群的幂次运算也就是各个元素自行作幂次运算,对每个元素而言,这种运算和对标量运算一样,所以很容易判定它的正确性。

表 2 – 2　简单的元素群运算

运　算　式	输　出　结　果	说　　明
Z＝X. * Y	Z＝4　　10　　18	思考问题:X * Y 能成立吗?
Z＝X. \ Y	Z＝4.0000　　2.5000　　2.0000	元素群有没有左除和右除之分?
Z＝X.^Y	Z＝1　　32　　729	思考问题:X^Y 能成立吗?
Z＝X.^2	Z＝1　　4　　9	思考问题:X^2 能成立吗?
Z＝2.^[X Y]	Z＝2　　4　　8　　16　　32　　64	思考问题:2^[X Y]能成立吗?

　　注:设 X=[1, 2, 3];Y=[4, 5, 6]。

　　表 2-3 中参与元素群运算的是一个 3×3 阶方阵,这是为了便于比较矩阵中的元素运算和矩阵整体运算的不同(因为非方阵是不能按整体作矩阵乘幂运算的)。从中也可以看出,不宜把元素群运算称为数组运算,因为这里参加运算的是一个 3×3 阶矩阵,而不是数组。

表 2 – 3　元素群和矩阵幂次运算的比较

输入算式	D			D^3			D.^3			3.^D		
输出结果	1	4	7	627	636	510	1	64	343	3	81	2187
	8	5	2	804	957	516	512	125	8	6561	243	9
	3	6	0	486	612	441	27	216	0	27	729	1

　　注:设 D=$\begin{bmatrix} 1 & 4 & 7 \\ 8 & 5 & 2 \\ 3 & 6 & 0 \end{bmatrix}$。

　　特别注意 D^3 和 D.^3 结果的不同。3.^D 与 3^D 也完全不同,3^D 是合法运算,读者可自行实践并对其结果作出解释,不过这是比较难的题目,本书不作要求。

2.3.3　元素群的函数

　　前已指出,所有的 MATLAB 函数都适用于作元素群运算,只有专门说明的几个除外。那就是 * 、/、\、^ 运算符和 sqrtm、expm、logm 三个函数。表 2-4 初等数学函数库中的常用函数都可用于元素群运算,即其自变量都可以是任意阶的矩阵。

表 2 − 4　初等数学函数库(elfun)(未标注的为单输入单输出函数)

类别	函数名	意　　义	函数名	意　　义
三角函数	sin	正弦	cos	余弦
	tan	正切	asin	反正弦
	acos	反余弦	atan	反正切
	atan2(x, y)	四象限反正切	sinh	双曲正弦
	cosh	双曲余弦	tanh	双曲正切
	acosh	反双曲余弦	atanh	双曲正切
	asinh	反双曲正弦	sec	正割
	csc	余割	cot	余切
	asec	反正割	acsc	余割
	acot	反余切	sech	双曲正割
	csch	双曲余割	coth	双曲正切
	asech	反双曲正割	acsch	反双曲余割
	acoth	反双曲正切		
指数函数	exp	以 e 为底的指数	log	自然对数
	log2	以 2 为底的指数	log10	以 10 为底的对数
	pow2	2 的幂	sqrt	方根
	nextpow2	比输入数大而最近的 2 的幂		
复数	abs	绝对值和复数模值	angle	相角
	real	实部	imag	虚部
	conj	共轭复数	isreal	是实数时为真
	unwrap	去掉相角突变	cplxpair	按复数共轭对排序元素群
取整函数	round	四舍五入为整数	fix	向 0 舍入为整数
	floor	向 −∞ 舍入为整数	ceil	向 ∞ 舍入为整数
	sign	符号函数	rem(a, b)	a 整除 b,求余数
	mod(x, m)	x 整除 m 取正余数		

　　下面的例子可以说明利用元素群运算的优越性。例如,要求列出一个三角函数表,这在 MATLAB 中只要两条语句,键入

　　　　x＝[0：0.1：pi/4]′;[x, sin(x), cos(x), tan(x)]

　　第一条语句给数组 x 赋值,经转置后成为一个列向量。因为 sin,cos,tan 函数都对元素群有效,所以得出的都是同阶的列向量。第二条语句把四个列向量组成一个矩阵,并进行显示,得

0	0	1.0000	0
0.1000	0.0998	0.9950	0.1003
0.2000	0.1987	0.9801	0.2027
0.3000	0.2955	0.9553	0.3093
0.4000	0.3894	0.9211	0.4228
0.5000	0.4794	0.8776	0.5463
0.6000	0.5646	0.8253	0.6841
0.7000	0.6442	0.7648	0.8423

第一列是 x，以下各列依次是 sin(x)、cos(x)、tan(x)。如果要加一个表头，第二条语句可改成两条如下的显示语句：

    disp('　　x　　　sin(x)　　　cos(x)　　　tan(x)　')
    disp([x,sin(x),cos(x),tan(x)])

disp 后括号内引号中的内容是直接显示的，放入空格就显示空格，放入汉字就显示汉字。后一句括号中没有引号，是变量名组成的矩阵，它就显示该矩阵中各变量的值。

2.4　逻辑判断及流程控制

2.4.1　关系运算

所谓关系运算，是指两个元素之间数值的比较，一共有六种可能，具体如下：

　　　<　　　　　<=　　　　　>　　　　　>=　　　　　==　　　　　～=
　　　小于　　小于等于　　　大于　　大于等于　　　等于　　　不等于

关系运算的结果只有两种可能，即 0 或 1。0 表示该关系式为"假"，即该关系式不成立；1 表示该关系式为"真"，即该关系式成立。例如键入关系式

    a=2+2==4

得

    a=1

注意，前面的单个等号表示赋值，后面的双等号则表示关系运算。式中 2+2==4 是关系运算，它的优先级高，算出的结果给 a 赋值，为了改善可读性，最好加上括号，写成 a=(2+2==4)，表明是把括号内的关系式的结果给 a 赋值，但表示关系运算的相等符号仍必须用双等号。

MATLAB 中的关系运算都适用于矩阵，它是对矩阵的各个元素进行元素群运算，因此两个相比较的矩阵必须有相同的阶数，输出的结果也是同阶矩阵。例如键入

    A=magic(6)

得

    A= 35   1   6   26   19   24
        3   32   7   21   23   25
       31   9   2   22   27   20

8	28	33	17	10	15
30	5	34	12	14	16
4	36	29	13	18	11

要找到此矩阵中所有被 3 整除的元素，并在其位置上标以 1，可以用表 2-4 中的 rem 函数，rem(A，3)表示 A 除以 3 的余数，余数为零就是整除。

键入

　　　p＝(rem(A，3)＝＝0)

得

p＝ 0	0	1	0	0	1
1	0	0	1	0	0
0	1	0	0	1	0
0	0	1	0	0	1
1	0	0	1	0	0
0	1	0	0	1	0

关系运算中还包括某些条件判断，例如判断矩阵元素中有无 NaN、Inf 值，矩阵是否为实数阵、稀疏阵或空阵等，它们不能直接用上述六种关系符简单地表述，MATLAB 把它们编成了专用的函数以备直接调用，见表 2-5。

表 2-5　运算符和逻辑函数库(ops)

类别	函数名	意　　义	函数名	意　　义
数学及逻辑运算符	＋	加	－	减
	\　/	矩阵左除或右除	…	行命令延续符
	.＊	矩阵元素乘	./	矩阵元素除
	( )　{ }	优先，下标输入参量	[ ]	矩阵，向量输出变量
	.	小数点	..	母目录
	,	语句分割符，显示	;	语句分割符，不显示
	'	转置，引用	!	操作系统命令
	＝＝	关系相等符	＜　＞	关系大小符
	&	逻辑与			逻辑或
	xor	异或	kron	Kronecker 积
	＊	矩阵乘	＝	赋值符
	ˆ	矩阵乘幂	％	注释符
	.ˆ	矩阵元素乘幂	～＝	关系不等符
	:	整行(列)等增量赋值	～	逻辑非

类别	函数名	意　　义	函数名	意　　义
逻辑函数	exist	检查变量或函数是否有定义	any	检查向量中有无非零元素
	all	检查向量中元素是否全为非零	find	找到非零元素的序号或下标
	isnan	元素为 NaN 时得 1	isinf	元素为 Inf 时得 1
	isfinite	元素为有限值时得 1	isempty	矩阵为空阵时得 1
	isreal	矩阵为实数阵时得 1	issparse	矩阵为稀疏阵时得 1
	isstr	为文本字符串时得 1	isglobal	变量为全局变量时得 1
位运算	bitand *	按位求"与"	bitcmp *	按位求"非"(补)
	bitor *	按位求"或"	bitmax *	最大浮点整数
	bitxor *	按位求"异或"	bitset *	设置位
	bitget *	获取位	bitshift *	按位移动
集合运算	union *	集合"合"	unique *	去除集合中的重复元素
	intersect *	集合"交"	setdiff *	集合"差"
	setxor *	集合"异或"	ismember *	是集合中的元素时为真

$[j, k]$＝find$(p \sim =0)$ 给出 p 矩阵中不为零的元素的两个下标，find$(p \sim =0)$或 lp＝find$(p \sim =0)$给出 p 矩阵中不为零的元素的顺序号。矩阵元素是按列排序号的，先排第一列，再排第二列 ……，依次排完后，再确定它们的顺序号。一个 6×6 的矩阵的 36 个元素的序号排列见表 2－6，因此一个 m×n 阵中下标为(j, k)的元素，其序号为 $l=(k-1)*n+j$。

键入

$\qquad$ lp＝find$(p \sim =0)'$

得

$\qquad$ lp＝2　　5　　9　　12　　13　　16　　20　　23　　27　　30　　31　　34

可以看出这些序号确实对应于 p 中的 l 元素。矩阵的序号(index)与下标(subscript)是一一对应的，其相互变换关系可由表 2－1 中的 ind2sub(读作 index to subscirpt)和 sub2ind 函数求得。

表 2－6　6×6 矩阵元素的序号排法

1	7	13	19	25	31
2	8	14	20	26	32
3	9	15	21	27	33
4	10	16	22	28	34
5	11	17	23	29	35
6	12	18	24	30	36

2.4.2　逻辑运算

逻辑量只能取 0(假)和 1(真)两个值。逻辑量的基本运算为"与(＆)"、"或(｜)"和

"非（～）"三种。有时也包括"异或（xor）"，不过"异或"可以用三种基本运算组合而成。两个逻辑量经这三种逻辑运算后的输出仍然是逻辑量，表示逻辑量的输入/输出关系的表称为真值表，见表 2－7。

表 2－7　基本逻辑运算的真值表

基本运算＼逻辑量运算结果	A＝0		A＝1	
	B＝0	B＝1	B＝0	B＝1
A & B	0	0	0	1
A｜B	0	1	1	1
～A	1	1	0	0
xor(A，B)	0	1	1	0

所有的算法语言中都有逻辑运算。MATLAB 的特点是使逻辑运算用于元素群，得出同阶的 0－1 矩阵。为了按列、按行判断一群元素的逻辑值，它又增加了两种对元素群的逻辑运算函数 all（全为真）和 any（不全为假），见表 2－5。

现在来看逻辑式 $u=p|\sim p$，这是把 p 和非 p 求"或"。～p 就是把 p 中的 0 元素换成 1，1 元素换成 0。在 p 和非 p 对应位置上的元素，必有一个是 1，把 p 和～p"或"起来，一定是全 1。得

$$
u = \begin{matrix}
1 & 1 & 1 & 1 & 1 & 1 \\
1 & 1 & 1 & 1 & 1 & 1 \\
1 & 1 & 1 & 1 & 1 & 1 \\
1 & 1 & 1 & 1 & 1 & 1 \\
1 & 1 & 1 & 1 & 1 & 1 \\
1 & 1 & 1 & 1 & 1 & 1
\end{matrix}
$$

all 和 any 后的输入变量应为矩阵，它是按列运算的。由它们的定义可知

all(p)＝ 0　0　0　0　0　0（列中有一个元素为 0，即得 0）

all(u)＝ 1　1　1　1　1　1（列中元素为全 1，才得 1）

any(p)＝ 1　1　1　1　1　1（列中有一个元素为 1，即得 1）

2.4.3　流程控制语句

计算机程序通常都是从前到后逐条执行的。但有时也会根据实际情况，中途改变执行的次序，称为流程控制。MATLAB 设有四种流程控制的语言结构，即 if 语句、while 语句、for 语句和 switch 语句。

1. if 语句

根据复杂程度，if 语句有三种形式。

（1）if（表达式）　语句组 A，end。

其流程见图 2－1(a)。执行到此语句时，计算机先检验 if 后的逻辑表达式，如为 1，就执行语句组 A；如为 0，就跳过语句组 A，直接执行 end 后的后续语句。注意，这个 end 是决不可少的，没有它，在表达式为 0 时，就找不到继续执行的程序入口。

（2）if（表达式）　语句组 A，else 语句组 B，end。

其流程见图 2－1(b)。执行到此语句时,计算机先检验 if 后的(逻辑)表达式,如为 1,就执行语句组 A;如为 0,就执行语句组 B。else 用来标志语句组 B 的执行条件,同时也标志语句组 A 的结束(免去了 end)。同样,最后的 end 是不可少的,没有它,执行完语句组 B 后,就找不到进入后续程序的入口。

(3) if(表达式 1)　语句组 A,elseif (表达式 2)语句组 B, else 语句组 C, end。

其流程见图 2－1(c)。前两种形式的 if 语句都是两分支的程序结构,要实现两个以上分支的结构就得采用含 elseif 的结构。图中表示的是三分支的情况。在语句中间可加入多个 elseif 以形成多个分支,只是程序结构显得冗长。

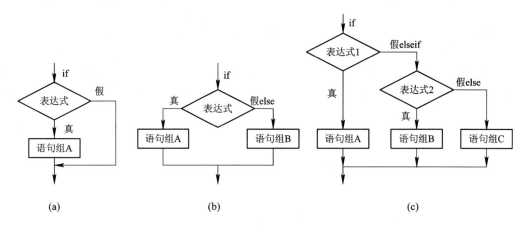

(a)　　　　　　　　　　　　(b)　　　　　　　　　　　　(c)

图 2－1　if 语句的三种程序结构形式

【例 2－4－1】　输入数 n,判断其奇偶性。程序如下:

$$n＝input('n＝'), if rem(n, 2)＝＝0 A＝'even', else A＝'odd', end$$

运行此程序时,程序要求用户输入一个数,然后判断该数是奇数还是偶数。所以该程序共有两个出口。实际上这个程序并不全面,如果用户根本未键入任何数就回车,程序会判断为"odd"(请读者考虑其原因)。为了使程序在用户无输入时自动中止,可以把程序改为

if isempty(n)＝＝1 A＝'empty',

elseif rem(n, 2)＝＝0 A＝'even',

else A＝'odd', end

实际上这个程序仍不全面,它不能用于负数,请读者分析其原因。

2. while 语句

while 语句的结构形式为

while (表达式)语句组 A, end

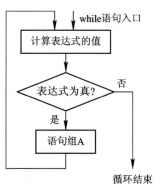

其流程见图 2－2。执行到此语句时,计算机先检验 while 后的逻辑表达式,如为 1,它就执行语句组 A;到 end 处后,它跳回到 while 的入口,再检验表达式;如还是 1,再执行语句组 A;周而复始,直到表达式不成立(结果为零)为止。此时跳过语句组 A,直接执行 end 后的后续语句。while 语句与 if 语句的不同在于它的分支中是循环地执行某个语句组,故称为循环语句。

图 2－2　while 语句流程图

【例 2 - 4 - 2】　求 MATLAB 中的最大实数。

解：我们设定一个数 x，让它不断增大，直到 MATLAB 无法表示它的值，只能表示为 inf 为止。于是，可列出下列程序

　　　　x＝1；while x∼＝inf，x1＝x；x＝2 * x；end，x1

其中我们先设 x＝1，进入 while 循环，只要 x 不等于 inf，就把 x 加倍，直到 x＝inf。如果把此时的 x 显示出来，它是无穷大，不是题中要找的数。要找的是变为无穷大之前的最大数，因此在对 x 加倍之前，把它存在 x1 中，显示的 x1 就是要求的最大数。运行这行程序，得

　　　　x1＝ 8.9885e＋307

系统的最大浮点实数为 $(2-\varepsilon) * 2^{1023}$，其十进制形式为

　　　　realmax ＝ 1.7977e＋308

两者数量级接近，但还是相差将近一倍，这是因为我们每次把 x 翻一番，故求得的数可能比最大数小不到一半。如果把程序中的 x＝2 * x 改为 x＝1.1 * x，则结果就会准确一些，得到

　　　　x1＝1.783718732622142e＋308

【例 2 - 4 - 3】　求 MATLAB 的相对精度。

解：解的思路是让 y 不断减小，直至 MATLAB 分不出 1＋y 与 1 的差别为止。其程序为

　　　　y＝1；while 1＋y＞1，y1＝y；y＝y/2；end，y1

结果为

　　　　y1＝2.220446049250313e－016

它就是 MATLAB 内部给出的浮点数相对精度。

3. for 语句

for 语句的结构形式为

　　　　for k＝初值：增量：终值 语句组 A，end

即它把语句组 A 反复执行 N 次，每次执行时程序中的 k 值不同。有多少个 k 值呢？可得

　　　　N＝1＋(终值－初值)/增量

【例 2 - 4 - 4】　用 for 语句求三角函数表的程序为

　　　　for x＝0：0.1：pi/4　disp([x，sin(x)，cos(x)，tan(x)])，end

所得的结果将和 2.3 节中的答案相同。这也可以看出，MATLAB 的元素群运算功能与一个 for 循环相当。由于它不需每次检验表达式，因此运算速度比 for 语句快得多。但是不能认为它可全部取代 for 语句，由下例可以看出。

【例 2 - 4 - 5】　列出构成 hilbert 矩阵的程序，它需要两重循环

　　　　n＝input('n＝')，format rat

　　　　for i＝1：n，for j＝1：n，h(i, j)＝1/(i＋j－1)；end，end，h

执行时，先按提示输入 n，比如输入 5，结果为

h＝ 1	1/2	1/3	1/4	1/5
1/2	1/3	1/4	1/5	1/6
1/3	1/4	1/5	1/6	1/7
1/4	1/5	1/6	1/7	1/8
1/5	1/6	1/7	1/8	1/9

为了改善可读性，对于流程控制语句，最好用缩进的方法来编写程序。如本例中应写成

```
format rat，n＝input('n＝')，
for i＝1：n
    for j＝1：n
        h(i, j)＝1/(i＋j－1)；
    end
end
h
```

由于我们现在是在 MATLAB 命令窗中直接输入程序，因此不得不把它写在一行中。此时要注意，在 if、for、while 与表达式之间应留空格，在表达式与语句组之间必须用空格或逗号分隔，而在语句组的后面，必须要用逗号或分号来与 end 或 else 相分隔，否则，MATLAB 会显示出错信息并中止运行。

break 是中止循环的命令，在循环语句中，可用它在一定条件下跳出循环，这是常常用到的。在多重循环中，break 只能使程序跳出包含它的最内部的那个循环。

4. switch 语句

switch-case-otherwise 语句是一种均衡快速的多分支语句，其基本语言结构可表达为

```
switch 表达式(标量或字符串)
case   值1
语句组 A
case   值2
语句组 B
    ⋮
otherwise
语句组 N
    end
```

当表达式的值(或字符串)与某 case 语句中的值(字符串)相同时，它就执行该 case 语句后的语句组，而后直接跳到终点的 end。case 语句可以有 N－1 个，即可以有 N－1 个分支，如果没有任何一个 case 值能与表达式值相符，则将执行 otherwise 后面的语句组 N。

例如，判断输入数 n 的奇、偶、空的程序可用 switch 语句写成

```
switch mod(n,2)，case 1,A＝'奇'，case 0,A＝'偶'，otherwise,A＝'空'，end
```

注意，把它写成单行命令时的标点格式，其中有些逗号可以用分号代替，但不得省略。另外为了包含负数中的奇数，将例 2－4－1 中的 rem 改为 mod，读者可从 rem(－3，2)和 mod(－3，2)的差别得出结论。在正式写程序时，每个 case 语句必须写在行首，以增强程序的可读性。

2.5　基本绘图方法

MATLAB 可以根据给出的数据，用绘图命令在屏幕上画出其图形，通过图形对科学计算的结果进行描述。这是 MATLAB 独有的优于其他语言的特色。在 MATLAB 中可选

择多种类型的绘图坐标，可以对图形加标号、加标题或画上网状标线。这些命令属于 graph2d 函数库(见表 2 - 9)，另外，还有一些命令可用于屏幕控制、坐标比例选取以及在打印机上进行硬拷贝等，这些命令放在 graphics 子目录中(见表 2 - 10)。三维及颜色绘图命令放在 graph3d 子目录中(见表 2 - 11)。还有一些特殊绘图命令放在 specgraph 子目录中(见表 2 - 12)。我们不可能在此介绍所有的命令，但大部分命令会在本书中涉及，下面从六个方面来讨论。

2.5.1　直角坐标中的二维曲线

plot 命令用来绘制 x - y 坐标中的曲线。它是一个功能很强的命令。输入变量不同，可以产生很多不同的结果。

1. plot(y)——输入一个数组的情况

如果 y 是一个数组，函数 plot(y)给出线性直角坐标的二维图，以 y 中元素的下标作为 x 坐标，y 中元素的值作为 y 坐标，一一对应画在 x - y 坐标平面图上，而且将各点以直线相连。例如，要画出十个随机数的曲线。可键入

$$y = 5 * (rand(1, 10) - .5)$$

得

$$y = -1.4052 \quad -2.2648 \quad 0.8943 \quad 0.8965 \quad 2.1735 \quad -0.5825 \quad 0.0971$$
$$1.6548 \quad -2.3271 \quad -2.2327$$

由 rand 函数产生的随机数的最大值为 1，最小数为 0，平均值为 0.5，所以 y 的最大值为 2.5，最小值为 -2.5，平均值为 0。键入 plot(y)，MATLAB 会产生一个图形窗，自动规定最合适的坐标比例绘图。X 方向是下标，从 1~10，Y 方向范围则是 -4~4，并自动标出刻度。可以用 title 命令给图加上标题，用 xlabel, ylabel 命令给坐标轴加上说明，用 text 或 gext 命令可在图上任何位置加标注，也可用 grid 命令在图上打上坐标网格线。

title('My First Plot')

xlabel('n'), ylabel('Y')

grid

这时形成的图如图 2 - 3 所示。

图 2 - 3　第一张简单的随机数图

2. plot(x, y)——输入两个数组的情况

如果数组 x 和 y 具有相同长度，命令 plot(x, y)将绘出以 x 元素为横坐标，y 元素为纵坐标的曲线。例如，设 t 为时间数组 t = 0：0.5：4 * pi，y 是一个随 t 作衰减振荡的变量：y = exp(-0.1 * t). * sin(t)，则 plot(t, y) 就以 t 为横坐标，y 为纵坐标画曲线。若设 y1 = exp(-0.1 * t). * sin(t+1)，则由 plot(t, y1, ':')画出的曲线，其正弦波的相位超前了 1 弧度。y、y1 的波形如图 2 - 4 所示。实际上，在绘制第二条曲线时，如不加别的命令，第一条曲线就会自动消失，

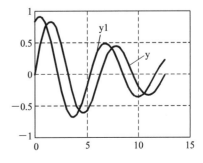

图 2 - 4　两根曲线画在同一图上

不会有两根曲线同在图中出现。如果要在一张图中绘制多条曲线,则要用到 2.5.3 节所讲的方法。

2.5.2 线型、点型和颜色

MATLAB 会自动设定所画曲线的颜色和线型。如果用户对线型的默认值不满意,可以用命令控制线型,也可以根据需要选取不同的数据点的标记。为了设定线型,在输入变量组的后面,加一个引号,在引号内部放入线型和颜色的标志符,如

plot(x, y, '∗b')

这样绘出的图线,其数据点处均用"∗"作蓝色标记,而各点之间不再连以直线。

plot(x1, y1, ':y'), plot(x2, y2, '+r')

绘出的第一条曲线是黄色的点线,第二条曲线的数据点标记为红色的"+"号。其他线型、点型和颜色见表 2-8,线型和类型也可用图形编辑功能修改。

表 2-8 线型、点型和颜色

标 志 符	颜 色	标 志 符	线型和点型
y	黄	.	点
m	品红	o	圆圈
c	青	x	×号
r	红	+	+号
g	绿	—	实线
b	蓝	∗	星号
w	白	:	虚线
k	黑	—.	点划线
		— —	长划线

2.5.3 多条曲线的绘制

在一张图上画多根曲线有四种方法。

1. 用 plot(t, [y1, y2, …])命令

该语句中 t 是向量,y=[y1, y2, …] 是矩阵,若 t 是列(行)向量,则 y 的列(行)长与 t 长度相同。y 的行(列)数就是曲线的根数。例如:

plot(t, [y; y1])

就得出图 2-4 中的曲线。它会自动给曲线以不同的颜色。这种方法要求所有的输出量有同样的长度和同样的自变量向量。另外它不便于用户自行设定线型和颜色。

2. 用 hold 命令

在画完前一张图后用 hold 命令保持住,再画下一条曲线。如键入

plot(t, y), hold on, plot(t, y1, 'g')

执行此命令时,图形窗产生第一幅图形,同时,命令屏幕显示"Current plot held",图形处于保持状态。再执行 plot(t, y1, 'g'),就把第二幅图以绿色的曲线叠合在同一张图

上了。

　　用这种方法时两张图的变量长度可以各不相同。只要每张图自己的自变量和因变量同长即可。例如，再给一组数据[t2，y2]，其点数比[t，y]多，但占的时间却短。键入

　　　t2＝0:.2:2 * pi;

　　　y2＝exp(−0.5 * t2). * sin(5 * t2＋1);

　　　plot(t2, y2)

得出的图形应如图 2-5 中所示的较短的那条曲线（但线型不同）。用这种方法时，一是注意第一张图的坐标要适当，以保证能看清第二张图，因为用第一种方法时，坐标系是系统自动按多根曲线的数据综合选取的，不会有选择不当的问题；二是注意及时解除保持状态，即键入 hold off，否则，以后的图都会叠加在此图上，造成混乱。

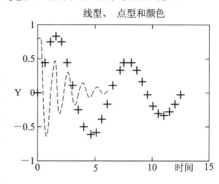

图 2-5　两组长度不同的[t, y]数据画在同一图上

　　3. 在 plot 后使用多输入变量

　　在 plot 后使用多输入变量所用语句为

　　　plot(x1, y1, x2, y2, …, xn, yn)

其中 x1，y1，x2，y2 等分别为数组对。每一对 x - y 数组可以绘出一条图线，这样就可以在一张图上画出多条图线，每一组数组对的长度可以不同，在其后面都可加线型标志符。例如，键入

　　　plot(t, y, '＋g', t2, y2, ': r')

　　　title('线型、点型和颜色')

　　　xlabel('时间'), ylabel('Y')

执行这些语句就得到图 2-5。一根图线在数据点处用绿色的＋号作标记，另一根图线用红色的点线。在电脑屏幕上，我们可以清楚地看到不同颜色的线条，但在书本中，所有的颜色都只能显示为黑色，全书所有彩色绘图的结果都是如此，在此作一说明。注意我们用的是汉字标注，MATLAB 也照样把汉字标在图上。因为引号中的内容，MATLAB 只作为一种代码来传递。

　　4. 用 plotyy 命令

　　plotyy 设有两个纵坐标，以便绘制两个 y 尺度不同的变量，但 x 仍只能用同一个比例尺，例如，键入

　　　y3＝5 * y2; plotyy(t, y', t2, y3)

就得到图 2-6。其中左纵坐标是对 y 的，而右纵坐标是对 y3 的，纵坐标和曲线的标注可用 gtext 命令：

　　　grid, gtext('t, t2')

　　　gtext('y'), gtext('y3')

gtext 命令用鼠标拖动来确定标注文字的位置，

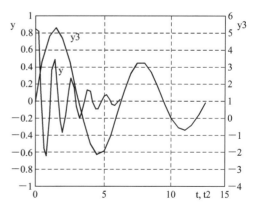

图 2-6　双纵坐标绘图

用起来比较方便。

2.5.4　屏幕控制和其他坐标二维绘图

1. 图形屏幕控制命令

图形屏幕可以开或关，可以开几处图形窗，也可以在一个图形窗内画出几幅分图，几幅分图可用不同的坐标。以下几种命令可以实现图形窗口间的转换和清除。

（1）figure：打开图形窗口。MATLAB 中的第一幅图随 plot 命令自动打开，以后的 plot 命令都画在同一张图上。如要画在另一张新图上，就要用 figure 命令打开新的图形窗口。有了顺序为 1，2，3，…的几个图形窗后，再用 plot 语句，就要指明画在哪张图上，即键入 figure(i)，表示打开第 i 幅图。否则，所有的图都会画在最后显示的那幅图上。

（2）clf：清除当前图形窗的内容。

（3）hold：保持当前图形窗的内容，再键入 hold，就解除冻结。这种拉线开关式的控制有时会造成混乱，可以用 hold on 和 hold off 命令以得到确定的状态。

（4）close：关闭当前图形窗。close all：关闭所有图形窗。

（5）subplot(n, m, p) 命令：将图形窗口分为 n×m 个子图，在第 p 个子图处绘制图形。

2. 其他二维绘图命令

在线性直角坐标系中，绘制其他形式图形的命令有 stem（绘脉冲图）、stairs（绘阶梯图）、bar（绘条形图）、errorbar（绘误差条形图）和 hist（绘直方图）等。这些函数用法与 plot 相仿，但没有多输入变量形式。fill(t，y，′颜色标注符′)在曲线和坐标轴之间的封闭区填以指定的颜色。

下列程序把画面分成四个：

　　subplot(2，2，1)，stem(t, y)
　　title(′stem(t, y)′)，pause
　　subplot(2，2，2)，stairs(t, y)
　　title(′stairs(t, y)′)，pause，
　　subplot(2，2，3)，bar(t, y)
　　title(′bar(t, y)′)，pause
　　subplot(2，2，4)，fill(t, y, ′r′)
　　title(′fill(t, y, ′′r′′)′)

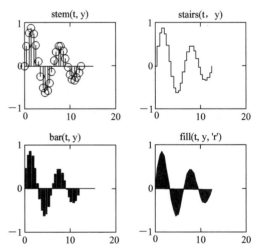

图 2 - 7　同一函数的几种不同的绘制形式

其运行的结果见图 2 - 7。读者不难从中弄清这几条绘图命令的意义。程序中最后一行，r 前后的引号写成两个引号，这是因为它是处在 title 后的引号内。MATLAB 规定，这种引号必须写成两个，以免被误认为是末尾的引号。

再键入 subplot(1，1，1)命令可取消子图，转回全屏幕绘图。

在对数直角坐标系中的绘图命令有 loglog、semilogx 和 semilogy 等，在极坐标系中的绘图命令有 polar。它们的用法与 plot 的基本用法相同，只是数据将画在不同类的坐标系上。

• polar(theta，rho)为极坐标绘图，以角度 theta 为一个坐标，单位是弧度，另外一个坐标是矢径 rho。在其后使用 grid 命令，可以绘出网状极坐标线。这个函数没有多输入变量形式。

• loglog 绘出纵、横坐标刻度均为 log10 的对数图。

• semilogx 使用半对数刻度绘图，x 轴为 log10 刻度，y 轴为线性刻度。

• semilogy 使用半对数刻度绘图，y 轴为 log10 刻度，x 轴为线性刻度。

以上图形屏幕控制命令和其他二维绘图命令都在二维图形函数库中，如表 2 − 9 所示。

表 2 − 9　二维图形函数库（graph2d）

类别	函数名	意　　义	函数名	意　　义
基本 x − y 图形	plot	线性 x − y 坐标绘图	polar	极坐标绘图
	loglog	双对数 x − y 坐标绘图	plotyy	用左、右两种 y 坐标画图
	semilogx	半对数 X 坐标绘图	semilogy	半对数 y 坐标绘图
坐标 控制	axis	控制坐标轴比例和外观	subplot	在平铺位置建立图形轴系
	hold	保持当前图形		
图形 注释	title	标出图名(适用于三维图形)	gtext	用鼠标定位文字
	xlabel	x 轴标注(适用于三维图形)	legend	标注图例
	ylabel	y 轴标注(适用于三维图形)	grid	图上加坐标网格(适用于三维)
	text	在图上标文字(适用于三维)		
打印	print	打印图形或把图存为 M 文件	orient	设定打印纸方向
	printopt	打印机默认选项		

3. 复数的绘图

当 plot(z)中的 z 为复数单变量时(即含有非零的虚部)，MATLAB 把复数的实部作为 x 坐标，虚部作为 y 坐标进行绘图，即相当于 plot(real(z)，imag(z))。如果是双变量如 plot(t，z)，则 z 中的虚数部分将被丢弃。要在复平面内绘出多条图线，必须用 hold 命令，或把多根曲线的实部和虚部明确地写出，作为 plot 函数的输入变元，即

plot(real(z1)，imag(z1)，real(z2)，imag(z2))。

例如，要绘制 z＝exp((−0.1＋i) ∗ t)的复数图形，列出下面的程序：

```
figure(2)
z＝exp((−0.1＋i) ∗ t)；
subplot(2，2，1)
plot(z)，pause
title('复数绘图 plot(z)')
subplot(2，2，2)
plot(t，z)，pause
title('复数绘图 plot(t，z)')
subplot(2，2，3)，polar(angle(z)，abs(z))
```

　　　　title('polar(angle(z)，abs(z))')

　　　　subplot(2，2，4)，semilogx(t，z)

　　　　title('semilogx(t，z)')

　　所得图形如图 2-8 所示。其中图 2-8(a)画出了复数图形，而图 2-8(b)只画了 z 的实部随 t 的变化规律，图 2-8(c)是用极坐标绘制的复数曲线，图 2-8(d)说明了用半对数坐标绘图的结果。

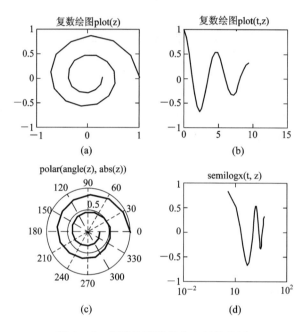

图 2-8　复数绘图及其他坐标轴绘图

　　4. 坐标比例和尺寸的设定——axis 命令

　　MATLAB 有根据输入数据自动设定坐标比例的功能。但在有些情况下，用户需要自行设定坐标比例并选择图形边界范围，这时可用 axis 命令。它有多种用法，随输入变量的不同而不同。

　　· V=axis，返回当前图形边界的四元行向量，即 V=[xmin，xmax，ymin，ymax]，如果当前图形是三维的，则返回值将是三维坐标边界的六元行向量。

　　· axis(V)(其中 V 是一个四元向量)，将坐标轴设定在 V 规定的范围内。

　　· axis 的另外一个功能是控制图形的纵横比。axis('square')或 axis('equal')使屏幕上 x 与 y 的比例尺相同，在这种方式下，斜率为 1 的直线的倾斜角为 45°，对于程序

　　　　z=0：0.1：2*pi；x=sin(z)；y=cos(z)；

　　　　subplot(1,2,1)，plot(x,y)，subplot(1,2,2)，plot(x,y)，axis('equal')

　　虽然数据是圆，但由于屏幕本身长宽不等，因此图 2-9(a)得出的是椭圆。图 2-9(b)由于函数 axis('equal')的作用，便得出圆。axis('normal')将恢复正常的纵横尺寸比。键入

　　　　v=axis

可得

　　　　v=　　　-1　　　1　　　-1　　　1

axis 命令的功能非常丰富，这里只介绍了一部分。要想知道详情，可参阅 help axis。

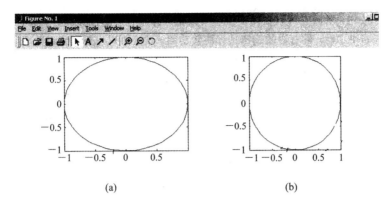

(a)　　　　　　　　　　　　(b)

图 2 - 9　axis('equal')命令的作用

MATLAB 中通用图形函数可参见表 2 - 10，其中有关图形句柄的命令可先跳过。

表 2 - 10　通用图形函数库（graphics）

类别	函数名	意　义	函数名	意　义
图形窗的控制	figure	创建图形窗	shg	显示图形
	gcf	获取当前图形窗的句柄	refresh	刷新图形
	clf	清除当前图形窗	close	关闭图形窗
轴系的控制	axes	在任意位置创建坐标系	ishold	保持当前图形状态为真
	gca	获取当前坐标系的句柄	box *	形成轴系方箱
	cla	清除当前坐标系		
图形对象	line	创建直线	surface	创建曲面
	patch	创建图形填充块	light *	创建照明
	image	创建图像		
图形句柄操作	set	设置对象特性	gcbo	获得回叫对象的句柄
	get	获得对象特性	gcbf	获得回叫图形的句柄
	reset	复位对象特性	drawnow	直接等待图形事件
	delete	删除对象	findobj	寻找具有特定值的对象
	gco	获得当前对象的句柄	copyobj	为图形对象及其子项作硬拷贝
工具	closerq	请求关闭图形窗	ishandle	是图形句柄时为真
	newplot	说明 NextPlot 的 M 文件		
杂项	ginput	从鼠标作图形输入	uiputfile	给出存储文件的对话框
	graymon	设定图形窗灰度监视器	uigetfile	给出询问文件名的对话框
	rbbox	涂抹块	whitebg	设定图形窗背景色
	rotate	围绕指定方向旋转对象	zoom	二维图形的放大和缩小
	terminal	设定图形终端类型	warndlg	警告对话框

5. 图形窗中的直接编辑

除了用行命令来给图形窗设定坐标，添加文字之外，还可以直接用图形窗编辑功能。图 2 - 9 中除图形外，还把图形窗顶部的菜单和按钮都显示出来了。着重看按钮，从左至右，前四个按钮不必说，第五个是"选择"按钮，激活它(变白)后鼠标就可在图中选择特定的对象，例如选定整个子图、图中的一根曲线或一组文字，然后可以移动所选对象的位置，也可以点击菜单上的 Edit 项对此对象进行编辑修改；第六个是"文字"按钮，激活它可以输入文字，包括英文、汉字和拉丁字母；第七个是"箭头"按钮，激活它可以产生标注的箭头；第八个是"直线"按钮，激活它可以在图上产生直线；再看靠右边的按钮，一个具有放大功能，另一个具有缩小功能；最右边的按钮具有旋转功能。读者可以自行摸索试验以掌握他们的功能和用法，深入一些的问题需参阅手册"Using MATLAB Graphics"。

2.5.5　三维曲线和曲面

1. 空间曲线绘制 plot3

空间曲线绘制 plot3 的用法大体与 plot 相仿。格式为

　　plot3(x, y, z, 's')。

其中，s 为线型颜色符。例如

　　z＝0：0.1：4 * pi;

　　x＝cos(z);

　　y＝sin(z);

　　plot3(x, y, z)

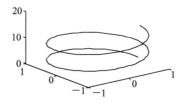

图 2 - 10　空间螺旋线

得出的将是一条空间螺旋线，如图 2 - 10 所示。

2. 空间曲面的绘制

函数 mesh 和 surf 用来绘制三维曲面。三维曲面方程应有 x、y 两个自变量，因此先在 x - y 平面上建立网格坐标，每一个网格点上的数据 z 坐标就定义了曲面上的点。通过直线(mesh)或小平面(surf)连接相邻的点就构成了三维曲面。

mesh 函数可以把一个大矩阵形象化地表示出来。例如，函数 $sinc(r)＝sin(r)/r$(其中 r 是 x - y 平面上的向径)的立体图形是很生动的。可用下面的方法来绘制，程序如下：

```
x＝−8：0.5：8; y＝x';                  %生成一维的自变量数组
X＝ones(size(y)) * x; Y＝y * ones(size(x));   %生成二维的自变量平面
R＝sqrt(X. * Y＋Y. * Y); z＝sin(R). /R;   %生成因变量
mesh(z), pause                        %画三维曲面
```

第一行命令定义了函数计算 x、y 的取值范围，每一个方向有 33 个样本点，第二行命令建立了共有 33×33＝1089 个网格点的坐标矩阵 X 和 Y，形成了 33×33 网格的矩阵网格，第三行程序表示数据点到原点的距离，并求得 sinc 函数值，最后用 mesh 函数绘出图形。

图 2 - 11 画出 X 是各点的 x 坐标，即竖线，画出 Y 是各点的 y 坐标，即横线。在 z 的定义域内列出 X，Y 后，即可进行函数的计算和绘图。MATLAB 也提供了生成网格点坐标的专用函数 meshgrid。用这个函数时，上述的两行程序可简化为一条语句

[X，Y]＝meshgrid(−8：0.5：8，−8：0.5：8)；

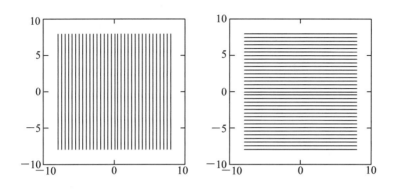

图 2 − 11　由 meshgrid 函数求出的 X、Y 矩阵对应的 x、y 坐标

执行了第三行程序后将得出警告

Warning：Divide by zero

即出现了被零除的运算。实际上这发生在 R＝0(即原点)处，该处 sin(R)也为零，所以得到
NaN。产生的三维曲线如图 2 − 12 所示，在 R＝0 处缺掉一个点，因为 NaN 是无法画出的。
从这里我们也可以看出 IEEE 算法的优越性。如果按过去的方法，一旦出现零作除数这种
非法运算，就要退出系统，取消全部结果，那就得不到这个漂亮的图形了，其实非法运算
只是 1089 个点中的一个，不能"攻其一点，不及其余"。解决这个问题的方法也很简单，只
要把样本点移离原点即可。为此把程序改为

R＝sqrt(X. ＊ Y＋Y. ＊ Y)＋eps；z＝sin(R). /R；figure(1)，mesh(z)

即把原来的 R 值移动一个极小的数值 eps，运行就没有问题，而图上不再有缺掉的点了。
把上式中的 R 改成 abs(x)＋abs(y)(称为一范数，sqrt(x ＊ x＋y ＊ y)称为二范数)，即

R＝abs(X)＋abs(Y)＋eps；z1＝sin(R). /R；figure(2)，surf(z1)

得出的三维曲面如图 2 − 13 所示。

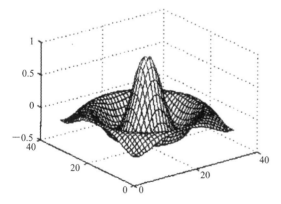

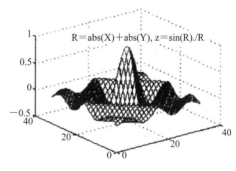

图 2 − 12　z＝sin(R). /R 的三维曲面图　　　图 2 − 13　当 R 取一范数时，z＝sin(R). /R 的
　　　　　　　　　　　　　　　　　　　　　　　　　　　三维曲面图

3. 其他三维图形绘制命令

三维图形和光照函数库见表 2 − 11。

表 2 - 11 三维图形和光照函数库(graph3d)

类别	函数名	意 义	函数名	意 义
绘制三维曲线命令	plot3	在三维空间中画线和点	mesh	三维网格图
	fill3	在三维空间中绘制填充多边形	surf	三维曲面图
颜色控制	colormap	彩色查寻表	caxis	为彩色坐标轴定标
	shading	彩色阴影方式	hidden	消隐或显示被遮挡的线条
	brighten	改变彩色图的亮度		
彩色图	hsv	色调-饱和度-亮值彩色图	gray	线性灰度彩色图
	hot	黑－红－黄－白彩色图	cool	蓝绿和洋红阴影彩色图
	bone	蓝色色调的灰度彩色图	copper	铜色调的线性彩色图
	pink	线性粉红色阴影彩色图	prism	光谱彩色图
	jet	HSV 彩色图的变型	flag	红、白、蓝、黑交互的彩色图
	spring	品红和黄阴影彩色图	summer	绿和黄阴影彩色图
	autumn	红和黄阴影彩色图	winter	蓝和绿阴影彩色图
	white	全白彩色图	lines	带颜色线的彩色图
	colorcube *	增强的彩色立方体彩色图	colstyle	从字符串分解出颜色和字体
彩色图有关的函数	colorbar	显示彩色条	hsv2rgb	由 hsv 向红绿蓝(rgb)转换
	rgb2hsv	红绿蓝向 hsv 转换	contrast	变灰度图为对比增强方式
	rgbplot	用 rgb 绘彩色图	spinmap	旋转彩色图
视点控制	view	规定三维图的视点	viewmtx	视点变换矩阵
	rotate3d *	用鼠标拖动图形作三维旋转		
照明模型	surfl	带照明的三维曲面图	specular	镜面反射
	lighting	光照模式	material *	材料反射模式
	diffuse	漫反射	surfnorm	曲面法线

• view(方位角,俯仰角)可以变换立体图的视角,例如键入

view(20,0)

就得到另一种三维图形,如图 2 - 14 中的图(d)。(方位角,俯仰角)的默认值为(37,30)。

• shading flat 或 shading interp 可把曲面上的小格平滑掉,使曲面成为光滑表面。Shading faceted 是默认状态,它使曲面上有小格。MATLAB 5 新增了 rotate3d 命令,执行此命令后,用户可以用鼠标拖动立体图形做空间连续转动。

另有一组等高线绘制命令,contour 命令把曲面的等高线投影在 x - y 平面上,也就是普通地图中的画法。contour3 在三维立体图中画出等高线,这些等高线就像云那样浮在相应的高度上。下列程序使用了三维绘图库中的一些命令,其结果可从图 2 - 14 中看出。有

关色彩的命令在后面讨论。

subplot(2,2,1)，R＝sqrt(X.^2＋Y. * Y)；z＝sin(R)./R；meshc(z)，pause

title('meshc(z)，shading flat')，shading flat

subplot(2,2,2)，R＝sqrt(X.^2＋Y. * Y)＋eps；z＝sin(R)./R；meshz(z)，pause

title('meshz(z)，shading interp')，shading interp

subplot(2,2,3)，R＝abs(X)＋abs(Y)＋eps；z1＝sin(R)./R；surfc(z1)，pause

title('surfc(z1)，shading flat')，shading flat，%colormap(gray)

subplot(2,2,4)；surfl(z1)，view(20,0)

title('surfl(z1)，view(20,0)')

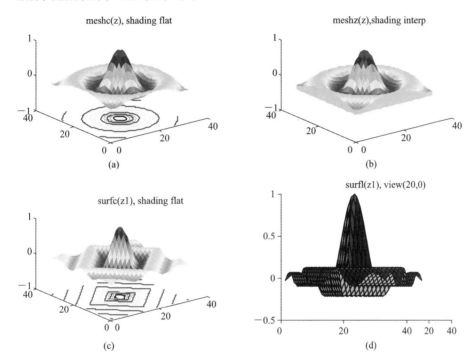

图 2 - 14　mesh 和 surf 命令的其他形式

2.5.6　特殊图形和动画

表 2 - 12 列出了 MATLAB 中的一些特殊图形函数，其中一部分是各种不同学科和领域中用到的特殊二维和三维图形，例如前面提到过的 stem、stairs 等，pie 和 bar 是在管理科学中常用的饼图和条形图，compass 是电路中常用的相量图，在应用篇中还会介绍，读者可以自行试用。另一部分是前面已介绍过的等高线图形，此处不多占篇幅。

下面介绍 MATLAB 的动画命令，它总共有三条命令：moviein、getframe 和 movie。用 getframe 把 MATLAB 产生的图形存储下来，每个图形成一个很大的列向量；再用 N 行这样的列保存 N 幅图，成为一个大矩阵；最后用 movie 命令把它们连起来重放，就可以产生动画效果了。moviein 用来预留存储空间以加快运行的速度。下面是 MATLAB 手册上提供的一个漂亮的动画程序：

```
    axis equal,                    %因为产生的图形是圆形，故把坐标设成相等比例
    M = moviein(16);               %为变量 M 预留 16 幅图的存储空间
    for j=1: 16                    %作 16 次循环
        plot(fft(eye(j+16)));      %画图
        M(:, j)=getframe;          %依次存入 M 中
    end
```

运行完这几句程序后，16 幅画面(每幅用 16,858 ＊ 8＝134,864 个字节)就放在矩阵 M 中；
再键入命令

```
    movie(M, 30)
```

MATLAB 就以每秒 30 帧的速度播放 M 中的图形。读者可自行在计算机上实践。

表 2 – 12　　特殊图形函数库(specgraph)

类别	函数名	意　　义	函数名	意　　义
特殊二维图形	area	填满绘图区域	feather	羽状图
	bar	条形图	fill	填满二维多边形
	barh	水平条形图	pareto	Pareto 图
	bar3	三维条形图	pie	饼图
	bar3h	三维水平条形图	plotmatrix	矩阵散布图
	compass	极坐标向量图	ribbon	画成三维中的色带
	comet	彗星轨迹图	stem	离散序列绘图
	errorbar	误差条图	stairs	阶梯图
等高线图形	contour	等高线图	pcolor	伪彩色图
	contourf	填充的等高线图	quiver	箭头图
	contour3	三维等高线图	voronoi	Voronoi 图
	clabel	等高线图标出字符		
特殊三维图形	comet3	三维彗星轨迹图	slice	实体切片图
	meshc	三维曲面与等高线组合图	surfc	三维曲面与等高线组合图
	meshz	带帘的三维曲面	trisurf	三角表面图
	pie3	三维饼图	trimesh	三角网状表面图
	stem3	三维 stem 图	waterfall	瀑布图
	quiver3	三维 quiver 图		
教学和绘图应用	ezplot	易用的二维函数绘图器	ezplot3	易用的空间曲线绘图器
	ezcontour	易用的等高线绘图器	ezpolar	易用的极坐标曲线绘图器
	ezcontourf	易用的填充等高线绘图器	ezsurf	易用的空间曲面绘图器
	ezmesh	易用的 mesh 绘图器	ezsurfc	易用的曲面/等高线绘图器
	ezmeshc	易用的 mesh/等高线组合绘图器		

类别	函数名	意　义	函数名	意　义
图像显示	image	显示图像	imread	从图形文件读出图像
	imagesc	缩放数据并作为图像显示	imwrite	把图像写入图形文件
	colormap	颜色查找表	imfinfo	关于图形文件的信息
电影和动画	capture	从屏幕抓取图形文件	rotate	绕给定方向旋转对象
	moviein	初始化电影帧存储器	frame2im	把电影帧转换为索引图像
	getframe	获取电影帧	im2frame	把索引图像转换为电影帧
	movie	重放录下的电影帧		
实体	cylinder	生成圆柱体	sphere	生成球体

2.5.7　色彩、光照和图像

为了更好地显示图形，特别是空间图形，MATLAB 使用了色彩和光照。颜色提供了三维图形中的第四维坐标，扩展了图形的表达能力。光照进一步改善了视觉效果，也是MATLAB 的一个重要特色。但因为彩色印刷的成本太高，在本书中不便展开，所以建议读者自己在计算机上实践。

在三维曲面绘图命令中，加入第四维变元，例如 mesh(x，y，z，w)，则 w 的大小就用颜色表示，即在坐标值为(x，y，z)的点上，赋予对应于 w 值的颜色。颜色与 w 值的一一对应关系，用彩色条(colorbar)来表示，用命令 colorbar 可得到这个关系，它将在已有的图形右侧，加上一条垂直的彩色条，并标以对应的 w 值。如果在三维曲面绘图命令中，没有第四维变元，则颜色轴将与 z 轴一致，有一一对应的关系。例如，键入

　　　$[x，y]$＝meshgrid$([-2：.2：2])$；

　　　$z ＝ x.* \exp(-x.^2 - y.^2)$；

　　　surf(x，y，z)，colorbar

所得图形及彩色条如图 2 - 15(a)所示，图中显示可以看出 z 最大处为深红色，z 最小处为深蓝色。

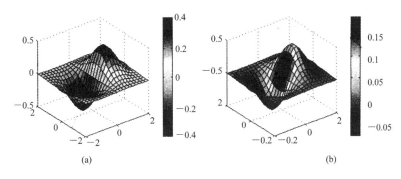

(a)　　　　　　　　　　　　　(b)

图 2 - 15　颜色坐标分别表示第三维(z)和第四维(梯度)

如果把末行改成

　　　surf(x，y，z，gradient(z))，colorbar

则彩色轴将表示曲面的梯度,也就是产生第四维的坐标,如图 2 - 15(b)所示,在峰点谷点之间的斜率最大处为最深的颜色,负斜率处为深蓝色。

2.5.8　低层图形屏幕控制功能

直到现在,我们所学的都是高层绘图命令。绘图本来是一件很复杂繁琐的工作,MATLAB 是怎么把它简化的呢? 主要是它代用户做了大量的事务性工作。有些简化是有根据的,例如坐标范围根据输入数据的最大最小值来选择;有许多则没有一定的道理,只是开发人员任意给出的默认值。例如图形的背景色,绘图线条的线宽、线型、颜色,坐标网格的密度及其标注尺寸等。在入门的时候,这些内容用户并不关心,最好由软件开发者帮助设定好,免得分散用户的注意力。但一旦遇到默认值不满足实际应用中的特殊需要时,就会令人觉得高层命令过于自动化和智能化,不便于人的干预,低层图形屏幕控制功能就是为补充这些不足而设定的。过去这些控制功能要用行命令实现,例如在绘图程序后常用语句

　　　　set(gcf, ′color′, ′w′)

来使图形的背景色成为白色,但这种方法要记很多名词和命令,比较麻烦。

新版本可以用图形窗上的编辑菜单来完成这些功能。点击【edit】,其下拉菜单中会提供【figure】,【axis】和【object】三个层次的对象特性,供用户选择编辑。点击任何一种对象,它会进一步显示可控制的对象特性,例如点击【figure properties】可以选择图的背景色,点击【axes properties】可以选择坐标轴的刻度和颜色,点击【object properties】可以选择图中曲线的线宽、线型和颜色等,用鼠标选择就可以完成,读者可在使用中学习。

2.6　M 文件及程序调试

在入门阶段,通常让 MATLAB 工作在行命令模式下,键入一行命令后,系统立即执行该命令,用这种方法时,程序可读性很差且难以存储。解决复杂的问题应该用命令编成可存储的程序文本,再让 MATLAB 执行该程序文件,这种工作模式称为程序文件模式。

由 MATLAB 语句构成的程序文件称为 M 文件,它以 m 作为文件的扩展名。例如,文件 expml.m 用来计算矩阵指数函数的值。因为它是 ASCII 文本文件,所以可以直接阅读并用任何编辑器来建立。

M 文件可分为两种:一种是主程序,也称为主程序文件(Script File),是由用户为解决特定的问题而编制的;另一种是子程序,也称为函数文件(Function File),它必须由其他M 文件来调用,函数文件往往具有一定的通用性,并且可以进行递归调用(即自己可以调用自己)。MATLAB 的基础部分中已有了近 800 个函数文件,它的工具箱中还有千余个函数文件,并在不断扩充积累。MATLAB 软件的大部分功能都是来自其建立的函数集,利用这些函数可以使用户方便地解决他们的特定问题。

2.6.1　主程序文件

主程序文件的格式特征如下:

(1) 用 clear,close all 等语句开始,清除掉工作空间中原有的变量和图形,以避免其他已执行的程序残留数据对本程序的影响。

前几行通常是对此程序用途的说明，特别是在运行时对用户输入数据的要求，更要叙述清楚，不然别人就看不懂也用不成，连自己日后也会遗忘。这些注释行必须以"％"开始，以便计算机执行时不予理会。MATLAB 规定，在键入 help［文件名］时，屏幕上会将该文件中以"％"起头的最前面各行内容显示出来，使用户知道如何使用。这些注释是可以用汉字的。"％"也可以放在程序行的后面，MATLAB 将不执行该字符后的任何内容。

（2）以下是程序的主体。如果文件中有全局变量，即在子程序中与主程序共用的变量，则应在程序的起始部分注明。其语句是

global 变量名 1 变量名 2 …

为了改善可读性，要注意流程控制语句的缩进及与 end 的对应关系。另外，程序中必须都用半角英文字母和符号（只有引号括出的和"％"后的内容可用汉字）。特别要注意英文和汉字的有些标点符号（如句号、冒号、逗号、分号、引号乃至％、＝、（）等），看起来很相似，其实代码不同，用错了，不但程序执行不通，而且几乎必定死机，因此键入程序时，最好从头到尾用英文，不要插入汉字。汉字可在程序调试完毕后加入。用 MATLAB 的编辑器比较好，因为它对出现的非法字符会显示出特殊的颜色，引起用户的注意。并且在它的菜单项【Text】下，选【Smart Indent】项可以自动对程序进行缩进排版。

（3）整个程序应按 MATLAB 标识符的要求起文件名，并加上后缀 m。文件名长度不要超过八个字符。不允许用汉字，因为这个文件名也就是 MATLAB 的调用命令，它是不认汉字的。将文件存入自己确定的子目录中，该子目录应置于 MATLAB 的搜索路径下。

完成程序编制，并在 MATLAB 的命令窗中键入此程序的文件名后，系统就开始执行文件中的程序，主程序文件中的语句将对工作空间中的所有数据进行运算操作。

【例 2 - 6 - 1】　要求列写一个求 Fibonnaci 数的程序。它是一个数列，从［1，1］开始，由数列的最后两个元素之和生成新的元素，依次递推。其程序如下：

```
%计算 Fibonnaci 数的 M 文件
clear，close all
N＝input('输入最大数值范围 N＝ ')
f＝[1，1]；i＝1；            %变量的初始化
while f(i)＋f(i+1)<N        %循环条件检验
    f(i+2)＝f(i+1)＋f(i)；i＝i+1；      %求 Fibonnaci 数的算式
end，
f，plot(f)            %显示和绘图
```

将此程序以文件名 fibon. m 存入某一 MATLAB 搜索目录下。在 MATLAB 命令窗中键入 fibon，系统就开始执行这个程序，它首先会要求用户输入 N，然后计算数值小于 N 的 Fibonnaci 数，并绘出图线。设输入 N＝100，得出（图线略）

f＝1　　1　　2　　3　　5　　8　　13　　21　　34　　55　　89

该文件执行结束，变量 f 和 i 仍保存在工作空间中。

【例 2 - 6 - 2】　列出求素数的程序。所谓素数就是只能被它自身和 1 整除的数。程序如下：

```
%求素数(prime number)的程序
clear，close all
```

```
N ＝input('N＝ '), x＝2：N;              %列出从 2 到 N 的全部自然数
for u＝2：sqrt(N)                        %依次列出除数(最大到 N 的平方根)
    n＝find(rem(x, u)＝＝0 & x～＝u);    %找能被 u 整除而不等于 u 的数序号
x(n)＝[];                                %剔除该数
    end, x                              %循环结束, 显示结果
```

以 prime.m 为名存入系统, 就可以执行了。给出 N＝40, 结果为

x＝ 2   3   5   7   11   13   17   19   23   29   31   37

2.6.2 人机交互命令

在执行主程序文件时, 往往还希望在适当的地方对程序的运行进行观察或干预, 这时就需要人机交互的命令, 调试程序时, 人机交互命令更不可少。下面介绍几条人机交互命令, 见表 2 - 13。

表 2 - 13 语言结构函数库(lang)

类别	函数名	意 义	函数名	意 义
估值并执行	eval	执行 MATLAB 语句字符串	feval	执行由字符串命名的函数
	evalin	估值工作空间中的表示式	builtin	从超载方法执行内置函数
	assignin	分配工作空间中的变量	run	运行程序文件
流程控制语句	if	条件执行命令	else	与 if 联用
	elseif	与 if 联用	end	for、while、if 语句的终点
	for	确定次数的重复语句	while	非确定次数的重复语句
	break	终止执行循环	return	返回到调用函数
	switch	在表示式的几种情况中选择	otherwise	switch 语句中的默认值
	case	switch 语句中的情况		
程序、函数和变量	script	MATLAB 程序文件——M 文件	function	加入新函数
	global	定义全局变量	mfilename	当前执行的文件名
	list	以逗号分割的清单	isglobal	是全局变量时为真
	exit	检查变量或函数是否存在		
变元管理	nargchk	检验输入变元的数目	nargin	输入变元的数目
	nargout	输出变元的数目	varargin	长度可变的输入变元清单
	varargout	长度可变的输出变元清单	inputname	输入变元的名称
信息显示	error	跳出函数并显示信息	lasterr	最近的出错信息
	warning	显示警告信息	errortrap	在测试中跳过错误
	disp	显示数组	fprintf	显示格式化信息
	sprintf	把格式化数据写成字符串	echo	显示执行的 MATLAB 语句
人机交互命令	input	提示用户输入	keyboard	调用等待键盘输入
	menu	生成用户输入的选择菜单	pause	暂停, 等待用户响应

• echo on(off)：一般情况下，M 文件中的命令不会显示在屏幕上。而在命令 echo on 之后，会在执行每行程序前先显示其内容。

• pause(n)：程序执行到此处，暂停 n 秒，再继续执行。如果没有括号参数，则等待用户键入任意键后才继续执行。

• keyboard：程序执行到此处暂停，在屏幕上显示字符 K，并把程序的输入和执行权交给用户(键盘)。用户可以像在普通 MATLAB 命令窗中那样进行任何操作(例如检查中间结果等)。如果需要系统恢复运行原来的程序，则只需键入字符串 return。在 M 文件中设置该命令，有利于进行程序调试以及临时修改变量内容。

• input('提示文字')：程序执行到此处暂停，在屏幕上显示引号中的提示字符串。要求用户输入数据。如程序为 X=input('X=')，则屏幕上显示"X="，输入的数据将赋值给 X。数据输入后，程序继续运行。input 命令也可以接受字符，其格式为 Y=input('提示文字'，'s')，此时 Y 将等于输入的字符串。

• ^C：强行停止程序运行的命令。^C 读作(Control-C)，即先按下 Ctrl 键，不抬起再按 C 键。在发现程序运行有错或运行时间太长时，可用此方法中途终止它。

• menu：是用来产生人机交互备选菜单的命令，参阅 help 文件。

• uimenu，uicontrol：这些是用来产生人机交互面板按钮的命令，参阅 help 文件。

后面两条命令是在编制较复杂的程序的图形界面时使用的，无法用三言两语说明。读者可在用到时再去查阅有关资料。

2.6.3　函数文件

函数文件是用来定义子程序的。它与程序文件的主要区别有三点：

(1) 由 function 起头，后跟的函数名必须与文件名相同；

(2) 有输入输出变量，可进行变量传递；

(3) 除非用 global 声明，程序中的变量均为局部变量，运行后不保存在工作空间中。

先看一个简单的函数文件，其文件名为 mean.m，键入 type mean 后，屏幕将显示元件的内容：

    function y = mean(x)
    %MEAN 求平均值。对于向量，mean(x)返回该向量 x 中各元素的平均值
    %对于矩阵，mean(x)是一个包含各列元素平均值的行向量
    [m，n] = size(x);
        if m==1 M=n; end   %处理单行向量
    y=sum(x)/m

文件的第一条语句定义了函数名、输入变元以及输出变元。没有这条语句，该文件就成为程序文件，而不再是函数文件了。输入变元和输出变元都可以有若干个，但必须在第一条语句中明确地列出。

程序中的前几条带%的字符行为文件提供注解，键入 help mean 命令后，系统将显示这几条文字，作为对文件 mean.m 的说明，这和主程序文件相同。

变量 m、n 和 y 都是函数 mean 的局部变量，当 mean.m 文件执行完毕，这些变量值会自动消失，不保存在工作空间中。如果在该文件执行前，工作空间中已经有同名的变量，

则系统会把两者看做各自无关的变量，不会混淆。这样，调用子程序时就不必考虑其中的变量与程序变量冲突的问题了。如果我们希望把两者看成同一变量，则必须在主程序和子程序中都加入 global 语句，对此共同变量作出声明。

给输入变元 x 赋值时，应把 x 代换成主程序中的已知变量，假如它是一个已知向量或矩阵 Z，则可写成 mean(Z)，该变量 Z 通过变元替换传递给 mean 函数后，在子程序内，它就变成了局部变量 x。

下面的例子是多输入变量函数 logspace，用于生成等比分割的数组：

function y = logspace(d1, d2, n)

%logspace 对数均分数组

%logspace(d1，d2)在 10^d1 与 10^d2 之间生成长度为 50 的对数均分数组

% 如果 d2 为 pi，则这些点在 10^d1 和 pi 之间

%logspace(d1，d2，n)生成的数组长度为 n，n 的缺省值为 50

  if nargin == 2 n = 50; end   %输入变元分析及 n 的缺省值设置

  if d2 == pi d2 = log10(pi); end %d2 为 pi 时的设置

  y=(10).^[d1+(0: n−1) * (d2−d1)/(n−1)] ; %将结果返回到输出变元

在本例中使用了特定变量 nargin 表示输入变元的数目。当只有两个输入变元时，它默认 n=50，nargout 是表示输出变元数目的变量。MATLAB 常常根据 nargin 和 nargout 的数目不同而调用不同的程序段，从而体现它的智能作用。

再来看 MATLAB 是如何定义一个任意非线性函数的。在对微分方程作数值积分或解任意非线性方程求解时，都需要先列出一个这样的函数文件。一个典型程序如下：

function y = humps(x)

%humps 是由 QUADDEMO、ZERODEMO 和 FPLOTDEMO 等程序调用的一个函数

%humps(X) 是一个在 x = 0.3 和 x = 0.9 附近有尖锐极大值的函数

%参看 QUADDEMO、ZERODEMO 和 FPLOTDEMO

  y = 1./((x−.3).^2 + .01) + 1./((x−.9).^2 + .04) − 6;

程序中的运算都采用元素群算法，以保证此函数可按元素群调用。MATLAB 中几乎所有的函数都能用元素群运算，所以我们自编的子程序，也要尽量满足元素群算法的要求。

2.6.4 内联函数和匿名函数

用 2.6.3 节介绍的方法来定义函数，必须在主程序之外重新建立一个函数文件，这不大方便。MATLAB 还提供了一种简便的、直接在主程序文件中定义函数的方法，称为内联函数。它的调用格式为

  fun＝inline('函数内容'，自变量列表)

其中，"函数内容"需要填写函数的具体语句，即与函数文件中的核心语句完全一样。自变量列表类似于 function 格式下的输入变元，不过每个自变量必须用单引号括起来。例如 $f(x, y)=x^3+xy^2$ 就可以用

  f＝inline('x.^3＋x. * y.^2'，'x'，'y')

来直接定义。不过这样的格式只能用来定义比较简单的、用一条语句就能求出结果的函数形式。

匿名函数是 MATLAB 7. x 版给出的新的函数定义形式，它的基本格式为

　　　fun＝@（自变量列表）函数内容

例如

　　　f＝@（x，y）x.^3＋x. * y.^2ʹ

可见，它和 inline 函数很相似，但键入量更少、更简洁。更重要的是，该函数允许直接使用 MATLAB 工作空间中的变量。例如，在 MATLAB 工作空间中已经有了 a 和 b，则匿名函数 f＝@（x，y）cos(a * x＋b * y)就可以成立，无需把 a、b 列入变量列表中，所以使数学函数的定义更加方便。

注意，匿名函数中取的是当前工作空间中的变量，在定义了匿名函数后，如果 a、b 的数值发生变化，匿名函数中的 a、b 值不会跟着改变。

2.6.5　文件编辑器及程序调试

MATLAB 提供的编辑器的用法与 Word 相仿，同时，它把编辑与调试结合在一起了。实际上，MATLAB 的主程序是比较好调试的，因为 MATLAB 的查错能力很强，配上工作空间中变量的保存和显示功能，不需要用专门的调试命令，调试也可以很方便地进行。

需要用调试命令的主要是函数程序。因为在函数程序中出错而停机时，其变量不作保存。虽然它也会指出出错的语句，但由于子程序中的变量在程序执行完毕后会自动消失，其他现场数据都无记录，因此给调试带来很大困难。解决这个问题可用下列措施：

（1）把某些分号改为逗号，使中间结果能显示在屏幕上，作为查错的依据。

（2）在子程序中适当部位加 keyboard 命令，到了此处，系统会暂停而等待用户键入命令。这时子程序中的变量还存在于工作空间中，可以对它们进行检查。

（3）将函数文件的第一行前加％号，使它成为程序文件，做初步调试。第一行中的输入变元，可改用 input 或赋值语句来输入，调好后再改回函数文件。

（4）使用 MATLAB 提供的调试命令。根据我们的体会，当程序不太长（例如 20 行以下）时，用调试命令反而麻烦，所以调试命令在入门课程中不予介绍。

第3章　MATLAB 的开发环境和工具

作为一种优秀的计算软件，MATLAB 之所以能够成功，不仅因为其语法和编程的简洁高效，还在于它有一个便于使用开发并与其他软件（甚至硬件）进行交互通信的环境。比如它可以在多种计算机机型和操作系统下运行，其使用的界面和程序又完全相同，使程序设计与平台无关；它能够和一些重要的文字编辑器及图形编辑器进行交互，把计算结果很方便地组织成图文并茂的文章等。从 MATLAB3.x 起，其语言已经相当成熟，版本的每一次升级，在语言方面的变化很少，变动主要集中在工具箱的扩充和开发环境的改善上。这方面的内容涉及面很广，不可能在一本入门书中叙述清楚。本章将以 MATLAB 6.x 版本为主要对象，对此作一扼要介绍。

3.1　MATLAB 与其他软件的接口关系

3.1.1　与磁盘操作系统的接口关系

1. 变量的存储和下载

save 命令把工作空间中的全部变量值存入磁盘，其默认的文件名是 matlab.mat。第二次再用 save 命令时，如果仍用默认文件名，则原来文件中的数据就被冲销，所以通常都要自设文件名。如果只要把 a、b、c 三个变量保存在名为 aa.mat 的文件中，则可键入

　　save aa a b c

mat 格式用户是读不懂的。如果要保存为 ASCII 码格式，则应再加上一个格式说明符

　　save aa a b c —ascii

load 是 save 的逆过程，它把磁盘上存储的 mat 数据文件取回到 MATLAB 工作空间中。其默认的文件名也是 matlab.mat。在不用默认文件或默认格式时，其命令格式与 save 命令相仿，唯一的差别是它不能选择变量。例如 load aa，它把 aa.mat 文件中的全部数据连同其变量名都下载到工作空间中。

格式说明符还有多种，MATLAB 6.x 及 5.x 的默认格式与 MATLAB 4.x 不同。因此，在 MATLAB 4.x 下存入的 mat 格式变量不能被 MATLAB 6.x 直接读出，必须在读命令的后面加上特殊的格式说明 - v4，例如 load aa - v4。读者在遇到此问题时可从 help save 或 help load 中寻找详细说明。

表 3 - 1 列出了 MATLAB 的通用命令库中的函数。

表 3－1　通用命令函数库（general）

类别	函数名	意　义	函数名	意　义
函数的管理命令	what	列出 M、MAT 和 MEX 文件	which	找函数和文件所在的子目录
	type	显示 M 文件的全部内容	pcode	建立微码文件（P 文件）
	edit	编辑 M 文件	inmem	列出内存中的函数
	lookfor	在求助文字中搜索关键词	mex	编译 MEX 函数
通用信息	help	在线帮助文件	whatsnew	未列入说明书的新功能信息
	helpwin	有独立视窗的在线帮助文件	readme	显示 readme 文件
	helpdesk	超文本帮助文件	ver	MATLAB 和各工具箱的版本
	demo	运行演示程序		
工作空间管理	who	列出工作空间变量	save	从工作空间存储变量到磁盘
	whos	列出工作空间变量详情	clear	从内存中清除变量和函数
	load	从磁盘取出变量到工作空间	pack	紧缩工作空间内存
管理搜索路径	path	查找和改变 MATLAB 搜索路径	rmpath	在搜索路径上去除子目录
	addpath	在搜索路径上增加子目录	editpath	修改搜索路径
文件操作系统	cd	更改当前工作目录区	pwd	显示当前工作目录
	dir	列出子目录	web	打开 Web 浏览器
	delete	删除文件	computer	当前的计算机型号
	getenv	获取环境参数	Ctrl C	中断 MATLAB 的运行
命令窗控制	profile	设置 M 文件执行时间	format	设置显示格式
	clc	清除命令窗中的文字	diary	保存 MATLAB 运行文字记录
	home	使光标复原到左上角	more	在命令窗中控制分页输出
启动退出	quit	退出 MATLAB	matlabrc	启动的主 M 文件
	startup	启动 MATLAB 时的 M 文件		
公共信息	info	关于 Mathworks 公司的信息	hostid	MATLAB 服务主顾的识别码
	subscribe	订购 MATLAB 须知		

2. 工作日志的记录

diary 命令可把 MATLAB 工作过程中的全部屏幕文字和数据以文本方式记录下来，成为一个工作记录，默认的文件名为 diary。因为它是文本文件，并可由任何文字处理器来修改编辑，所以有很大的使用价值，其用法如下：

当准备做记录时，在命令窗中键入 diary on 或 diary bbb，后者用 bbb.txt 为文件名。从此时开始，所有在 MATLAB 命令窗中出现的文字和数据都将记录在 diary.txt 或 bbb.txt 文件中。当需结束记录的过程时，应键入 diary off，此后的屏幕内容即不做记录。如果再次使用 diary on 或 diary 文件名，则新记录的内容将接在原记录的后面，不会冲销原记录。diary 文件可以用 Notepad 或 WinWord 打开阅读。

为了避免在日志文件中记录不必要的调试过程和"垃圾内容",应该在程序调试成功、运行无误后再打开日志文件,让程序正式运行一次。有时还需先键入 echo on,使得被执行的语句也在屏幕上显示并被记录到日志中去。记录中如发现有不必要的内容,可用文字处理器予以删改。diary 文件不能记录 MATLAB 运行中生成的图形。

3. 日期和时间命令

MATLAB 中的某些命令是与操作系统有内在联系的。除了前面说过的它可直接应用的操作系统命令 dir、delete、cd 等之外,有关时间和日期方面的命令,都是从操作系统中提取数据的。这些命令见表 3 - 2。

表 3 - 2　时间和日期函数库(timefun)

类别	函数名	意　义	函数名	意　义
当前日期	now	当前日期和时间的时间数	clock	当前日期的日期向量
	date	当前日期的字符串		
基本函数	datenum	成序列的日期数	datevec	日期向量
	datestr	日期的字符串格式		
日期函数	calender	日历	eomday	月末日的星期数
	weekday	星期数	datetick	日期的格式设定
定时函数	cputime	以秒计的 CPU 时间	etime	经历时间
	tic, toc	秒表定时器的启动和停止	pause	暂停等待时间

下面介绍如何确定做某种计算所需的时间。例如,想看看生成 1 个 100×100 阶随机矩阵并作求逆运算所需的时间,可以用下列三组语句之一:

(1) t0 = clock;y = inv(rand(100,100));etime(clock,t0)

(2) t = cputime;y = inv(rand(100,100));cputime - t

(3) tic;y = inv(rand(100,100));toc

这三种方法的差别在于:第一种方法要先后两次提取年、月、日、时、分、秒的数据,并将他们相减;第二种方法以开机时间为基准;第三种方法则用 tic 把秒表置零,求得的 toc 就是经历的时间。

4. 不退出 MATLAB 环境运行其他软件

以"!"开始的命令表示这是一个 DOS 操作系统的命令。可以用这个方法在不退出 MATLAB 环境的条件下,运行以 DOS 操作系统为基础的其他软件。

3.1.2　与文字处理系统 Winword 的关系

1. 利用剪贴板进行交互

MATLAB 的程序要利用文字处理系统来编辑修改,它的运行结果(包括数据和图形)需要由图文处理系统来整理加工,因此它与 Word 图文处理系统有非常紧密的关系。它的命令窗中的所有文字数据及图形窗中的所有图形都可用 Windows 的剪贴板(Clipboard)送到 Word 中去,并可以用 Word 对它们进行编辑,形成图文并茂的书面报告。

在图形窗中截取图形时，应先用鼠标拖动边缘的方法将图形窗调到需要的大小，然后用鼠标单击菜单中的【Edit】项，在【Copy Options】子项中有【Metafile】(矢量模式)和【Bitmap】(点阵模式)。通常应选【Metafile】，因为这种模式便于在 Word 中做进一步的缩放修改。在设定完毕后，再选定【Copy Figure】，图就放到剪贴板上去了。然后，可把这个图贴向 Word 的任何文本文件并在其中做进一步的编辑修改。在 MATLAB 中缩放可以保持图中标注文字的大小，而在 Word 中缩放图形则使文字同比例缩放。所以，建议在 MATLAB 中先把图形比例取到大体合适，避免到 Word 中做大幅度的缩放调整。

2. 文字编辑器的使用

在 MATLAB 6.x 中，已经把 Word 中的文字编辑功能集成为 MATLAB 的程序编辑和调试器。在图 1-2 显示的命令窗中，按下最左边的图标，就会激活其程序编辑和调试器，生成图中的视窗。该视窗中的各个图标的形式和功能与 Word 界面的几乎完全相同，所以不必细说。它的特殊之处在于：

(1) 它会用不同颜色显示 MATLAB 规定的保留字符(蓝)、非法字符(鲜红)、注释字符(绿)、引用字符(深红)等。

(2) 存储文件名的后缀为.m，即生成的是 M 文件。

(3) 当被编辑的文件以 function 开头，即被编辑的是一个函数文件时，MATLAB 编辑器会自动将存储文件名定为该程序中的函数名(见第 2.6 节中函数文件的命名规定)。

(4) 能对程序自动缩进排版，便于阅读和调试。选定需要排版的程序段，单击菜单项【Text】下的子项【Smart Indent】，即可完成。

(5) 它有程序调试器功能，反映在菜单项【Debug】的各子项中。

3. Notebook 软件工具

Notebook 是 Mathworks 公司开发的软件，它在 Word 和 MATLAB 两个软件系统之间搭起了一座双向接口的桥梁。当这个软件工作时，可在 Word 中输入含有部分 MATLAB 语句的文本文件。以后只要选中这些语句，再键入 Ctrl-Enter，该软件就会把这些语句送给 MATLAB 去执行，然后把运行的结果又送回 Word，并用不同的颜色显示输出和输入的不同。利用这个工具，教师可以边写教案，边检验教案中的程序语句。科技工作者也可一边写论文，一边让论文中的程序运行结果直接出现在论文中，不再需要来回剪贴了。不过要运行这个工具，必须在安装 MATLAB 时，把 Notebook 软件工具装入系统。

3.1.3　图形文件的转存

可以把 MATLAB 的图形文件转存为多种标准图形格式，以便用各种图形软件进行处理。存储时所用的后缀可以是各种标准图形格式的后缀，如 gif、bmp、jpg 等。它们可由图形窗对图形进行存储而得到。

在 MATLAB 6.x 版本中，除了用 print 命令外，还可用菜单操作来实现图形转存。只要单击图形窗的菜单项【File】的子菜单【Export】(导出)，就会出现图 3-1 所示的界面。在【Save as Type】中选定存储格式，给出文件名，再单击【Save】，即可完成图形的存储。这里用【Export】表示 MATLAB 把图形转储为其他软件的格式，是软件之间的接口转换。这样生成的文件不属于 MATLAB 文件的范畴。

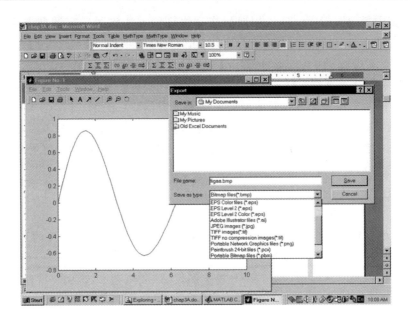

图 3 - 1 MATLAB 6. x 的图形窗及其转存(导出)界面

3.1.4 低层输入/输出函数库

MATLAB 可以用 save 和 load 命令来保存和提取数据,其数据可以是 mat 或 ASCII 码格式,这已在前面讲过,但这只适合于 MATLAB 环境自身。作为一种科学计算软件,与其他软件系统进行直接的(没有人参与的)数据交换是十分重要的,它可以避免人为差错和运行低效。通过输入输出文件进行数据交换是有效的方法之一。因为几乎任何算法语言都有有限的几种输入输出文件格式(例如二进制格式和 ASCII 码字符格式),MATLAB 可以用这几种格式进行读写,也就保证了它可以在这一级上与其他语言相连接。例如,将其他软件产生的或仪器测量的数据自动读入 MATLAB,再进行分析处理并绘成图形输出等。读不同格式的文件要用不同的命令,这个库中的命令见表 3 - 3。

如果要在一个二进制文件 aaa. bin 中写入工作空间中的变量 x,则其程序为如下两条语句:

fid1=fopen('aaa. bin', 'r+'); %打开 aaa. bin,'r+'表示可读可写,fid1 为文件标识

N=fwrite(fid1, x, 'float') %将 x 以 float(浮点)格式写入 fid1 文件,返回实际写入的元素数 N

从数据文件读出变量是一个逆过程。例如,要从 aaa. bin 读入二进制数据并将它赋值给 A,程序可编写如下:

frewind(fid1)

fid1=fopen('aaa. bin', 'r+');

A=fread(fid1, [5, 5], 'float')

注意到这个程序比写入时多了第一行,因为文件的读写犹如磁带,写入以后必须倒带才能重放,要先键入倒带命令 frewind(fid1),而第三句表示将 fid1 文件中的前 25 个数据以 float(浮点)格式读出,列成 5×5 阶矩阵,赋予变量 A。如果以后还有从 fid1 文件读出的

语句，就将从第 26 个数据开始。

表 3 - 3　低层输入/输出库（**iofun**）

类别	函数名	意　义	函数名	意　义
文件开闭及 I/O	fopen	打开文件	fscanf	从文件中读出格式化数据
	fclose	关闭文件	fprintf	把格式化数据写入文件
	fread	从文件读入二进制数据	fgetl	从文件中读出一行，去掉新行字符
	fwrite	把二进制数据写入文件	fgets	从文件中读出一行，保留新行字符
文件定位	ferror	询问文件 I/O 的出错状态	ftell	提取文件位置指针
	feof	测试文件结尾	frewind	倒回文件
	fseek	设置文件位置指针		
字符串及文件名处理	sprintf	把格式化数据写入字符串	sscanf	从字符串中读取格式化数据
	MATLABroot	MATLAB 安装的根目录	partialpath	部分路径名
	filesep	本平台的目录分割符	mexext	本平台的 MEX 文件名后缀
	pathsep	本平台的路径分割符	fullfile	从各部分构成全文件名
	tempdir	获取当前目录	tempname	获取当前文件
文件输入输出	load	将 MAT 文件下载到工作空间	save	把工作空间变量存入 MAT 文件
	dlmread	从 ASCII 码分隔文件中读取矩阵	dlmwrite	把矩阵写入 ASCII 码分隔数据文件
	wk1read	读 WK1 文件	wk1write	在 WK1 格式的文件中写入矩阵
图像声音 I/O	imread	从图形文件读出图像	imfinfo	返回图像文件的信息
	imwrite	把图像存入图形文件		
	wavwrite	写入 WAVE(".wav")声音文件	wavread	读出 WAVE(".wav")声音文件

输入输出的格式必须相同。MATLAB 内部本来只有一种双精度格式，现在要变换为其他语言中的多种数据类型，所以会很不适应。读者应在学了 C 语言或其他语言后再来理解本节。库中每个命令的具体用法可参看 help 文本，此处不多占篇幅。

在进行音频信号或图像处理时，需要与声音文件及图像文件接口。MATLAB 也提供了相应的命令，可参看表 3 - 3。

在 MATLAB 中还有动态数据交换的函数库（dde）。利用它可以不经过"文件"这个中间环节而直接在运行 MATLAB 的计算机和运行其他软件的计算机之间通过网络进行数据交换，使 MATLAB 与其他软件平台之间的双向调用成为可能。这个函数库中的内容见表 3 - 4。

表 3 - 4　动态数据交换函数库（dde）

类别	函数名	意　义	函数名	意　义
动态数据 交换	ddeadv	建立链接	ddereq	从应用中取得数据
	ddeexec	送出执行字符串	ddeterm	结束 DDE 对话
	ddeinit	DDE 对话初始化	ddeunadv	卸除链接
	ddepoke	把数据送到应用中		

3.1.5　与 C 和 FORTRAN 子程序的动态链接

　　MATLAB 本身是用 C 语言编写的，它的丰富的科学计算子程序库中的许多经典部分来自久经考验的 FORTRAN 程序库。它可以直接调用经过一定处理的 C 和FORTRAN 可执行文件，因而使执行这些子程序的速度与 C 语言及 FORTRAN 语言相同。这些可执行文件就是后缀为 mex 的文件。除了 MATLAB 中已有的 mex 文件外，用户也可把自己找到的其他可执行文件加入系统中。

　　MATLAB 高级工具箱中还有 C 编译器，可把 MATLAB 语言编写的子程序编译成 C语言程序，以提高它的运行速度，并可与一些芯片级的代码建立无缝连接。MATLAB 6.x是用 Java 语言扩展的，这为它今后充分利用 Java 的功能创造了有利条件。

3.2　MATLAB 的文件管理系统

3.2.1　安装后的 MATLAB 文件管理系统

　　用光盘来安装 MATLAB 软件，不管版本有何差别，其过程和其他软件相仿，此处从简。安装后的 MATLAB 根目录（通常表示为 MATLABroot）下，至少有 bin、extern、help、toolbox 这四个子目录，其中子目录 bin 包含了 MATLAB 所要用到的二进制文件。启动MATLAB 的执行文件 matlab.exe 就在这个目录中，双击这个文件就可以启动 MATLAB软件。子目录 extern 包含了 MATLAB 所要用到的外部文件。子目录 help 包含了 MATLAB的各种帮助文件，如果有下一级子目录 pdf_doc，则其中将包括 MATLAB 及其工具箱的说明书，那是十分有用的资料。子目录 toolbox 包含了 MATLAB 的各种函数库及已装入的作为下一级子目录的工具箱名称等，它至少应有 local 和 matlab 两项，其中 matlab（注意用的是小写）又有 20 多个子目录，分别是本书第 1～4 章介绍的 MATLAB 中的基本函数库。通常在 MATLAB 根目录下，还会自动建立一个用户的子目录 work，以便把用户自编的程序存在这个子目录下，免得与系统中原有的文件混淆。

3.2.2　MATLAB 自身的用户文件格式

　　MATLAB 的用户文件通常包括以下几类：

　　· 程序文件：包括主程序和函数文件，其后缀为 .m，即 M 文件。通常它由文本编辑器生成。MATLAB 的各个工具箱中的函数，大部分也是 M 文件。

　• 数据文件：其后缀为.mat。在 MATLAB 命令窗中，用 save 命令存储的变量，在默认条件下就生成这类文件。

　• MATLAB 的可执行文件：其后缀为.mex。它们由 MATLAB 的编译器对 M 文件进行编译后生成。其运行速度远高于直接执行 M 文件的速度。

　• 图形文件：其后缀为.fog。

　此外，用 Simulink 工具箱建模，会生成模型文件（后缀为.mdl）和仿真文件（后缀为.s），这些是 MATLAB 自身的文件格式。

3.2.3　文件管理和搜索路径

　MATLAB 管理的文件范围由它的搜索路径来确定。该搜索路径由 MATLAB 启动文件来规定。其中有一段程序列出了所有由它管理的文件目录名称（在 MATLAB 6.x 中，这段程序写成名为 pathdef.m 的子程序），此名称要列到最低层子目录。例如，MATLABroot\toolbox\matlab\elfun。当然，这些子目录不只限于 MATLAB 根目录下的范围，整个计算机资源管理器文件系统中的任何一个底层文件夹，都可以列入 MATLAB 的搜索路径，在这些文件夹中的文件都可以被执行。反之，如果用户编写的程序未存入 MATLAB 搜索路径的子目录中，则 MATLAB 将找不到它，因而也无法运行这个程序。

　要将某文件夹纳入 MATLAB 的搜索路径下，可用菜单操作实现，步骤如下：

　在命令窗中点击【File】菜单栏的【Set Path】，就会出现图 3-2 所示的【Set Path】对话框。该对话框左侧是一排按钮，包括【Add Folder...】、【Add with Subfolders...】、【Move to Top】、【Move Up】、【Remove】、【Move Down】和【Move to Bottom】等。如果要将某文件夹（连它的子文件夹）都列入 MATLAB 搜索路径上去，可点击【Add with Subfolders】，此时将弹出一个系统文件搜索框，即图 3-2 上右下角的小框。在其中找到该文件夹，选中它，再按【确定】，小框即关闭。然后在【Set Path】对话框下面一横排按钮中，先按【Save】按钮，再按【Close】按钮即可。

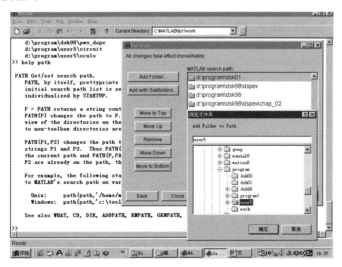

图 3-2　MATLAB 6.x 中修改搜索路径的对话框

3.2.4 与目录和搜索有关的命令

• dir：列出当前目录下的文件和子目录名。

• cd：改变当前目录，如要往上改，则用 cd . .；如要往下改，则用 cd［下一级子目录名］。

• delete：删除某个文件。

说明：三个都是 DOS 操作系统的命令，在 MATLAB 中同样有效。

• what［子目录名］：列出该子目录下的 MATLAB 自身的文件名，包括：

后缀为 m 的 MATLAB 程序文本文件；

后缀为 mex 的 MATLAB 二进制执行文件；

后缀为 mat 的 MATLAB 的数据文件；

后缀为 mdl 的 MATLAB 的仿真模型文件；

⋮

• which［文件名］：显示该文件所在的子目录路径，便于查看或修改它。例如，键入

    which path

则显示

    c：\matlab\toolbox\matlab\general\path. m

说明 path 命令在通用函数库（general）中。

利用 which 命令，可以查出任何 MATLAB 函数所在的库，所以本书第一、二版提供的附录 A 成为多余，在第三版中已删除。

• lookfor［字符串］：在全部 help 文件中搜索包含该字符串的内容。例如，想找到所有与等高线绘制有关的命令，可键入

    lookfor contour

得

    CLABEL Add contour labels to a contour plot.

    CONTOUR Contour plot.

    CONTOUR3 3 – D contour plot.

    CONTOURC Contour computation.

    MESHC Combination MESH/CONTOUR plot.

    SURFC Combination SURF/CONTOUR plot.

3.2.5 搜索顺序

在 MATLAB 执行程序时，如果遇到一个字符串，那么如何判别该字符串的意义呢？它按如下的顺序（优先级）与已有的记录相比较：工作空间的变量名→内部固有变量名→. mex 文件名→. m 文件名。如果两个名字相同，它只认优先级高的名字。例如，用户在工作空间中给 i 赋了值，那么系统就不会取内部固有变量中设定的虚数 i；如果用户在程序中设立了一个与 MATLAB 函数同名的变量，则每次调用此名字时，出现的将是用户自定的变量，调不出 MATLAB 中的函数，所以用户在自设变量名时要防止与 MATLAB 中的函数重名。

MATLAB 中也有函数同名只是后缀不同的情况。因为. mex 后缀是二进制的执行文件，它的运行速度比. m 文件快得多，所以会优先执行它。. mex 文件通常是对. m 文件编译后生成的，因此无法阅读也不好修改。

3.3　MATLAB 6. x 的开发环境

3.3.1　桌面系统的内容

第 1 章中初步介绍了 MATLAB 的几个基本视窗。随着系统的升级，它们在不断升级，而且为了开发者的方便，不断增加新视窗。到 MATLAB 6. x 则发展到一个新阶段，它把多种开发工具集成为 MATLAB 桌面系统。该系统由桌面平台以及组件组成，包含如下八个组成部分：命令窗口(Command Window)、历史命令窗口(Command History)、资源目录本(Launch Pad)、当前路径浏览器(Current Directory Browser)、帮助浏览器(Help Browser)、工作空间浏览器(Workspace Browser)、数组编辑器(Array Editor)以及程序编辑调试器(Editor - Debugger)。它们的功能简述如下：

(1) 命令窗口：第 2 章中的全部工作都是在命令窗口中完成的，所以不必做更多解释。

(2) 历史命令窗口：用于记录并显示历次工作进程中曾键入的全部行命令。利用它可以方便地修改和输入较长的行命令，或把多个有用的行命令挑选出来，组成一个完整的程序文件，因此，这是一个很有用的工具，但非正常退出的工作进程将不在记录中。

(3) 资源目录本：用于把用户在当前系统中安装的所有 MATLAB 产品说明、演示以及帮助信息的目录集成起来，便于用户迅速调用查阅。在 MATLAB 7.0 中，取消了这个窗口。

(4) 当前路径浏览器：用于随时显示系统当前目录下的 MATLAB 文件信息，包括文件名、文件类型、最后修改时间以及该文件的说明信息等。

(5) 帮助浏览器：所有的帮助信息都可以在该浏览器中显示，而且用户可以对原有的帮助信息编辑取舍，或加入自己的注解，形成自己的帮助文件。

(6) 工作空间浏览器：用于显示所有目前保存在内存中的 MATLAB 变量的名称、数学结构、字节数以及类型，并与按下工作空间查看按钮或键入 whos 命令所得的结果相同。只是在工作空间浏览器中，还可以对变量进行编辑或对图形进行操作。

(7) 数组编辑器：用户可以直接在数组编辑器中修改所打开的数据，甚至可以更改该数据的数学结构以及显示方式。

(8) 程序编辑调试器。

以上各组件都独立地构成视窗，具有自己的菜单和工具条，可以对视窗中的内容进行编辑和存储，这就使它们的功能更强大，使用更方便。对初学者而言，太多的视窗只会造成混乱，因此在本书第 1 章中，我们只介绍最基本的几个视窗，现在才作较详细的讨论。即便如此，如果自己不在应用中去实践，学了也很难记住，所以本书只能做简略介绍，读者仍需自己看说明书并实际应用，才能真正掌握。

3.3.2　桌面命令菜单简介

图 3 - 2 的第一行给出了 MATLAB 6. x 的桌面命令菜单区，它包括【File】、【Edit】、【View】、【Web】、【Window】、【Help】等六项。在第六项的右边，增加了一个显示当前目录的信息区。在主菜单上增加了 Web 项，表明它在联网功能上的加强。它的其他功能扩展主要反映在子菜单中。

在【File】下的子菜单中，增加了【Import Data...】（数据导入）、【Save Workspace As...】（将工作空间保存为文件）、【Set Path...】（搜索路径设定）、【Preference...】（选择）等选项。

在【Edit】下的子菜单各项，与一般文本编辑命令相仿，此处从简。只有【Paste Special】选项有些特别。用它可打开数据输入向导，将剪贴板的数据输入到 MATLAB 工作空间中。

在【View】下的子菜单中，增加了【Desktop Layout】（桌面布局）、【Undock Command Window】（将命令窗分离）、【Command Window】、【Command History】、【Current Directory】、【Workspace】、【Launch Pad】、【Help】、【Current Directory Filter】以及【Workspace View Options】等选项，用以选定观察的视窗。

在子菜单项【Desktop Layout】之下又有下一级子菜单，利用它可以同时显示两个以上的视窗。显示方案列在下一级子菜单中，分别为【Default】（默认方式，同时显示【Commend Window】、【Launch Pad】和【Commend History】三个视窗）、【Command Window Only】、【Simple】（同时显示【Commend Window】和【Commend Histroy】或【Workspace】两个视窗）、【Short History】、【Tall History】（各显示【Commend Window】、【Current Directory】和【Commend History】三个视窗，但形状和排列不同）以及【Five Panel】（同时显示五个视窗）等。

【Web】是 MATLAB 6. x 新增的菜单项，通过该菜单项可以直接得到 MATLAB 的网络资源，当然此时系统必须在联网状态下。

【Window】菜单项提供了在已打开的各 MATLAB 视窗之间的切换功能，也可以用它关闭全部视窗。

【Help】下的子菜单项【Full Product Family Help】、【MATLAB Help】、【Using the Desktop】、【Using the Command Windows】和【Demo】分类提供了进入各类帮助信息系统的入口。

第 4 章　MATLAB 的其他函数库

　　在前三章中,我们已介绍了 MATLAB 基本部分函数库中的大部分,这些内容对于大学低年级的初学者来说,已经足以应付各种大学课程算题的需要。余下的这几个函数库中的函数,有些是涉及深一些的数学和物理概念,对低年级同学而言有些超前,不易很快接受,可以等到高年级再深入;有些则是用来编写较高级的程序用的,要对 MATLAB 编程比较熟悉后再学。单独把这些内容放在一章中,可以避免成为初学者的拦路虎。这一章内容具有独立性,其各节也有独立性,读者可以跳过整章或整节,向后再阅读。但要读懂本章各节,必须以前三章为基础,并具备相应的数学理论知识。另外,稀疏矩阵、图形界面和数据类型函数库本科学生还用不上,在修订版中已删去。根据本科教学的需要,在本章中对基本部分以外的两个工具箱,即符号运算工具箱和系统仿真工具箱也作了简介,它们把 MATLAB 的数值计算扩大到了新的领域,可大大开阔读者的眼界。

4.1　数据分析和傅里叶变换函数库

4.1.1　基本的数据分析

　　MATLAB 的基本数据处理功能是按列向进行的,因此要求待处理的数据矩阵按列向分类,而不同的行向则表示数据的不同样本。例如,10 个学生的身高及三门课程分数列表如下:

$$
\text{data} = \begin{array}{cccc}
154 & 49 & 83 & 67 \\
158 & 99 & 81 & 75 \\
155 & 100 & 68 & 86 \\
145 & 63 & 75 & 96 \\
145 & 63 & 75 & 96 \\
141 & 55 & 65 & 75 \\
155 & 56 & 64 & 85 \\
147 & 89 & 87 & 77 \\
147 & 96 & 54 & 100 \\
145 & 60 & 76 & 67 \\
\end{array}
$$

进行简单数据处理的命令见表 4 - 1。其中大部分命令的意义很明确,不需解释。

表 4－1　一些数据处理命令的结果

命　令	功　能	身　高	课程 1	课程 2	课程 3
max(data)	求各列最大值	158	100	87	100
min(data)	求各列最小值	141	49	54	67
mean(data)	求各列平均值	149.2	73.0	72.8	82.4
std(data)	求各列标准差	5.7504	20.4070	10.0421	12.0757
median(data)	求各列中间元素	147	63	75	81
sum(data)	求各列元素和	1492	730	728	824
trapz(data)	梯形法求积分	1342.5	675.5	648.5	757.0

std 标准差是指列中 N 个元素与该列平均值之差的平方和按 N－1 点取平均值的开方，即

$$\mathrm{std(data)} = \sqrt{\dfrac{\sum\limits_{N}(\mathrm{data}-\mathrm{mean(data)})^2}{N-1}}$$

数列求和命令 sum 相当于矩形法求和，可用来近似求积分，用梯形法求和命令 trapz 求积分更为精确。梯形法是把相邻两点数据的平均值作为数据点，十个数据只能产生 9 个数据点。如果数组长度为 N，则 sum 和 trapz 的关系为

trapz(data)＝sum(data)－0.5(data(1)＋data(N))

其差额为半个首点和半个末点的数据和，将相加以后的结果乘以步长，才近似表示了这些数据包络下的面积。

　　有些数据处理命令的结果不是一个标量而是一个列向量，为了节省篇幅，我们只取数据中的前三行，其结果见表 4－2。注意其结果一般与原数据具有同样的行数，只有求差分 (diff) 才会减少一行，因为它是求相邻行之间的差。另外，cumtrapz 函数是用梯形法累计求面积，和 trapz 相仿，它也会使数据长度减少一。

表 4－2　产生列结果的数据处理命令

命　令	功　能	身　高	课程 1	课程 2	课程 3
cumsum(data(1:3，:))	列向累加和	154	49	83	67
		312	148	164	142
		467	248	232	228
cumprod(data(1:3，:))	列向累乘积	154	49	83	67
		24 332	4851	6723	5025
		3 771 460	485 100	457 164	432 150
diff(data(1:4，:))	列向差分	4	50	－2	8
		－3	1	－13	11
		－10	－37	7	10
Sort(data(1:3，:))	列向重新排序	154	49	68	67
		155	99	81	75
		158	100	83	86
cumtrapz(data(1:4,:)) *	列向累加积分（相当于不定积分）	156.0000	74.0000	82.0000	71.0000
		312.5000	173.5000	156.5000	151.5000
		462.5000	255.0000	228.0000	242.5000

4.1.2　用于场论的数据分析函数

用于场论的命令有以下几个：

• gradient：用来求二维和三维场的近似梯度，例如根据电位分布求电场就可用这个函数。

• del2：是二维和三维场的拉普拉斯算子。

• cross：为两个向量的矢量积。

• dot：为两个向量的数量积。

设 i, j, k 为沿 x, y, z 方向的单位向量，则对于两向量 $a = a_x i + a_y j + a_z k$ 和 $b = b_x i + b_y j + b_z k$ 而言：

向量的矢量积为（叉乘）

$$a \times b = (a_y b_z - a_z b_y)i + (a_z b_x - a_x b_z)j + (a_x b_y - a_y b_x)k$$

向量的数量积为（点乘）

$$a \cdot b = a_x b_x + a_y b_y + a_z b_z$$

在 MATLAB 中这两个向量可表为

$a = [ax, ay, az]$; $b = [bx, by, bz]$;

$cross(a, b) = [ay * bz - az * by, az * bx - ax * bz, ax * by - ay * bx]$;

$dot(a, b) = a * b'$;

4.1.3　用于随机数据分析的函数

MATLAB 有两个产生随机数的命令：一个是 rand(m,n)，它产生在 0 与 1 之间均匀分布的 m 行 n 列随机数矩阵，其均值为 0.5，标准差（或均方根差）为 0.2887；另一个是 randn(m,n)，它产生正态分布的 m 行 n 列随机数矩阵，其均值为 0，标准差为 1。其分布情况可用直方图命令 hist(x, N) 来显示，其中 N 表示直方图横坐标的分割数，默认值为 10。例如：

$x = rand(1, 1000)$; $hist(x)$

$y = randn(1, 1000)$; $hist(y, 50)$

得出的两组图形分别如图 4 - 1(a)、(b)所示。hist(x)是把 1000 个 x 中处于 0~0.1，0.1~0.2，

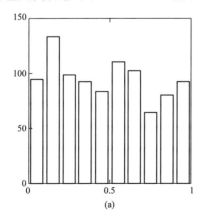
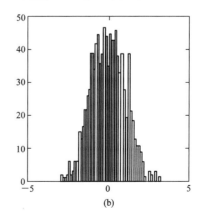

图 4 - 1　均匀分布与正态分布随机数直方图

…，0.9～1.0 各个区域中的数目分别清点出来，画成直方图。如果 x 真是均匀分布的，那么这个图应该是水平直线。实际上，随机数规律是按统计方法确定的，所以各区域的数量仍参差不齐，只有数据量无限增加时，此规律才越来越明显地表现出来。hist(y,50)则把 y 的最小值和最大值之间分成 50 份进行统计，得到一个钟形的，即正态分布的曲线。

4.1.4　用于相关分析和傅里叶分析的函数

相关分析(包括卷积)和傅里叶分析分别用于信号的时域和频域处理。这里虽然只给出了十几个函数，实际上它们是整个信号处理计算的基础。

(1) corrcoef 给出两个同长信号的相关系数，例如对前面两个随机序列，键入

$$R＝corrcoef(x，y)$$

得

$$R = \begin{bmatrix} 1 & -0.0508 \\ -0.0508 & 1 \end{bmatrix}$$

主对角线上是 x 和 y 的自相关系数，它必定为 1；此处可看出 x 和 y 的互相关很弱。

(2) cov(x，y)给出 x、y 的协方差矩阵，对上述 x、y，有

$$cov(x，y) = \begin{bmatrix} 0.0785 & -0.0148 \\ -0.0148 & 1.0782 \end{bmatrix}$$

其主对角线上的值分别为 x 和 y 的均方差，即标准差的平方(因为是随机数，所以它不会严格等于理论值)。

(3) conv(x，y) 给出 x，y 的卷积。如果 x 是输入信号，y 是线性系统的脉冲过渡函数，则 x，y 的卷积就给出系统的输出信号。卷积函数也用于多项式相乘，见 4.3.1 小节。

(4) filter(b，a，x)也是根据输入信号 x 和线性系统特性求输出信号的函数。它与conv的不同在于系统的特性是以传递函数的分子多项式系数向量 b 和分母多项式系数向量 a 给出，而不是以脉冲过渡函数的形式给出的。

(5) X＝fft(x，N)求出时域信号 x 的离散傅里叶变换 X。N 为规定的点数。N 的默认值为所给 x 的长度。当 N 取 2 的整数幂时变换的速度最快。通常取大于又最靠近 x 的整数幂，即令 N＝2^nextpow2(length(x))。例如 x 的长度为 12，nextpow2(12)＝4，N＝2^4＝16，多出的各点补以零。一般情况下，fft 求出的函数为复数，可用 abs 及 angle 分别求其幅度和相位。在画频谱图时往往最关心其幅频特性。

【例 4 - 1 - 1】　给出一个信号

$$t＝0：.001：3；u＝\sin(300 * t)＋2 * \cos(200 * t)$$

它的幅频特性可用下列语句求得：

$$U＝fft(u)；plot(abs(U))$$

得出的频谱曲线如图 4 - 2(a)所示，它对采样频率呈对称形式。为了看得更清楚，把坐标间隔缩小，键入 axis([0，300，0，3000])，得出的频谱曲线如图 4 - 2(b)所示。

(6) x＝ifft(X)为傅里叶反变换函数，其用法与 fft 相仿。

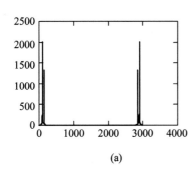 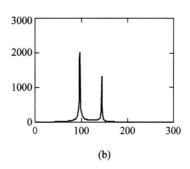

(a)　　　　　　　　　　　　　(b)

图 4 - 2　例 4 - 1 - 1 中信号的幅频曲线

（7）sound（u，s）会在音箱中产生 u 所对应的声音。s 规定重放的速度，其缺省值为 8192（b/s）。数据分析和傅里叶变换函数库见表 4 - 3。

表 4 - 3　数据分析和傅里叶变换函数库（datafun）

类别	函数名	意　　义	函数名	意　　义
基本运算	max	最大元素	sum	元素之和
	min	最小元素	prod	元素之积
	mean	平均值	cumsum	元素的累加和
	median	中间值	cumprod	元素的累积
	std	标准差	hist	直方图
	sort	按升序排列	trapz	用梯形法作定积分
	sortrows	按升序排列行	cumtrapz	用梯形法作不定积分
差分	diff	差分函数和近似微分	gradient	近似梯度
	del2	五点离散拉普拉斯算子		
相关运算	corrcoef	相关系数		
	cov	协方差矩阵		
滤波和卷积	filter	一维数字滤波	filter2	二维数字滤波
	conv	卷积和多项式相乘	conv2	二维卷积
	convn	n 维卷积	deconv	反卷积和多项式相除
傅里叶变换	fft	离散傅里叶变换	ifft	离散傅里叶反变换
	fft2	二维离散傅里叶变换	ifft2	二维离散傅里叶反变换
	fftn	n 维离散傅里叶变换	ifftn	n 维离散傅里叶反变换
	fftshift	将零迟延移到频谱中心		
声音函数	sound	把向量放成声音	mu2lin	把 mu－规律编码变为线性信号
	soundsc	自动设比把向量放成声音	lin2mu	把线性信号变为 mu－规律编码

4.2　矩阵的分解与变换函数库

4.2.1　线性方程组的系数矩阵

在 2.2 节中我们提到了可以用矩阵除法来解线性方程组，本节将讨论有关解线性方程组的一些深入的问题及其工具函数。这些函数见表 4-4 中的矩阵分析和线性方程部分。

表 4-4　矩阵和线性代数函数库（matfun）

类别	函数名	意　义	函数名	意　义
矩阵分析	norm	矩阵或向量的范数	null	零空间正交基
	normest	矩阵 2 范数的估值	orth	正交化
	rank	矩阵的秩	rref	缩减行梯次格式
	det	行列式（必须是方阵）	subspace	两个子空间之间的夹角
	trace	主对角线上元素的和		
线性方程	\ 和 /	线性方程求解	qr	正交三角分解
	chol	Cholesky 分解	cholinc	不完全 Cholesky 分解
	cond	矩阵条件数	condest	矩阵 1 范数条件数的估值
	rcond	linpack 逆条件数计算	nnls	非负最小二乘
	lu	高斯消去法系数矩阵	pinv	矩阵广义逆
	inv	矩阵求逆（必须是方阵）	lscov	协方差已知的最小二乘
特征值和奇异值	eig	特征值和特征向量	eigs	若干特征值
	poly	特征多项式（必须是方阵）	condeig	对应于特征值的条件数
	polyeig	多项式特征值问题	schur	Schur 分解
	hess	Hessenberg 形式	balance	均衡（改善条件数）
	qz	广义特征值	svd	奇异值分解
矩阵函数	expm	矩阵指数	expm2	用泰勒级数求矩阵指数
	expm1	用 M 文件求矩阵指数	expm3	用特征值求矩阵指数
	logm	矩阵对数	funm	通用矩阵函数的计算
	sqrtm	矩阵开方		
分解工具	qrdelete	从 QR 分解中删去一列	rsf2csf	实对角阵变为复对角阵
	qrinsert	在 QR 分解中插入一列	cdf2rdf	复对角阵变为实对角阵
	planerot	Given's 平面旋转		

det(a)用以求方阵 a 的行列式。若 det(a)不等于零，则 a 的逆阵 inv(a)存在。线性方程组的系数矩阵只有满足这个条件，它的解才存在。rank(a)用以求任意矩阵 a 的秩，也就是它所能划分出的行列式不为零的最大方阵的边长。trace(a)求出矩阵主对角线上元素的和。

如果 det(a)虽不等于零，但数值很小，近似于零，则这样的线性方程组称为病态的线性方程组，其解的精度比较低。为了评价线性方程组系数矩阵的病态程度，用了条件数(Condition Number)的概念。条件数愈大，方程病态愈重，解的精度愈低。当系数矩阵的条件数很大(达到 10^{16})而又拿它作除数(即解此线性方程组)时，MATLAB 会提出警告："条件数太大，结果可能不准确"，求条件数的函数为 cond(a)，a 可以不是方阵。

在线性方程组 A * x=B 中，系数矩阵 A 的行数 m 表示方程的数目，其列数 n 表示未知数的数目。在正常情况下，方程数等于未知数数，即 n=m，A 为方阵，A\B 意味着 inv(A) * B。实际上，对于方程数大于未知数数(m>n)的超定方程组，以及方程数小于未知数数(m<n)的不定方程组，MATLAB 中 A\B 的算式都仍然合法。前者是最小二乘解；而后者则是令 x 中 n−m 个元素为零的一个特殊解。对前一种情况下，因为 A 不是方阵，所以其逆 inv(A)不存在，解的 MATLAB 算式均为 x=inv(A' * A) * (A' * B)。把 pinv(A)= inv(A' * A) * A' 定义为广义逆函数，则 A\B 就等于 pinv(A) * B，因此，MATLAB 中引入了广义逆的概念，除数 A 就可以不是方阵。

【例 4 − 2 − 1】　求下列矩阵的行列式及逆阵等特性。

$$
a = \begin{matrix}
2 & 9 & 0 & 0 \\
0 & 4 & 1 & 4 \\
7 & 5 & 5 & 1 \\
7 & 8 & 7 & 4
\end{matrix}
$$

得

det(a)= −275

rank(a)=　4

$$
inv(a) = \begin{matrix}
-0.0727 & 0.4255 & 0.7855 & -0.6218 \\
0.1273 & -0.0945 & -0.1745 & 0.1382 \\
0.0000 & -0.6000 & -0.8000 & 0.8000 \\
-0.1273 & 0.4945 & 0.3745 & -0.3382
\end{matrix}
$$

trace(a)=15

cond(a)=33.4763

4.2.2　矩阵的分解

矩阵可以分解为几个具有特殊构造性质的矩阵的乘积，这是分析矩阵的一种重要手段，而这种分解在数学计算上通常又是非常繁琐的工作。MATLAB 提供了一些现成的函数可供调用，主要有以下三种：

(1) 三角分解(lu 分解)。它把一个任意矩阵分解为一个准下三角矩阵和一个上三角矩阵的乘积。由于此函数有两个输出矩阵，因此其左端应有两个变量 l 和 u，键入

[l, u]=lu(a)

得

l=	0.2857	1.0000	0	0
	0	0.5283	0.6838	1.0000
	1.0000	0	0	0
	1.0000	0.3962	1.0000	0
u=	7.0000	5.0000	5.0000	1.0000
	0	7.5714	−1.4286	−0.2857
	0	0	2.5660	3.1132
	0	0	0	2.0221

　　l被称为准下三角阵,因为它必须交换几行才能成为真的下三角阵,它的行列式绝对值等于1(可正可负);上三角阵u的行列式等于a的行列式。

　　(2)正交分解(qr 分解)。qr(a)把任意矩阵 a 分解为一个正交方阵 q 和一个与 a 有同样阶数的上三角矩阵 r 的乘积。该方阵 q 的边长为 m,且其行列式的值为 1。

【例 4 − 2 − 2】　求下列 3×5 矩阵 b 的 qr 分解。

b=	0.2190	0.6793	0.5194	0.0535	0.0077
	0.0470	0.9347	0.8310	0.5297	0.3834
	0.6789	0.3835	0.0346	0.6711	0.0668

键入

[q,r]=qr(b)

得

q=	−0.3063	−0.4667	−0.8297		
	−0.0658	−0.8591	0.5076		
	−0.9497	0.2101	0.2324		
r =	−0.7149	−0.6338	−0.2466	−0.6886	−0.0911
	0	−1.0395	−0.9490	−0.3390	−0.3189
	0	0	−0.0011	0.3805	0.2038

　　(3)奇异值分解(svd 分解)。svd(a)把任意 m×n 矩阵 a 分解为三个矩阵的乘积,即 a=u∗s∗v。其中 u,v 分别为 m×m 和 n×n 的正交方阵,s 则为 m×n 的矩阵。其左上方为一对角方阵,对角线上的元素就是矩阵 a 的奇异值,其余元素全为零。例如对上述 b 作奇异值分解,键入

[u,s,v]=svd(b)

得

u =	0.4623	0.2273	0.8571		
	0.7822	0.3507	−0.5149		
	0.4176	−0.9085	0.0157		
s =	1.7539	0	0	0	0
	0	0.7995	0	0	0
	0	0	0.3534	0	0

$$v = \begin{array}{ccccc} 0.2403 & -0.6885 & 0.4927 & -0.4748 & 0 \\ 0.6872 & 0.1674 & 0.3027 & 0.4193 & 0.4819 \\ 0.5158 & 0.4729 & 0.0506 & -0.3723 & -0.6076 \\ 0.4102 & -0.5151 & -0.6122 & 0.3194 & -0.2994 \\ 0.1890 & 0.0944 & -0.5369 & -0.5985 & 0.5558 \end{array}$$

矩阵最大奇异值和最小奇异值之比就是它的条件数，即

$$\mathrm{cond(b)} = \mathrm{max(diag(s))/min(diag(s))}$$

4.2.3　矩阵的特征值分析

eig(a)用来求方阵 a 的特征根和特征向量，其输出有两个，即特征向量 e 和特征根 r。键入

$$[e，r]=\mathrm{eig(a)}$$

得

$$e = \begin{array}{cccc} -0.2568 & -0.3834+0.4681i & -0.3834-0.4681i & 0.6167 \\ -0.3481 & -0.2177-0.2869i & -0.2177+0.2869i & -0.1850 \\ -0.4682 & 0.5152+0.2228i & 0.5152-0.2228i & -0.6624 \\ -0.7705 & 0.4217-0.1060i & 0.4217+0.1060i & 0.3829 \end{array}$$

$$r = \begin{array}{cccc} 14.2004 & 0 & 0 & 0 \\ 0 & 0.7495+5.2088i & 0 & 0 \\ 0 & 0 & 0.7495-5.2088i & 0 \\ 0 & 0 & 0 & -0.6993 \end{array}$$

特征根是特征方程的根，矩阵的特征方程系数可用 poly 函数求出，用 roots 命令可求出其特征根。例如，键入

$$p=\mathrm{poly(a)}$$

得

$$p = \begin{array}{ccccc} 1.0000 & -15.0000 & 38.0000 & -359.0000 & -275.0000 \end{array}$$

而

$$\mathrm{roots(p)} = \begin{array}{c} 14.2004 \\ 0.7495+5.2088i \\ 0.7495-5.2088i \\ -0.6993 \end{array}$$

结果与 eig 函数求出的特征根相同，但 roots 函数不能求特征向量。

4.2.4　特殊矩阵库

有一些特殊构造的矩阵在矩阵变换中很有用处，它们组成一个专门的函数库。读者在应用中遇到有关的矩阵，即可在此调用。其调用的参数和调用方法均可从 help 文本中查得，特殊函数库见表 4-5。

表 4 – 5 特殊函数库(specfun)

类别	函数名	意　义	函数名	意　义
特殊数学函数	airy	Airy 函数	bessely	第二类 Bessel 函数
	besselj	第一类 Bessel 函数	besselh	第三类 Bessel 函数(Hankel 函数)
	besseli	第一类修正的 Bessel 函数	besselk	第二类修正的 Bessel 函数
	beta	Beta 函数	betainc	不完全的 Beta 函数
	betaln	Beta 函数的对数	ellipj	Jacobi 椭圆函数
	ellipke	完全椭圆积分	erf	误差函数
	erfc	误差补函数	erfcx	标定的误差补函数
	erfinv	逆误差函数	expint	指数整数函数
	gamma	伽马函数	gammainc	不完全的伽马函数
	gammaln	伽马函数的对数	legendre	联合的 Legendre 函数
	cross	向量叉乘		
数论函数	factor	素数分解	primes	产生素数清单
	gcd	最大公约数	lcm	最小公倍数
	rat	有理分式近似	rats	有理分式输出
	isprime	是素数时为真	perms	所有可能的排列数
	nchoosek	N 取 K 的组合数		
坐标变换	cart2sph	从笛卡尔坐标向球坐标变换	cart2pol	从笛卡尔向极坐标变换
	pol2cart	从极坐标向笛卡尔坐标变换	sph2cart	从球坐标向笛卡尔坐标变换

4.3　多项式函数库

　　一元高次代数多项式 $a(x) = a_1 x^n + a_2 x^{n-1} + \cdots + a_n x + a_{n+1}$，在 MATLAB 中可以用它的系数向量

$$a = [a(1), a(2), \cdots, a(n), a(n+1)]$$

来表示。其方次已隐含在系数元素离向量右端元素的下标差中。要注意，如果 x 的某次幂的系数为零，则这个零必须列入系数向量。在微分方程中，通过运算微积可把线性系统的特性表示为两个算子 s 的多项式之比，因此多项式在近代信息和控制理论中有着十分重要的地位。MATLAB 的多项式和插值函数库见表 4 – 6。

表 4－6　多项式和插值函数库（polyfun）

类别	函数名	意　义	函数名	意　义
多项式	roots	多项式求根	polyfit	用多项式曲线拟合数据
	poly	按根组成多项式	polyder	多项式及求导数
	polyval	多项式求值	conv	多项式相乘，卷积
	polyvalm	矩阵作变元的多项式求值	deconv	多项式相除，反卷积
	residue	部分分式展开（留数）		
数据插值	interp1	一维插值（一维查表）	interpn	n 维插值（二维查表）
	interp1q	快速一维线性插值	interpft	用 FFT 方法的一维插值
	interp2	二维插值（二维查表）	griddata	网格数据生成
	interp3	三维插值（二维查表）		
样条函数插值	spline	三次样条函数插值	unmkpp	提供分段多项式的细节
	ppval	分段多项式计算	table1	一维插值表
	mkpp	构成分段多项式	table2	二维插值表
几何分析	delaunay	Delaunay 三角化	voronoi	Voronoi 图
	dsearch	最近的 Delaunay 三角化	inpolygon	点在多边形内时为真
	tsearch	最近的三角搜索	rectint	矩形相交区域
	convhull	突壳	polyarea	多边形区域
工具	xychk	向一维和二维数据变元检查	abcdchk	检查矩阵 A、B、C、D 的一致性
	xyzchk	向三维数据变元检查	ss2tf	状态空间变为传递函数
	xyzvchk	向三维容量数据变元检查	ss2zp	状态空间变为零极增益
	automesh	如果输入是自成网格的为真	tf2ss	传递函数变为状态空间
	mkpp	制造分段多项式	tf2zp	传递函数变为零极增益
	unmkpp	提供分段多项式的细节	tfchk	传递函数正确性检查
	resi2	求重极点的留数	zp2ss	零极增益变为状态空间
	tzero	传送零点	zp2tf	零极增益变为传递函数
过时的函数	icubic	一维立方插值	interp6	二维最近邻居插值
	nterp4	二维双线性数据插值	table1	一维表格查找
	interp5	二维双立方数据插值	table2	二维表格查找

4.3.1　多项式的四则运算

【例 4－3－1】　设有两个多项式 $a(x)=2x^3+4x^2+6x+8$ 及 $b(x)=3x^2+6x+9$，要求对这两个多项式作如下运算：

（1）多项式相乘（conv）：conv 函数本来是卷积（Convolution）的意思，但它也符合多项式相乘的运算规则。可以想象把系数向量 a 正常排列，而把 b 反转，先将 a(1) 与 b(1) 对齐有

$$a(1) \qquad a(2) \qquad a(3) \qquad a(4)$$
$$b(3) \qquad b(2) \qquad b(1)$$

把上下对应的项相乘，$a(1) * b(1)$ 得出多项式乘积 c 的最高次项系数 $c(1)$；把 b 右移一位，把上下对应的项相乘并求和，$a(1) * b(2) + a(2) * b(1)$ 为次高次项系数 $c(2)$；依此类推，可得到乘积 c 的全部系数。这种运算和卷积运算的规则完全相同，故也用 conv。键入

    a=[2, 4, 6, 8], b=[3, 6, 9], c=conv(a, b)

得

    a=2   4   6   8
    b=3   6   9
    c=6   24   60   96   102   72

（2）多项式相加：MATLAB 规定，只有长度相同的向量才能相加，因此必须在短的向量前面补以若干个零元素，才能用 MATLAB 的矩阵加法运算符。键入

    d=a+[0, b]

得

    d = 2   7   12   17

这种手工数两个多项式的长度再补零的方法是不可取的，最好让计算机自动完成。为此可编一个子程序 polyadd. m，其内容为

```
function y=polyadd(x1, x2)
n1=length(x1); n2=length(x2);
if n1>n2 x2=[zeros(1, n1-n2), x2];
elseif n1<n2 x1=[zeros(1, n2-n1), x1];
end, y=x1+x2;
```

这样，多项式相加就可写成：c = polyadd(a, b)，相减可另编一个子程序，或在 polyadd 的输入变元中加负号来实现。

（3）多项式相除：相除是相乘的逆运算，用 deconv 实现。但除法不一定除得尽，会有余子式，因此键入

    [q, r]=deconv(c, a)
    q=3   6   9
    r=0   0   0   0   0   0

其中，q 是商式，r 是余子式。因为用的是相乘的数据 a 和 c，所以恰好除尽。如令 $a1=a+1$，则有

    a1=3   5   7   9
    [q1, r1]=deconv(c, a1)
    q1=2.0000   4.6667   7.5556
    r1=0   0   0   7.5556   7.1111   4.0000

余式为 $7.5556x^2 + 7.1111x + 4$，可以用商式与除式相乘，再加上余式的方法来检验

    c1=conv(q1, a1)+r1

得

    c1 = 6   24   60   96   102   72

与 c 相同。

4.3.2　多项式求导、求根和求值

（1）多项式求导数（polyder）：键入

e＝polyder（c）

得

e ＝　　　30　　96　　180　　192　　102

（2）多项式求根（roots 和 poly 函数）：键入

ra＝roots（a）；rb＝roots（b）；rc＝roots（c）；ra，rb，rc

得

ra＝－1.6506

　　　－0.1747 ＋ 1.5469i

　　　－0.1747 － 1.5469i

rb＝－1.0000 ＋ 1.4142i

　　　－1.0000 － 1.4142i

rc 是 ra 和 rb 的并集，这是完全可以预计到的，为节省篇幅，不再列出。

由根求多项式系数是 roots 的逆运算，其函数名也是 poly，有

a＝poly（ra）；b＝poly（rb）

从 poly 函数的用法可以看出 MATLAB 的智能特点：当 a 是向量时，poly 把它看做根来组成多项式；当 a 是方阵时，poly 用它组成方阵的特征多项式。

（3）多项式求值（polyval）：将多项式 a 中的自变量 x 赋予值 xv 时，该多项式的值可用

F＝polyval（a，xv）

求得，其中 xv 可以是复数，而且可以是矩阵或数组，此时 polyval 对输入变元作元素群运算，这对于求线性系统的频率特性特别方便。polyvalm 则对输入的变元阵方阵作矩阵多项式运算。

【例 4 - 3 - 2】　设 a 为系统分母系数向量，b 为系统分子系数向量，求此系统的频率响应并画出频率特性。先令频率数组 w 取线性间隔：

w＝linspace（0,10）；　　　％在 w 等于 0～10 之间按线性间隔取 100 点（默认值）

A＝polyval（a，j＊w）；　　　％分别求分母分子多项式的值（为复数数组）

B＝polyval（b，j＊w）；

subplot（2,1,1）；plot（w，abs（B./A））　　％画两者元素群相除所得的幅频特性

subplot（2,1,2）；plot（w，angle（B./A））％画相频特性

频率特性通常在对数坐标中绘制，因此输入频率数组取对数等间隔：

w1＝logspace（－1,1）　　％在 w1 从 10^{-1}～10 之间，按对数分割为 50 点（默认值）

F＝polyval（b,j＊w1）./polyval（a，j＊w1）；　　％求出这些点上的频率响应（复数）

subplot（2,1,1），loglog（w1，abs（F））　　％在双对数坐标中画出幅频特性

subplot（2,1,2）；semilogx（w1，angle（F））　　％在双对数坐标（x）中画出相频特性

所得曲线如图 4 - 3 所示。

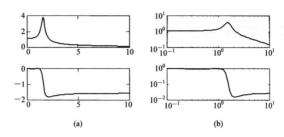

（a）　　　　　　　　　　　（b）

图 4 - 3　线性坐标和对数坐标中的频率特性

（a）线性坐标中的频率特性；（b）对数坐标中的频率特性

4.3.3　多项式拟合

　　p＝polyfit(x，y，n)用于多项式曲线拟合。其中 x，y 是已知的 N 个数据点坐标向量，当然其长度均为 N。n 是用来拟合的多项式次数，p 是求出的多项式的系数，n 次多项式应该有 n＋1 个系数，故 p 的长度为 n＋1。拟合的准则是最小二乘法。

　　【例 4 - 3 - 3】　设原始数据为 x 在 11 个点上测得的 y 值：

　　x＝0：0.1：1；

　　y＝[−0.447，1.978，3.28，6.16，7.08，7.34，7.66，9.56，9.48，9.30，11.2]；

　　线性拟合：a1＝polyfit(x，y，1)；

　　求出 a1 后，可求出 xi＝linspace(0，1)及 100 个点上的 yi1 值并绘图：

　　yi1＝polyval(a1，xi)；plot(x，y，'o'，xi，yi1，'b')，pause

其中，原始数据用圆圈标出，而拟合曲线为蓝色。依此类推，有

　　二次拟合：a2＝polyfit(x，y，2)；yi2＝polyval(a2，xi)；plot(x，y，'o'，xi，yi2，'m')

　　三次拟合：a3＝polyfit(x，y，3)；yi3＝polyval(a3，xi)；plot(x，y，'o'，xi，yi3，'r')

　　九次拟合：a9＝polyfit(x，y，9)；yi9＝polyval(a9，xi)；plot(x，y，'o'，xi，yi9，'c')

　　十次拟合：a10＝polyfit(x，y，10)；yi10＝polyval(a10，xi)；plot(x，y，'o'，xi，yi10，'g')

　　所得的曲线如图 4 - 4 所示。给定 11 点的最大拟合阶次为 10，此时拟合曲线将通过全部给定点。可以看出，拟合曲线的阶次太高会造成曲线振荡，反而看不出函数关系的基本规律，并不一定好。

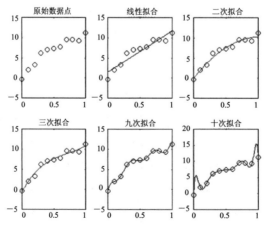

图 4 - 4　不同的逼近次数产生的不同曲线

4.3.4 多项式插值

插值和拟合的不同在于：（1）插值函数通常是分段的，因而人们关心的不是函数的表达式，而是插值得的数据点；（2）插值函数应通过给定的数据点 x、y。插值函数一般可表示为

yi＝interp1(x，y，xi，′method′)

其中，xi 为插值范围内的任意点集 x 坐标，yi 是插值后的对应数据点集的 y 坐标。′method′为插值函数的类型选项，有′linear′(线性，默认项)、′cubic′(三次)和′cubic spline′(三次样条)等三种。

（1）一维插值函数 interp1。

【例 4-3-4】 仍取例 4-3-3 中的 x、y、xi，求其线性和三次插值曲线。

线性插值：yi1＝interp1(x，y，xi)；plot(x，y，′o′，xi，yi1)

三次插值：yi2＝interp1(x，y，xi，′spline′)；plot(x，y，′o′，xi，yi2，′g′)

所得曲线如图 4-5 及图 4-6 所示，三次插值的结果比较光滑。

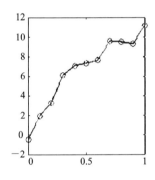

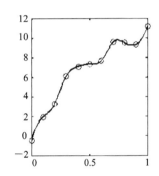

图 4-5 线性插值曲线 　图 4-6 三次插值曲线

（2）二维插值函数 zi＝interp2(x，y，z，xi，yi，′method′)，其变元的意义可以类推。

【例 4-3-5】 已知某矩形温箱中 3×5 个测试点上的温度，求全箱的温度分布。

解：给定 width＝1：5；depth＝1：3；

temps＝[82 81 80 82 84；79 63 61 65 81；84 84 82 85 86]；

计算沿宽度和深度细分网格 di＝1：0.2：3；wi＝1：0.2：5；交点上的各点温度。程序如下：

tc＝interp2(width，depth，temps，wi，di′，′cubic′)；　　　　%求各点温度

mesh(wi，di，tc)　　　%画三维曲面

所得温度分布图形如图 4-7 所示。

注意 interp2 中所用的 wi 和 di′是宽度和深度方向的细分坐标向量，di 必须变换为列向量，插值函数运算时会自动将它们转变为宽度乘深度平面上的网格，并计算网格点上的温度。

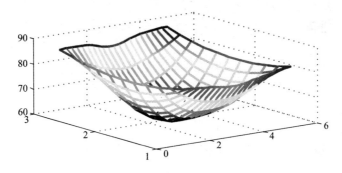

图 4－7　二维插值的曲面

4.3.5　线性微分方程的解

线性常微分方程的解可用拉普拉斯算子 s 表示为

$$Y(s)= B(s)/A(s)$$

其中，B(s) 和 A(s) 都是 s 的多项式，分母多项式的次数 n 通常高于分子多项式的次数 m。在时间域的解 y(t) 是 Y(s) 的拉普拉斯反变换。求反变换的重要方法之一是部分分式法，即将上述多项式分解为多个 s 的一次分式之和。表 4－6 中的留数函数 residue 可以完成这一任务。步骤如下：

（1）用 $[r, p, k]=$ residue(b, a) 求出 Y(s) 的极点数组 p 和留数数组 r，因而 Y(s) 可表示为

$$Y(s)=\frac{r(1)}{s-p(1)}+\frac{r(2)}{s-p(2)}+\frac{r(3)}{s-p(3)}+\frac{r(4)}{s-p(4)}+\cdots$$

（2）此时可以很简单地求出它的反变换

$$y(t)=r(1)*\exp(p(1)*t)+r(2)*\exp(p(2)*t)+r(3)*\exp(p(3)*t)$$
$$+r(4)*\exp(p(4)*t)+\cdots$$

【例 4－3－6】　求解线性常微分方程

$$y'''+5y''+4y'+7y=3u''+0.5u'+4u$$

在输入 u(t) 为单位脉冲及单位阶跃信号时的解析解。

解：用 Laplace 变换（脉冲输入 u(s)=1，阶跃输入 u(s)=1/s）求输出 y(s)，得

$$y(s)=\frac{3s^2+0.5s+4s}{s^3+5s^2+4s+7}*u(s)=\frac{b(s)}{a(s)}$$

再对 y(s) 求反变换，得 y(t)。

（1）在脉冲输入时的响应：

　　$a=[1, 5, 4, 7]; b=[3, 0.5, 4]; [r, p, k]=$ residue(b, a)

得

```
r=   3.2288
    −0.1144 + 0.0730i
    −0.1144 − 0.0730i
```

p＝－4.4548

　　－0.2726 ＋ 1.2235i

　　－0.2726 － 1.2235i

k＝　　[ ]

求时域解，先设定时间数组 t＝0：0.2：10；然后列出

　　yi＝r(1)＊exp(p(1)＊t)＋r(2)＊exp(p(2)＊t)＋r(3)＊exp(p(3)＊t)；plot(t,yi)

所得曲线如图 4－8(a)所示。

（2）在阶跃输入时的响应：此时由于分母乘了个 s，因此 a 将提高一阶，右端多加一个零。

　　a＝[1, 5, 4, 7, 0]；b＝[3, 0.5, 4]；[r, p, k]＝residue(b, a)

r＝　－0.7248

　　　0.0767 ＋ 0.0764i

　　　0.0767 － 0.0764i

　　　0.5714 ＋ 0.0000i

p＝－4.4548

　　－0.2726 ＋ 1.2235i

　　－0.2726 － 1.2235i

　　　　0

k＝　　[ ]

ys＝r(1)＊exp(p(1)＊t)＋r(2)＊exp(p(2)＊t)＋r(3)＊exp(p(3)＊t)＋r(4)；

plot(t, ys)

所得曲线如图 4－8(b)所示。

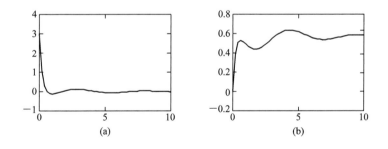

图 4－8　脉冲过渡响应和阶跃过渡响应

4.4　函数功能和数值分析函数库

　　MATLAB 中的函数功能和数值分析命令有一个共同特点，其输入变元不仅有矩阵变量，而且还有函数名。在执行这些命令时，要不断地调用函数作为输入变元，这一类命令完成的功能因此比较丰富而灵活，掌握了它也就能编写出更为高明的程序了。

4.4.1　本函数库的主要子程序

本函数库的主要子程序见表4-7，我们将它分为两类来探讨。第一类是对任意非线性函数的分析，包括求极值、过零点等；第二类是求任意函数的数值积分，包括定积分和微分方程的数值解等。它们的共同特点是必须会自行定义函数。这在本书2.6节中已经学过。就取其中的函数 humps.m 来说明这些子程序的用法，它定义了下列非线性函数，即

$$y=\frac{1}{(x-0.3)^2+0.01}+\frac{1}{(x-0.9)^2+0.04}-6$$

表4-7　函数功能和数值积分函数库（funfun）

类别	函 数 名	意 义	需调用的函数
最优化和求根	fminbnd	单变量函数求极小值 ymin	给出待分析的函数 y=f(x)
	fminsearch	多变量函数求极小值	
	fzero	单变量函数求 y=0 处的 x	
数值定积分	quad	数值积分计算（低阶）	给出被积分的函数 f(x)，dy/dx=f(x)，求 y
	quad1	数值积分计算（高阶）	
	dblquad	双精度数值积分	
函数绘图	ezplot	简便的函数绘图器	
	fplot	画函数曲线 y=f(x)	
内联（INLINE）函数对象	inline	构成 INLINE 函数对象	——
	argnames	变元名	
	formula	函数公式	
	char	把 INLINE 函数转换为字符数组	
	vectorize	使字符串或 INLINE 函数向量化	
常微分方程数值积分器	ode45	解非刚性微分方程（中阶方法）	给出导数的函数表达式 dy/dx=f(y，x)，求 y
	ode23	解非刚性微分方程（低阶方法）	
	ode113	解非刚性微分方程（变阶方法）	
	ode15s	解刚性微分方程（变阶方法）	
	ode23s	解刚性微分方程（低阶方法）	
	odefile	ODE 文件语法	
ODE 输出函数	odeplot	时间序列	——
	odephas2	ODE 输出函数的二维相平面	
	odephas3	ODE 输出函数的三维相空间	
	odeprint	打印 ODE 输出函数	

4.4.2　非线性函数的分析

1）绘制函数曲线

其格式为：fplot（'函数名'，[初值 x0，终值 xf]），例如，要画出 humps 函数在 x＝0～2 之间的曲线，键入

　　　　fplot（'humps'，[0，2]），grid

得出图 4－9 所示的曲线。

fplot 函数对于快速了解一些复杂特殊函数的波形很有用处。例如求第一类 bessel 函数（见表 4－5），可用

　　　　fplot（'besselj（alpha，x）'，[0，10]）

设 alpha 为 1，2，5 时所得曲线如图 4－10 所示。

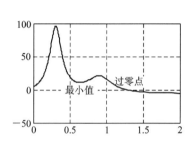

图 4－9　humps 函数的曲线

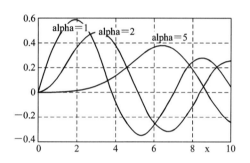

图 4－10　第一类 bessel 函数的曲线

2）求函数极值

其格式为：fminbnd（'函数名'，初值 x0，终值 xf），例如，求 humps 函数在 x＝0～1.5 之间的极小值，键入

　　　　m＝fminbnd（'humps'，0，1.5）

得

　　　　m ＝ 0.6370

3）求函数零点

其格式为：fzero（'函数名'，初猜值 x0），例如，求 humps 函数在 x＝1 附近的过零点，键入

　　　　z＝fzero（'humps'，1）

得

　　　　z ＝ 1.2995

以上给出的是这些函数调用的典型格式，还有其他选项可作为变元，例如

　　　　fplot（'tan'，[－2＊pi　2＊pi　－2＊pi　2＊pi]，'＊'），grid

在第二项变元中增加了 y 轴的上下限，第三项变元是线型。所得图形如图 4－11(a)所示，读者可从 help fplot 中得到进一步的信息。

还有一个简便画函数图的命令 ezplot（读作 easy plot），它连自变量范围都无需规定，其默认的自变量范围为[－2π，2π]，因此只要键入

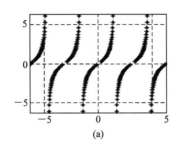 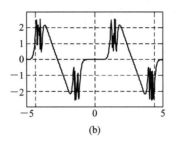

图 4 - 11　由 fplot 和 ezplot 画出的曲线

　　　ezplot tan(x)，grid

也可得到类似于图 4 - 11(a)的曲线，只是 * 号变为了实线。若键入

　　　ezplot tan(sin(x))－sin(tan(x))

则所得图形如图 4 - 11(b)所示。可以看出，图上还自动作出了标注。

4.4.3　函数和微分方程的数值积分

　　1）定积分子程序(quad、quad8、quadl 等)

　　其格式为：quad('函数名'，初值 x0，终值 xf)，例如，求 humps 函数在 x＝1～2 之间的定积分，键入

　　　s＝quad('humps'，1，2)

得

　　　s ＝ －0.5321

　　不难用定积分函数来求不定积分的数值解。只要固定积分下限，用 for 循环，把积分上限逐步增加即可。例如要求 humps 函数以 x＝0 为下限的不定积分，可编写下列程序：

　　　for i＝1：20
　　　　　x(i)＝0.1 * i；
　　　　　y(i)＝quad('humps'，0，x(i))；
　　　end，plot(x，y)

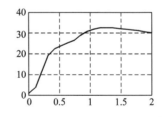

　　得出的曲线如图 4 - 12 所示。可以与图 4 - 9 对照确认它是 humps 曲线的积分。

　　quad、quad8、quadl 等调用格式相同，只是内部算法不同。

图 4 - 12　humps 函数的积分曲线

　　2）微分方程数字解(ode23、ode45 等)

　　如果微分方程可化为一阶微分方程组的形式，即

　　　dy/dx ＝ f(x，y)

其中，x 是标量，y 可以是一个列向量。f(x，y)是以 x，y 为变元的函数，用 MATLAB 函数文件表述。设文件名为 yprime.m，则求此微分方程的数值解的子程序调用格式为

　　　[x，y] ＝ ode23('yprime'，自变量区间 xspan，因变量初值 y0)

　　对于 humps 函数，不能直接用 ode23 作数值积分，其原因在于 humps 只有一个输入变元 x，微分方程数值解的函数 ode23 等要求被调用的函数有两个输入变元。如果我们把

humps 函数文件加一个虚的变元 y，即把它的第一句换成 function yp ＝ humps1(x，y)，
并将此函数另存为一个 humps1.m 文件，则

$$[x，y] = \text{ode23}('humps1'，[0，2]，1)；\text{plot}(x，y)$$

表示在初值 y0＝1，xspan 为[0，2]的条件下，求微分方程的数值解，则可以得到与图
4－12 相仿的曲线，只是向上平移了一个单位，因为这里设 y0＝1。在这个例子中，函数
humps1 中的 y 只是一个虚的变元，比较简单。

【例 4－4－1】　求下列微分方程(范德堡方程)的数值解，即

$$y'' + r(y^2 - 1)y' + y = 0$$

它可写成导数在左端的两个一阶微分方程构成的方程组，也可写成矩阵方程

$$\left. \begin{array}{l} y_1' = y_2 \\ y_2' = r(1 - y_1^2)y_2 - y_1 \end{array} \right\} \Leftrightarrow y' = \begin{bmatrix} 0 & 1 \\ -1 & r(1 - y_1^2) \end{bmatrix} y$$

其中，$y = \begin{bmatrix} y_1 \\ y_2 \end{bmatrix}$。

先要建立反映此微分方程组右端的函数文件 vdp1.m，存入子目录 user 中，其内容为

```
function yprime = vdp1 (x，y)
global r          %r 值由主程序通过全局变量传送
yprime = [ y(2)；r * (1 - y(1).^2). * y(2) - y(1) ]；%两行单列向量
```

主程序如下：

```
global r，r ＝input('输入 r，在 0<r<10 之间选择')
xspan＝input('[x0，xf]＝')；y0＝input('y0＝[y10；y20]＝')；
[x，y] = ode45('vdp1'，xspan，y0)；plot(x，y)
```

在 r＝2，xspan＝[0，30]，y0＝[1；2]条件下得出的曲线如图 4－13 所示。

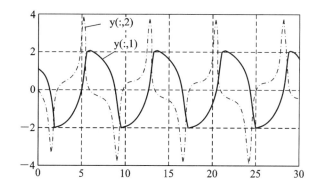

图 4－13　范德堡方程积分的曲线

　　ode45 是高阶的数值积分函数，其步长可以取得较大，并能保证较高的精度，调用方
法与 ode23 相仿。这些函数都有自动选择步长的功能，以保证把误差 tol 控制在 0.001 以
下。如果要改变容许误差 tol，则可在输入变元中增加其他选项，详情可从 help 命令中获
得。此外，还有 ode23s，ode15s，ode113 等内部算法各异的数值积分函数。在图形输出方
面，则有绘制相平面曲线的命令 odephas2，odephas3 等。

4.5　字符串函数库

MATLAB 的程序和标识符都是用字符串来表示的。每个字符有它对应的 ASCII 码。4.4 节中的函数,都把字符串当做变元来看待,从而使程序更为简洁。有时也需要把字符串当做数码来处理。字符串函数库中的命令,都是为了增强这一功能而建立的。对初学者,这部分并不重要,但若要编写出人机界面优良、能调用各种函数和文件的高级程序,字符串函数库是必不可少的。MATLAB 的字符串函数库见表 4-8。

表 4-8　字符串函数库(strfun)

类别	函数名	意　义	函数名	意　义
一般函数	char	建立字符数组(字符串)	blanks	空格字符串
	double	把字符串转换为数字	deblank	去除尾部的空格
	cellstr	由字符数组组成字符阵列	eval	执行程序字符串
测试	ischar	是字符串时为真	isletter	是英文字符时为真
	iscellstr	是字符阵列时为真	isspace	是空格字符时为真
字符串比较	strcmp	字符串比较	strncmp	比较前 N 个字符串
	findstr	在字符串中找另一字符串	strjust	调整字符串
	upper	将字符串变为大写	strmatch	找到可能的匹配字符串
	lower	将字符串变为小写	strrep	用一个字符串替代另一个
	strcat	链接字符串	strtok	在字符串中找一个令牌
	strvcat	竖向链接字符串		
字符串与数的转换	num2str	把数转换为字符串	str2mat	由单个字符串形成文本矩阵
	int2str	把整数转换为字符串	sprintf	在格式控制下把数转换为字符串
	str2num	把字符串转换为数	sscanf	在格式控制下把字符串转换为数
	mat2str	把矩阵转换为字符串		
基数的转换	hex2num	把十六进制字符串转换为 IEEE 浮点数	dec2bin	把十进制整数转换为二进制字符串
	hex2dec	把十六进制字符串转换为十进制整数	base2dec	把基数 B 字符串转换为十进制整数
	dec2hex	把十进制整数转换为十六进制字符串	dec2base	把十进制整数转换为基数 B 字符串
	bin2dec	把二进制字符串转换为十进制整数		

4.5.1　字符串的赋值

语句 s＝′abyzABYZ0189′ 把字符串赋值给变量 s，其结果是

　　s＝abyzABYZ0189

而

　　　　size(s)＝　1　　12

说明它是以行向量的形式存储的。当然它内部带有字符串的标志，故在屏幕上显示出字符。要找到 s 所对应的 ASCII 码，可用 abs 命令：

　　abs(s)＝　97　　98　　121　　122　　65　　66　　89　　90　　48　　49　　56　　57

从中可以知道英文大小写字母和数字的十进制 ASCII 码值，还可用 setstr 命令作逆向变换：

　　setstr(abs(s)) ＝ abyzABYZ0189

要求出字母和数字的十六进制 ASCII 码值，可用 dec2hex 命令：

　　dec2hex(abs(s))＝ 61 62 79 7A 41 42 59 5A 30 31 38 39

MATLAB 显示时并没有各码之间的空格，这里加上空格是为了便于读者阅读。

可以把几个字符串沿行向串接，构成更长的字符串，如键入

　　s1＝[′ welcome ′, s]

得

　　s1 ＝ welcome abyzABYZ0189

可以把几个长度相同的字符串沿列向并列，组成一个字符串矩阵，如

　　s2 ＝[′a＝5　′;′b＝2　′;′c＝a＋b * b′]

这时必须在前两个字符串中增添若干个空格，保证三个字符串长度均为 7，否则赋值无效。

4.5.2　字符串语句的执行

如果字符串的内容是 MATLAB 语句，如上述的 s2，则可以用 eval 命令来执行它。如键入

　　for k＝1：3　　eval(s2(k, :)), end

结果为 a＝5，b＝2，c＝9。

在编写 MATLAB 的演示程序时，往往要通过人机交互，让用户输入某种表达式(而不只是数据)，然后按此表达式执行，这种程序的格式为

　　st ＝ input(′ s＝表达式′, ′s′); eval(st)

input 语句中的′s′表示把输入当作字符串来接受，因此用户键入的字符串就不必加引号了。下面的例子说明了如何将 eval 函数和 load 函数一起使用，读出 10 个具有连续文件名 mydata1，mydata2，…，mydata10 的数据文件：

　　for i＝1：10　　fname＝′mydata′; eval([′load ′, fname, int2str(i)]), end

特别注意的是，int2str(i)把数 1：10 转换为字符 1：10。在显示屏上看不出两者有什么差别，但要记住字符 0：9 的 ASCII 码是 48：57。数 10 只占一个 MATLAB 双精度存储单元，而字符串 10 却占两个存储单元，并构成一个单行两列的矩阵。在 eval 后的输入变元必须是一个构成 MATLAB 语句的字符串，因此必须把三个字符串接起来，并且不要忘掉在 load 后面加一个空格。eval 命令是在较高级的程序中常常遇到的，要学会使用。

4.5.3　字符串输入输出

前面我们一直用 disp 函数来进行字符串和数据的输出。disp('pi=')将显示引号内的字符串，此处为 pi=。disp(pi)将显示变量 pi 的值 3.1416 或其他的八种显示格式之一，由 format 命令确定。想把字符串 pi= 和变量 pi 的值显示在一行上，试用 disp('pi=', pi)，回答这是非法的。这时应该用 sprintf 函数，它可把数据按要求的格式转换为字符串，再把它与需要显示的字符串组装成一个长字符串，使显示格式非常灵活，人机界面更为友好。如键入

$\quad$ st=sprintf('圆周率 pi= %8.5f', pi)；disp(st)

结果为

$\quad$ 圆周率 pi=3.14159

其中，% 为数据格式符，f 表示十进制浮点，8.5 表示数字的长度为 8 位，小数点后 5 位。从 % 到 f 之间的字符都是不显示的，它只指出显示数据 pi 的格式。

【例 4-5-1】　再举一个用 sprintf 的例子，它为 y 的两列规定了不同的显示格式。

$\quad$ x = 0：10：90；y = [x; sin(x * pi/180)]；disp(sprintf('%10.2f %12.8f\n', y))

0.00	0.00000000
10.00	0.17364818
⋮	⋮
80.00	0.98480775
90.00	1.00000000

sprintf 命令是从 C 语言中的同名命令演化来的，sscanf 则是它的逆命令，相仿的还有 fprintf 和 fscanf(见表 3-3)。

4.6　符号数学函数库

4.6.1　符号数学函数库的主要功能

符号数学函数库是利用 MATLAB 的界面来调用 Maple 软件的工具的。Maple 是加拿大 Waterloo 大学开发的推理软件，在国际上使用最早，也最为成功。从 90 年代初，Mathworks 公司就与 Maple 合作，将 MATLAB 的数值计算与符号数学功能相结合，构成一个 Symbolic 工具箱，使得在 MATLAB 的界面下，可兼做符号数学。

　　符号数学，顾名思义，就是以符号(如 a，b，c，x，y，z)为对象的数学。它以推理为特点，区别于以数字为对象的 MATLAB 基本部分。符号数学是每门课都要用到的，因此 Mathworks 公司提供给大学生的版本(Student Edition of MATLAB)中就包括了这个工具箱。国外的高等数学教科书中，都有部分例题和习题会用到这个工具箱。本书虽然要对它作简要的介绍，但在"数学篇"中并没有把这个工具箱作为重点，这是基于以下几方面原因：

　　(1)学生从小学用笔算加减乘除，到中学用计算器，做了大量的四则运算和函数运算，确实不应该在大学教学中再重复使用低级的老方法。把数值计算交给计算机做，不仅绝大部分大学老师能够接受，而且也是他们应负的责任。推理是一项基本功，学生在中小学中并未得到太多的训练，所以应该在大学阶段来学好这个本领。其实在大多数大学课程中，也没有太复杂的推理。如果把公式推理也交给计算机，对教学是否有利，是一个有争议的问题。

　　(2)作者十几年来一直努力推动在大学课程中用计算机做工具的工作，但强调的一直是数值计算。因为数值计算的道理，从计算器到计算机，是一种从简到繁的自然升级，老师和学生都比较清楚，没有跳跃的感觉。而公式推理在计算机中是如何完成的，大部分人都不清楚，所以作者目前的看法是，凡是能够用手工简便推理的地方，一般还是少用计算机来推导。大量的使用符号数学工具还是放在科研中比较恰当。

　　(3)符号数学工具箱中也包括一些数值计算和绘图的功能，其中有些比 MATLAB 的基本部分优越。比如：它的精度就可以超越 16 位十进制，在解方程时允许未知量出现在方程右端，可以根据输入函数的表达式直接绘图，等等。这些把数值计算能力进一步提高的内容可以在大学本科中学习；有些内容过去是靠查表的，如积分表、傅里叶变换和拉普拉斯变换表等，现在也不妨用软件来代替；在带有研究性的任务(如数学建模等)中也可以较多地使用。即便如此，仍然要以懂得 MATLAB 的数值计算作为基础。

　　本节将对符号数学的基本命令和用法进行简单的介绍，着重介绍的是与发挥符号推理优越性相关的应用实例。

　　从这个思路出发，我们只对符号数学工具箱的部分功能做简要的介绍。Symbolic 工具箱的主要功能有以下 8 项，括号内的英文字符串是 Symbolic 工具箱中的函数名。

　　(1)用符号定义各种数学运算和函数(syms，symop)等；

　　(2)对这些函数式进行代数和三角运算，包括因式分解(factor)、展开(expand)、变量置换(subs)、复合函数(compose)等；

　　(3)微分和积分运算(diff，int)等；

　　(4)函数的整理和化简(combine，simplify，simple)等；

　　(5)可变精度的运算，如可以设置任意多个有效计算位数进行计算(vpa，digits)等；

　　(6)解方程，包括单变量的代数方程、多变量非线性的联立代数方程(solve)、单变量微分方程、多变量联立微分方程(dsolve)等；

　　(7)线性代数和矩阵运算(determ，linsolve)，包含在 matfun 函数库中的绝大部分矩阵计算和变换的命令都适用于符号变量等；

　　(8)变换，包括拉普拉斯变换(laplace)、傅里叶变换(fourier)和 Z 变换(ztrans)等。

　　表 4 - 9 列出了本科数学可能用到的符号运算工具箱中的主要函数。

表 4 - 9　符号运算工具箱中的主要函数

类别	函数名	意　义	函数名	意　义
微积分	diff	求导	taylor	泰勒级数
	int	积分	jacobian	雅可比矩阵
	limit	求极限	symsum	级数求和
化简	simplify	简化	numden	分子分母
	expand	展开	horner	多项式嵌套
	factor	分解因式	subexpr	用子表示式重写
	collect	收集整理	subs	符号替换
	simple	找出字数最少的表示式		
解方程	solve	代数方程符号解	finverse	函数求逆
	dsolve	微分方程符号解	compose	函数组合
积分变换	fourier	傅里叶变换	ifourier	逆傅里叶变换
	laplace	拉普拉斯变换	ilaplace	逆拉普拉斯变换
	ztrans	Z 变换	iztrans	逆变换
	sinint	正弦积分	cosint	余弦积分
格式转换	double	将符号矩阵变为双精度	sym2poly	将符号矩阵变为系数向量
	poly2sym	将符号多项式变为双精度向量	char	将符号对象变为字符
	vpa	变精度算法	digits	设定变量精度
	isvarname	检查有效变量名	vectorize	将符号表示式变为向量
基本运算	sym	创建符号对象	findsym	确定符号变量
	syms	快速创建符号对象的方法	pretty	打印成易读的表示式
演示程序	symintro	符号运算工具箱介绍 I	symvpademo	变精度算法演示
	symcalcdemo	微积分演示	symrotdemo	研究平面回转
	symlindemo	符号线性代数演示	symeqndemo	符号方程求解演示
	funtool	函数计算器	taylortool	泰勒级数计算器
	rsums	黎曼求和		
调用 Maple	maple	调用 Maple 内核	mhelp	Maple 帮助
	mfun	Maple 函数的数值计算	mfunlist	MFUN 的函数列表
	procread	安装一个 Maple 过程		

4.6.2　符号数学式的基本表示方法

符号数学是对字符串进行运算的，在命令窗中，如果键入

　　　f＝3 * x^2＋5 * x＋2

或

　　　y＝sin(x)

则系统会指出变量 x 无定义，因为它要求 x 必须是一个数；MATLAB 也可以接受形为 f＝′3 * x^2＋5 * x＋2′或 y＝′sin(x)′的语句，这时 f 和 y 都是一个字符串，但它没有任何含义，因为 MATLAB 对字符串中的内容不作任何分析。

Symbolic 工具箱必须要能分析字符串的含义，为此，首先要对符号变量作出定义，用语句

　　　x＝sym(′x′);

就定义了 x 是一个字符(串)变量，此后键入的算式

　　　f＝3 * x^2＋5 * x＋2

或

　　　y＝sin(x)

就具有了符号函数的意义，连表明字符串的引号都可省略。f 和 y 已被定义(赋值)为符号自变量的函数，所以也自然成为字符(串)变量。可见，只需对算式的右边符号变量(即自变量)作定义，系统就会自动把因变量定义为符号变量。如果另外用 syms 命令定义因变量，那系统将把它看成自变量，而不理会因变量与自变量的函数关系了。

如果一个数学符号表示式中有多个符号(包括自变量和系数)，如

　　　z＝a * t^2＋b * t＋c

则可以将简化的多个符号变量定义语句放在此表示式的前面，如

　　　syms a b c t

在做符号运算时，比如求上述代数方程的根，就得知道哪个(些)是变量，其余的则是系数，这时可在语句中指定，比如 r＝solve(′z＝0′, t)表示把 t 作为求解的变量。如果不加说明，则系统将自动把离 x 最近的那个(些)符号当作变量来求解。在本例中，键入 r＝solve(′z＝0′)，自然会选到 t 作为变量。

表 4 - 10 以表格方式列出了一些算例，从中可对符号数学工具箱的功能有一个印象。表中为了节省篇幅，尽量选了一些简单的推导式，实际上还可以推导很繁的式子。在公式推导意义下使用 MATLAB 是很方便的，只是不给自变量赋以数值，而代之以

　　　syms　自变量 1　自变量 2　自变量 3…

以后的编程和普通 MATLAB 程序完全相同。其执行的结果自然是表达式而不是数值解。如果要做进一步的工作，例如化简、代换、代入数值、解联立方程等，那就需要对这个工具箱有较完整的了解。表 4 - 10 中列出的是本科数学中有可能用到的符号数学工具箱中的函数，供读者参考，它的一些用法将在第 5 章中举例说明。

表 4 – 10　符号推理的语句及其结果举例

运　算　式	符　号　式	结　果　举　例
符号函数赋值	r＝x^2＋y^2	r＝x^2＋y^2
符号函数赋值	theta＝atan(y/x)	theta＝atan(y/x)
符号函数赋值	e＝exp(i * pi * t)	e＝exp(i * pi * t)
三角函数式化简	f＝cos(x)^2＋sin(x)^2	f＝cos(x)^2＋sin(x)^2
	f＝simple(f)	f＝1
微分	diff(x^3)	ans＝3 * x^2
积分	int(x^3)	ans＝1/4 * x^4
	int(exp(−t^2))	ans＝1/2 * pi^(1/2) * erf(t)
矩阵按元素群积分	[int(x^a), int(a^x), int(x^a, a), int(a^x, a)]	ans＝[x^(a+1)/(a+1), 1/log(a) * a^x, 1/log(x) * x^a, a^(x+1)/(x+1)]
解二次代数方程	x＝solve('a * x^2＋b * x＋c＝0'); x	x＝[1/2/a * (−b＋(b^2−4 * a * c)^(1/2))] [1/2/a * (−b−(b^2−4 * a * c)^(1/2))]
解联立代数方程	[u, v]＝solve('a * u^2＋v^2＝0', 'u−v＝1')	u＝[1/2/(a+1) * (−2 * a+2 * (−a)^(1/2))+1] [1/2/(a+1) * (−2 * a−2 * (−a)^(1/2))+1] v＝[1/2/(a+1) * (−2 * a+2 * (−a)^(1/2))] [1/2/(a+1) * (−2 * a−2 * (−a)^(1/2))]
以 28 位有效数解联立超越方程	digits(28) [x, y]＝solve('sin(x+y)−exp(x) * y＝0', 'x^2−y＝2')	x＝−6.0173272500593056410972971 y＝34.208227234306296508646 21443
求一阶微分方程的通解	y＝dsolve('Dy＝−a * y')	y＝exp(−a * t) * C1(含任意常数)
给出初始条件求微分方程的特解	%y＝dsolve('Dy＝−a * y', 'y(0)＝1')	y＝exp(−a * t)
求二阶微分方程的特解, D2 表示二阶导数	%给出两个初始(边界)条件 y＝dsolve('D2y＝−a^2 * y', 'y(0)＝1, Dy(pi/a)＝0')	y＝cos(a * t)
求二阶微分方程的特解	y＝dsolve('(Dy)^2＋y^2＝1', 'y(0)＝0')	$y＝\begin{cases} \sin(t) \\ -\sin(t) \end{cases}$（有两个解）
拉普拉斯变换	f＝exp(−a * t) * cos(w * t)	f＝exp(−a * t) * cos(w * t)
	F＝laplace(f)	F＝(s+a)/((s+a)^2+w^2)
	pretty(F) 此命令用来改善公式的可读性	$\dfrac{s+a}{(s+a)^2+w^2}$

注：在表中，假定符号自变量的定义已经给出，则键入第 2 列的符号式就可得到第 3 列的结果。

　　不管在课程中是否使用这个工具箱，用到了多少，应该看到的是，计算机科学已经成功地进入了推理领域，而且已经可以被普通的科技人员在微机上实现。我国数学家吴文俊教授在计算机推理领域做出了国际领先的成果，并因此荣获国家最高科技奖，这也代表了国际科技发展的方向。没有任何理由和方法能够阻止人们去接触、学习、掌握和应用这些推理软件，教师要考虑到这一点，并探索它对大学教育改革可能产生的影响。教师首先要懂得，要会用，然后应该让学生了解这些软件的功能，便于他们根据自己的需要来选择。

4.7　系统仿真函数库

　　框图是微分方程的等价物。即使是普通的微分方程，也可以用框图来描述，在工程设计计算中，人们往往喜欢用框图来表示复杂的系统，因为它形象地把各个环节区分开来，并且便于研究各个环节的参数对系统的影响。Simulink 工具箱就提供了这样的手段。

　　以一个最简单的弹簧－质量系统为例，其结构如图 4 - 14 左下角所示。弹簧的左端固定在 x_1 位置，弹簧的右端是一质量为 M 的滑块，弹簧刚度系数为 K，滑块 M 相对于初始平衡位置的位移为 x_2，它与地面间的阻尼力与滑块的速度成正比，方向则相反，阻尼系数为 C，于是滑块受到弹簧弹力和阻尼力两个力，其运动方程可写成

$$M \frac{d^2 x_2}{dt^2} = K(x_1 - x_2) - C \frac{dx_2}{dt}$$

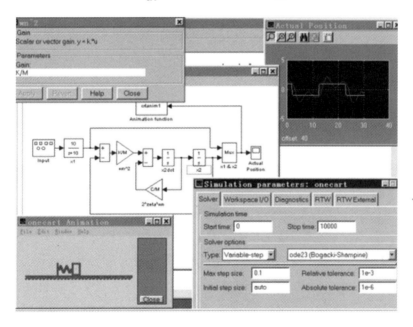

图 4 - 14　Simulink 工具箱所提供的多窗口系统仿真综合图形界面

　　这个方程可以用图 4 - 14 中带两个反馈的框图部分来描述。它们分别表示由于速度 x_2' 和位置 x_2 的变化，使作用于滑块上的力 $K(x_1 - x_2)$ 和 $-Cx_2'$ 发生变化。框图的外围还有几个辅助的方框，左边两个是生成输入信号的信号源和滤波器，右边的两个是多路器和示波器，用以观察仿真过程中多个点的波形。上方是动画生成器，仿真时会产生左下角的实体运动动画。

　　所有这些框图单元都存在 simulink 的库中，可将它们调出并以有向线段连接，这项工作可用鼠标很方便地完成，只要双击环节的框，就会出现对它设置参数的窗口，图 4 - 14 左上角就是双击增益环节 K/M 后自动弹出的，可以用键盘修改 K/M 值。完成环节参数设置后，就要设置系统的仿真参数，这时可点击主菜单上的【simulation】，再选择其下拉菜单上的【parameter】，屏幕上将弹出右下角的仿真参数设置窗口，设定这些参数后，就可以进行仿真了。

　　在【simulation】的下拉菜单上选择【start】项开始仿真，在右上角的示波器上可以观察波形和数据，在左下角可以观察实体运动的动画。

　　Simulink 工具箱不提供新的函数名，因为它全部采用图形界面，所以不增加用户的负担，但是它要生成与仿真图形界面相对应的特殊文件，称为 S-文件，在初级应用中，可以不管它。

语言篇习题

1. 求下列联立方程的解

$$3x + 4y - 7z - 12w = 4$$
$$5x - 7y + 4z + 2w = -3$$
$$x + 8z - 5w = 9$$
$$-6x + 5y - 2z + 10w = -8$$

2. 设 $A = \begin{bmatrix} 1 & 4 & 8 & 13 \\ -3 & 6 & -5 & -9 \\ 2 & -7 & -12 & -8 \end{bmatrix}$ $B = \begin{bmatrix} 5 & 4 & 3 & -2 \\ 6 & -2 & 3 & -8 \\ -1 & 3 & -9 & 7 \end{bmatrix}$

求 $C1 = A * B'$；$C2 = A' * B$；$C3 = A. * B$，并求它们的逆阵。

3. （a）列出 4×4 阶的单位矩阵 I、魔方矩阵 M 和 2×4 阶的全幺矩阵 A、全零矩阵 B；

（b）将这些矩阵拼接为 8×8 阶的矩阵 C：

$$C = \begin{bmatrix} I & [A'B'] \\ \begin{bmatrix} A \\ B \end{bmatrix} & M \end{bmatrix}$$

（c）求出 C 的第 2、4、6、8 行，组成 4×8 阶的矩阵 C1，再取 C1 的第 2、4、6、8 列，组成 4×4 阶的矩阵 C2；

（d）求 $D = C1 * C2$ 及 $D1 = C2 * C1$。

4. 设 $y = \cos x \left[0.5 + \dfrac{3 \sin x}{(1 + x^2)} \right]$，在 $x = 0 \sim 2\pi$ 间均匀地插入 101 个点，画出以 x 为横坐标，y 为纵坐标的曲线。

5. 求代数方程 $3x^5 + 4x^4 + 7x^3 + 2x^2 + 9x + 12 = 0$ 的所有根。

6. 把 1 开五次方，并求其全部五个根。（提示：解 $x^5 - 1 = 0$）

7. 设方程的根为 $x = [-3, -5, -8, -9]$，求它们对应的 x 多项式的系数。

8. 设微分方程

$$\frac{d^4 y}{dt^4} + 2 \frac{d^3 y}{dt^3} + 5 \frac{d^2 y}{dt^2} + 4 \frac{dy}{dt} + 3 = u$$

求输入 $u(t) = \delta(t)$ 时的输出 $y(t)$。

9. 产生 4×6 阶的正态分布随机数矩阵 R1，求其各列的平均值和均方差。并求全体的平均值和均方差。

10. 产生 4×6 阶的均匀分布随机数矩阵 R，要求其元素在 $-16 \sim 16$ 之间取整数值，并求此矩阵前四列组成的方阵的逆阵。

11. $x = r \cos t + 3t$，$y = r \sin t + 3$，分别令 $r = 2、3、4$，画出在参数 $t = 0 \sim 10$ 区间生成

的 x～y 曲线。

12. x＝sin t，y＝sin(Nt＋α)，

(a) 若 α＝常数，令 N ＝ 1、2、3、4，在四个子图中分别画出其曲线；

(b) 若 N＝2，取 α＝0、π/3、π/2 及 π，在四个子图中分别画出其曲线。

13. 设 f(x)＝x⁵－4x⁴＋3x²－2x＋6，

(a) 求 x＝[－2，8]之间函数的值(取 100 个点)，画出曲线，看它有几个过零点(提示：用 polyval 函数)；

(b) 用 roots 函数求此多项式的根。

14. 设 x＝z sin3z，y＝z cos3z，要求在 z＝0～10 区间内画出 x、y、z 三维曲线。

15. 设 z＝x²e⁻⁽ˣ²⁺ʸ²⁾，求在定义域 x＝[－2，2]，y＝[－2，2]内的 z 值(网格取 0.1 见方)。

16. 设 z1＝0.05x－0.05y＋0.1，画出 z1 的曲面(平面)图，叠合在上题的图中。

17. 求 15 题中的 z 和 16 题中的 z1 两曲面的交线，以叉号在图中标出。

18. 将 13 题写成一个函数文件 f1.m，用 fzero 函数求它的过零点，与 13 题的结果进行比较讨论。如果在该函数中加一项 x sin(x)，过零点该怎样求？

19. 设 $f(x)=\dfrac{1}{(x-2)^2+0.1}-\dfrac{1}{(x-3)^4+0.02}$，写出一个 MATLAB 函数程序 f31.m，使得调用 f31.m 时，x 可用矩阵代入，得出的 f(x)为同阶矩阵。画出 x＝[0，4]区间内的 f31 曲线。

20. 设 $f(x)=x^3-2x^2\,sinx+5x\,cosx+\dfrac{1}{x}$，

(a) 画出它在 x＝[0，4] 区间内的曲线，求出它的过零点的值；

(b) 求此曲线在 x 轴上方及下方的第一块所围的面积的大小。

21. 已知微分方程 $\dfrac{dy}{dx}=\dfrac{x^2}{y}-x\,cosy$，若 y(0)＝1，求它在 x＝[0，5]区间内的数值积分，并画出曲线。

22. 用 eval 命令执行字符串 s＝'y＝magic(3)'。

23. 如果要用 for 循环及 eval 语句实现 yn＝magic(n)(n＝3、4、5)，请编出程序。

24. 用 sprintf 命令写出字符串'自然对数底数 e＝2.71828…'，e 的值应该由 MATLAB 自动生成，其小数点后要显示 20 位。

25. 用行向量相乘的语句生成下列矩阵：

$$A=\begin{bmatrix}-3 & -2 & -1 & 0 & 1 & 2 & 3\\ -3 & -2 & -1 & 0 & 1 & 2 & 3\\ -3 & -2 & -1 & 0 & 1 & 2 & 3\\ -3 & -2 & -1 & 0 & 1 & 2 & 3\end{bmatrix}\qquad B=\begin{bmatrix}1 & 1 & 1 & 1 & 1\\ 1 & 2 & 4 & 8 & 16\\ 1 & 3 & 9 & 27 & 81\\ 1 & 4 & 16 & 64 & 256\end{bmatrix}$$

　　　　　　　　　　(a)　　　　　　　　　　　　　　　　(b)

26. 方程① x³＋cos(a)＝0，② x³＋cos(x)＝0 及③ x³＋cos(ax)＝0，用符号运算工具箱函数 solve 分别求 x 的解。将 a＝0.5 代入方程，求 x 的数值解，并与用 roots 函数所求的结果进行比较。

第二篇 数 学 篇

在"语言篇"介绍了 MATLAB 数学软件基本语法的基础上，本篇讨论如何用它来解决大学工科所学过的基本的数学问题。本篇的内容为全书的第 5 章，其中第 1～4 节依次讨论函数极限与导数、解析几何和多变量分析、数列和级数以及数值积分和微分方程数值解，第 5 节讨论线性代数，第 6 节讨论概率论与数理统计，主要通过一些例题说明如何灵活使用 MATLAB 的各种函数来解题。

MATLAB 是从数值运算发展起来的，以后发展到符号数学（即公式推导）。数学界比较喜欢用 Mathematica 软件，我们以讨论数值计算方法为主，并考虑到与后续课程的衔接问题，所以选择 MATLAB 软件。

首先，对于工科而言，各门后续课程和未来的工程实践中遇到最多的将是数值计算问题。计算机主要是计算的工具。计算机的计算过程和方法都是从计算器升级而来的，学生可以理解和接受其每一步，甚至自己可以编出相应的程序，这是数值计算的一个长处。相比起来，计算机推理过程对于工科学生而言，往往只能知其然而不知其所以然。

其次，用推理方法只能解决很少一部分有解析解的数学命题。比如许多函数是无法求不定积分的，而它们的数值积分却可以求得，因此优先让学生掌握数值方法等于教会了他们具有更普遍的适用性的科学计算方法，对于他们今后的工程生涯将有更大的帮助。当然，用符号数学求积分，或求微分方程的解析解有时也非常有用，这相当于查积分表或数学手册的电子化和智能化。

当一个例题可以同时用数值方法和符号推理方法解决时，我们的原则是优先介绍数值方法。这两种方法虽然有一些关键性的差别，但在编程上很相似，初学者很容易混淆，对于这类读者，还是先掌握数值方法为好。

第 5 章　高等数学问题的 MATLAB 解法

5.1　函数、极限和导数

5.1.1　单变量函数值的计算和绘图

【例 5 - 1 - 1】　设

$$y=\frac{\sqrt{3}}{2}e^{-4t}\sin\left(4\sqrt{3}t+\frac{\pi}{3}\right)$$

要求以 0.01 s 为间隔，求出 y 的 151 个点，并求出其导数的值和曲线。

解：◆ 建模

可以采取下列两种方法来做：

(1) 只用主程序编程的方法；

(2) 编成函数文件，由主程序调用的方法。

求导数可采用 diff 函数对数组 y 做运算的方法。

◆ MATLAB 程序

(1) 第一种方法的程序 exn511a 如下：

```
t＝[0：.01：1.5]；       %设定自变量数组 t
w＝ 4 * sqrt(3)；        %固定频率
y＝w/8 * exp(－4 * t). * sin(w * t ＋ pi/3)；   %注意用数组运算式
subplot(2，1，1)，plot(t，y)，grid      %绘制曲线并加上坐标网格
title('绘图示例')，xlabel('时间 t')，ylabel('y(t)')   %加标注
Dy＝diff(y)；subplot(2，1，2)，plot(t(length(t)－1)，Dy)，grid
%求导数并绘制曲线，注意用数值方法求导后，导数数组长度比原函数减少一
ylabel('Dy(t)')    %加标注
```

(2) 第二种方法的主程序 exn511b 如下：

```
dt＝0.01；t＝[0：dt：1.5]；w＝ 4 * sqrt(3)；
y＝exn511bf(t，w)；Dy＝diff(y)/dt；
%绘图和加标注的程序略去
```

另要建立一个函数文件 exn511bf. m，其内容为

```
function xvalues＝ exn511bf (tvalues，w)
```

%注意编写的函数文件中，其语法对数组 w 应该能用元素群运算。

xvalues＝w * exp(－4 * tvalues). * sin(w * tvalues ＋ pi/3)；

◆ 程序运行结果

运行这两种程序都得到图 5－1 所示的曲线。为了节省篇幅，我们没有显示 y 的数据。以后的各例中还将省略绘图时的标注语句。从本例看，第二种方法似乎更麻烦一些，但它具备模块化的特点。当程序中要反复多次调用此函数，而且输入不同的自变量时，利用函数文件可大大简化编程。我们应该掌握这种方法。两次应用 diff 函数或用 diff(y, 2) 可以求 y 的二次导数，读者可自行实践。

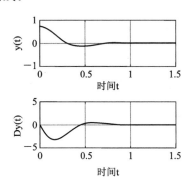

图 5－1　例 5－1－1 的曲线

5.1.2　参变方程表示的函数的计算和绘图

【例 5－1－2】　摆线的绘制。如图 5－2 所示，当圆轮在平面上滚动时，轮上任一点所画出的轨迹称为摆线。如果这一点不在圆周上而在圆内，则生成内摆线；如果该点在圆外，即离圆心距离大于半径，则生成外摆线。对于后一种情况，可由火车轮来想象。其接触轨道的部分，并不是直径最大处，其内侧的直径还要大一些，以防止车轮左右出轨。在这部分边缘上的点就形成外摆线。

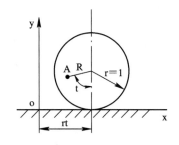

图 5－2　摆线的生成

解： ◆ 建模

概括几种情况，其普遍方程可表示为

$$x_A ＝ rt－Rsin\ t$$

$$y_A ＝ r－Rcos\ t$$

可由这组以 t 为参数的方程分析其轨迹。

◆ MATLAB 程序

t＝0：0.1：10；　　　　　　　　　　　％设定参数数组

```
r＝input('r＝')，R＝input('R＝')        %输入常数
x＝r * t－R * sin(t)；                 %计算 x，y
y＝r－R * cos(t)；
plot(x，y)，axis('equal')             %绘图
```

◆ 程序运行结果

设 r＝1，令 R＝r，R＝0.7 及 R＝1.5 时得到的摆线、内摆线和外摆线都绘于图 5 - 3 中。为了显示摆线的正确形状，x、y 坐标保持等比例是很重要的，因此程序中要加 axis('equal')语句。

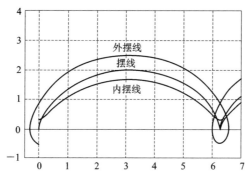

图 5 - 3　摆线的绘制

5.1.3　曲线族的绘制

【例 5 - 1 - 3】　三次曲线的方程为 $y＝ax^3＋cx$，试探讨参数 a 和 c 对其图形的影响。

解：◆ 建模

因为函数比较简单，因此可以直接写入绘图语句中，用循环语句来改变参数。注意坐标的设定方法，以得到适于观察的图形。给出的程序不是唯一的，例如也可用 fplot 函数等。读者可自行探索其他编法。

◆ MATLAB 程序

```
x＝－2：0.1：2；                      %给定 x 数组，确定范围及取点密度
subplot(1，2，1)                      %分两个画面绘图
for c＝－3：3                         %取不同的 c 循环
    plot(x，x.^3＋c * x)，hold on，
end，grid
subplot(1，2，2)
for a＝－3：3                         %取不同的 a 循环
    plot(x，a * x.^3＋x)，hold on，
end，grid，hold off
```

用直接在图形窗内编辑的方法可在图内标注字符。

◆ 程序运行结果

程序运行结果见图 5 - 4，其中 a 和 c 均从－3 取到 3，步长为 1。

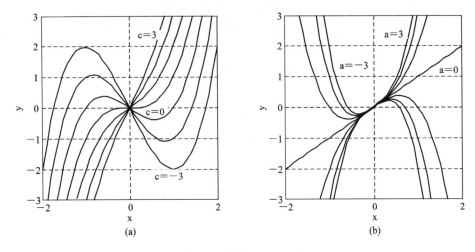

图 5 - 4　c 和 a 取不同值时 y＝ax³＋cx 的曲线族
(a) a＝1，c 取不同值；(b) c＝1，a 取不同值

5.1.4　极限判别

用 MATLAB 来表达推理过程是比较困难的，因为它必须与实际的数值联系起来。比如无法用无穷小和高阶无穷小的概念，只能用 e－10、e－20 等数值。不过极限的定义恰恰用了 δ 和 ε 这些数的概念，因此不难用程序表达。

【例 5 - 1 - 4】　极限的定义和判别。

解：◆ 建模

对于函数 y＝f(x)，当任意给定一个正数 ε 时，有一个对应的正数 δ 存在，使得当

$$0<|x_c-x|<\delta$$

时，

$$|A-f(x)|<\varepsilon$$

其中，A 是 f(x) 在 x→x_c 时的极限，如果找不到这样的 δ，A 就不是它的极限。只考虑左极限时，因为 x_c－x 必为正数，所以可去掉绝对值符号。

◆ MATLAB 程序

检验极限是否正确的程序

disp('A 是否是 f(xc) 的极限?')

fxc＝input('f(x) 的表达式为，例如 sin(x)/x', 's')，　　　　　%输入函数表达式

A＝input('A＝，例如 A＝1')，　　　　%输入极限值

xc＝input('xc＝，例如 xc＝0')，　　　　%输入对应的自变量值

flag＝1；delta＝1；x＝xc－delta；n＝1；　　　　　　　　　%初始化

while flag＝＝1 epsilon＝input('任给一个小的数 ε＝')　　　　%任意给出 ε

　　while abs(A－eval(fxc))＞epsilon delta＝delta/2；x＝xc－delta；　　%找 δ

　　　　if abs(delta)＜ eps disp('找不到 δ')，n＝0；break　　%找不到 δ，跳出内循环

　　　　end，

　　end

if n＝＝0 disp('极限不正确'), break, end,　　%极限不正确, 跳出外循环
delta, disp('极限正确')　　　　　　　　%找到了 δ
flag＝input('再试一个 ε 吗? 再试按 1, 不试按 0 或任意数字键 '),　%再试
　end

◆ 程序运行结果

试判断:

(1) f(x)＝x² ─8 在 x→xc＝3 时是否以 1.001 为左极限?

(2) f(x)＝sin(x)/x 在 x→xc＝0 时是否以 1 为左极限?

对于(1), 将得出"极限不正确"的结果; 而对于(2), 将得出"极限可能正确"的结果。读者可思考为什么要加"可能"二字而不能给出肯定的答复。

本题演示的是极限的定义, 求函数极限的实用方法是作出它在定义域内的图形, 必要时再在极限点的邻域做数值计算, 见下例。

5.1.5　画出曲线并求左右极限

【例 5-1-5】　画出 $f(x)=\dfrac{1-\cos x}{x\sin x}$ 的图形, 找到它的间断点 x_0, 判断它在间断点附近的取值, 并求它在 x＝0 处的值或极限值。

解: ◆ 程序及运行结果

用数值计算方法来求。先绘图, 程序如下:

```
ezplot('(1─cos(x))./x./sin(x)')
grid on
```

运行程序得出图 5-5。从图上可见, 此函数在 $x_0=\pm\pi$ 处有间断点。在间断点左右, 函数 f(x) 分别趋向于 ±∞。现在尝试用数组方法计算以下三个特征点的值, 令

```
x1＝[─pi, 0, pi]
y1＝(1─cos(x1))./x1./sin(x1)
```

得到警告: Warning: Divide by zero 及

y1＝1.0e+015 ∗ [5.1984, NaN, 5.1984]

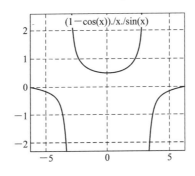

图 5-5　例 5-1-5 的曲线图形

可见左右 $x_0=\pm\pi$ 处的两个数都是很大的, 而中间 x＝0 处则是非数(NaN)。这是由于在该点出现了函数 y＝0/0 所造成的。从理论上说, 应该通过罗必达法则, 分别对分子和分母求导, 再求其极限。但求导也有点麻烦, 在用计算机解题时, 宁可用同一个程序多算几

个点。为此,对这三个特殊点的左右邻域各取一点,都做计算,共计算六个点。令

e1＝0.001, x2＝[－pi－e1, －pi＋e1, 0－e1, 0＋e1, pi－e1, pi＋e1]

y2＝(1－cos(x2))./x2./sin(x2)

得到的结果是

y2＝－636.4171   636.8224   0.5000   0.5000   636.8224   －636.4171

这就证实了我们的判断大体上是对的,即在 $x_0＝\pm\pi$ 的间断点两侧,函数 f(x)分别趋向于－∞和∞,而在 x＝0 处,f(x)趋向于 0.5。

◆ 讨论

用数值方法虽然方便,但邻域大小的选择有时会影响计算结果。选得大了,结果的偏差比较大,比如这里算出的 636 离无穷大还差得远,但也不能选得太小。几个很小的数之间作除法所造成的误差往往极其可观,比如在这道题中把邻域选为最小数 eps,就得不到正确的结果。一般来说,有了全局的曲线,从图上就可判断大致的结果,因为 ezplot 函数的自变量增量是上下限之间分成 300 份,如果使间隔值缩小,且在临界点附近函数值看不出大的起伏,那这个结果就可以相信了。

如果求 x 在无穷大处的极限,可以进行自变量替换,则用 $x_1＝1/x$ 把 f(x)变为 $f_1(x_1)$,然后研究以 x_1 为自变量的函数的曲线,并研究 $x_1＝0$ 附近的极限和特性。

比如,若 $f(x)＝xe^x$,则可用下面的方法求 $\lim\limits_{x\to\infty} f(x)$。令 $x_1＝1/x$,得到 $y＝f(1/x_1)＝\dfrac{e^{1/x_1}}{x_1}＝f_1(x_1)$,写出以下程序:

x1＝linspace(－pi, pi, 1001);

plot(x1, exp(1./x1)./x1), grid on

axis([－pi, pi, －2, 10])

运行后得出图 5－6,然后求 $x_1＝0$ 的邻域 y 值,键入

x1＝[－eps, 0, eps];

y＝ exp(1./x1)./x1

Warning：Divide by zero.

y ＝ 0   Inf   Inf

这说明 x_1 取－eps,即 x 趋向－Inf 时,y 的极限为零;而在 x 趋向 Inf 时,y 趋向 Inf。

用 MATLAB 中符号数学的语句可以直接求解如下:

syms x, y＝limit(x＊exp(x), x, Inf)

得到 y＝Inf,

syms x, y＝limit(x＊exp(x), x, －Inf)

得到 y＝0。

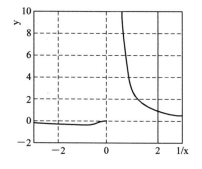

图 5－6   函数 $y＝f_1(x_1)$ 的图形

【例 5－1－6】 (a) 画出 $g(x)＝x\sin(1/x)$,估计 $\lim\limits_{x\to\infty} g(x)$;(b) 画出 $k(x)＝\sin(1/x)$,估计 $\lim\limits_{x\to\infty} k(x)$;(c) 比较 g 和 k 在原点附近的特性,有什么相同点和不同点?

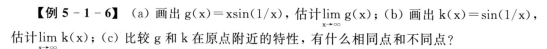

解：先画出这两个函数的概略曲线形状，程序为

　　subplot(1，2，1)，ezplot('x. ∗ sin(1./x)')，

　　subplot(1，2，2)，ezplot('sin(1./x)')，

得到图 5 - 7，其中 g(x)对应于图 5 - 7(a)，从中大体可以看出，它在原点附近摆动的幅度似乎在减小；k(x)对应于图 5 - 7(b)，该曲线是反对称的，在原点附近似乎有大幅度的摆动，需要把图形进一步放大。

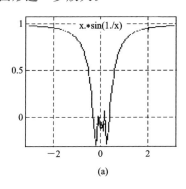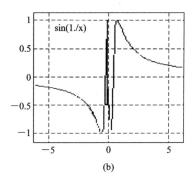

图 5 - 7　例 5 - 1 - 6 的曲线

要放大图形，可以把自变量的范围减小，于是可列出以下的程序：

　　x1＝[−0.1：0.001：0.1]；

　　subplot(1，2，1)，plot(x1，x1. ∗ sin(1./x1))，grid on

　　subplot(1，2，2)，plot(x1，sin(1./x1))，grid on

　　x2＝[0−0.001，0，0＋0.001]

　　g2 ＝ x2. ∗ sin(1./x2)

　　k2 ＝ sin(1./x2)

得到如图 5 - 8 所示的曲线。

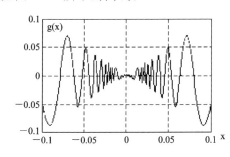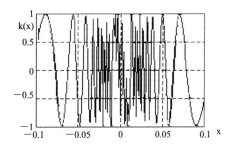

图 5 - 8　例 5 - 1 - 6 的两个函数在原点附近的图形

数值结果为

　　g2 ＝ 1.0e−003 ∗ [0.8269　NaN　0.8269]

　　k2 ＝ −0.8269　NaN　0.8269

可见在原点的邻域，g2 的左右两点数值相等且数值很小，在原点是不定值，说明很大的可能是在该点连续过渡，只要把邻域取得足够小，g2 的值就可能趋向于零。可再设

　　x3＝[−0.00001，0，＋0.00001]

　　g3＝x3. ∗ sin(1./x3)

k3＝sin(1./x3)

得到

g3＝1.0e−006 * [0.3575，NaN，0.3575]

k3＝−0.0357   NaN   0.0357

可见 g3 更接近于零了，由此可以初步判断其极限为零。可用例 5−1−4 的程序作精确判断。

而得到的 k2、k3 在原点的左右符号相反，数值又相当大，看来 k(x)在原点的数值没有左右衔接的迹象，从图中可以看出它始终保持着幅度为1的高密度摆动，故它没有极限。

5.1.6 导数及其应用

用切线法(牛顿法)求任意非线性方程 f(x)＝0 的解，也可化为求任意曲线 y＝f(x)过零点的问题。

【例 5−1−7】 用切线法求方程 $y＝x^3＋10x^2−2\sin x−50＝0$ 的近似数值解。

解：◆ 建模

用 MATLAB 来解此题，可先大致看一下曲线的形状。用 fplot 函数得出的曲线如图 5−9 所示。它有三个过零点，分别在−10、−3、3 附近。函数的绘图范围要试探几次，先大一些，看到全部点，然后再缩小到能看清上述所有过零点的最小范围。

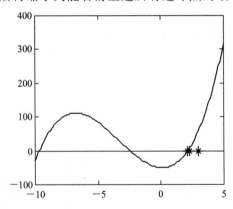

图 5−9 用数值方法求方程的近似解

切线法求根是基于如下公式：

$$xx＝x_0−\frac{f(x_0)}{g(x_0)}$$

其中 x_0 为前一次的 x 试探值，xx 为得出的新近似值，$g(x_0)$ 为 f(x)的导数在 x_0 点的值。

计算步骤如下：先猜想一个很靠近解的 x 值，代入上面的公式，得出新的近似值；再将这个近似值代入右端，求进一步的近似值。这样的过程称为迭代。每迭代一次，精度就提高一次，直到精度满足要求，就可以停止迭代。

◆ MATLAB 程序

```
clf, clear
fplot('x.^3+10 * x.^2−2 * sin(x)−50', [−12, 5])        %画出曲线
hold on, grid, e=1;
```

```
    x0＝input(′x0＝给出要求的解的近似坐标′);
    while e＞0.0001
        f＝ x0.^3+10 * x0.^2-2 * sin(x0)-50;      %求 f(x0)
        g＝3 * x0.^2+20 * x0-2 * cos(x0);          %求函数的导数 g(x0)
        xx＝x0-f/g;                                 %切线法求解公式
        e＝abs(xx-x0); x0＝xx                       %精度控制，把新值赋予 x0
        plot(x0, 0, ′ * ′), pause(2)               %画出新点在 x 轴上的位置
    end
```

◆ 程序运行结果

运行此程序，设 x0 分别为 -10、-2、2，得出的解分别为 -9.4384、-2.5648、2.0707，从图上可看到解逐渐接近精确解的过程。本程序中用了导数的解析形式，对于某些较为复杂的函数，这样会很繁琐，所以这不是一个值得推荐的程序，只是为了帮助读者理解，好的程序应该用数值方法求导数(如例 5-1-1)，或用两分法来求根。读者可自行改进这个程序。

懂得原理后，实际上不必再去编程，直接用 fzero 求 f(x) 的根即可，要做的工作是把 f(x) 定义为一个用 M 文件表示的函数，例如建立一个 exn517f.m 文件，其内容为

```
function y＝exn517f(x)
y ＝x.^3+10 * x.^2-2 * sin(x)-50;
```

再调用 x＝fzero(′exn517f′, x0)，即可得出解 x。

【例 5-1-8】　设 $f(x)=x^3+2x$，$x_0=1$。

(a) 在 $x_0-1/2 \leqslant x \leqslant x_0+3$ 的区间内画出 $y=f(x)$ 的曲线；

(b) 保持 x_0 不动，求差商 $q(h)=\dfrac{f(x_0+h)-f(x_0)}{h}$，作为 h 的函数；

(c) 求 $h \to 0$ 时 $q(h)$ 的极限；

(d) 对于 h＝3、2、1，定义割线 $y=f(x_0)+q*(x-x_0)$，画出此割线；

(e) 在 $x_0=0$、1、2 三个点上分别画出曲线的切线。

解： ◆ 建模

先在指定的定义域内画出函数的图形，然后在 x_0 附近计算不同 h 时的差商及其在 $h \to 0$ 时的极限，再按切线公式画出切线图形。

◆ MATLAB 程序

```
x＝linspace(-1/2, 3, 100);
subplot(1, 2, 1), plot(x, x.^3+2 * x), grid on, hold on      %画曲线
%在一个点上，取不同步长求斜率，画出多根割线
h＝[1, 0.1, 0.01];
for k＝1: 3
    x1＝[1, 1+h(k)]; f＝ x1.^3+2 * x1;                        %取不同步长
    q＝diff(f)/diff(x1),                                      %求差商
    plot(x, f(1)+q * (x-x1(1)), ′: ′),                       %画割线
end
```

```
%在多个点上,取同样步长 h=0.1,求斜率,画出多根切线
for k=0:2
    x1=[k, k+0.1]; f= x1.^3+2*x1;              %取不同位置的 x,求函数
    q=diff(f)/diff(x1),                         %求差商
    subplot(1, 2, 2), plot(x, x.^3+2*x), grid on, hold on
    plot(x, f(1)+q*(x-x1(1)), ':r'),            %画割线
end
```

◆ 程序运行结果

在 $x_0=1$ 处取三个不同的步长 h,得到的斜率分别为

q ＝ 9　　5.3100　　5.0301

用这三个斜率画出的近似切线如图 5-10(a)所示,可见 q 逐步接近精确值。取三个不同的 x_0,得到的斜率分别为

q ＝ 2.0100　　5.3100　　14.6100

根据这些斜率画出的切线如图 5-10(b)所示。

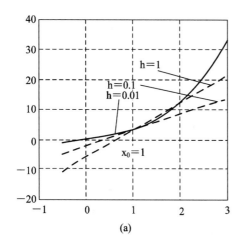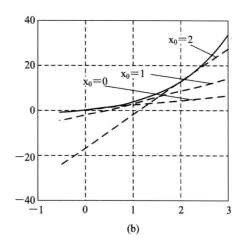

図 5-10　曲线的割线与切线的关系

斜率的精确值只能通过符号数学来求,其程序为

syms x, y=x^3+2*x, Dy=diff(y), Dy1=subs(Dy, x, [0, 1, 2])

运行此程序的结果为

Dy1＝　　　2　　　5　　　14

【例 5-1-9】　求函数 $y=2\sin^2(2x)+\dfrac{5}{2}x\cos^2\left(\dfrac{x}{2}\right)$ 位于区间 $[0, \pi]$ 内的近似极值。

解:先完全采用数值方法来解这个问题,为了尽量求得准确一些,对自变量作较细的分度,求出其函数值,画图并求其极值。编写程序如下:

```
clear, clf,
x=linspace(0, pi, 10000);
y=2*sin(2*x).^2+5/2*x.*cos(x/2).^2;
```

plot(x, y), grid on, hold on

程序运行后得到图 5 - 11 所示的曲线。

求 y 的最大值可有几种方法：

（1）方法一：由 y 的数据直接求极值（exn519a）：

ymax1＝max(y)

求得 ymax = 3.7323

如果要进一步确定此处的 x 坐标和其他几个极值，那就要麻烦一些，要利用 find 函数找到变量的下标：

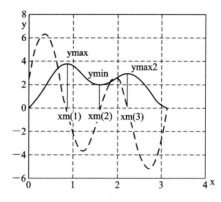

图 5 - 11　曲线的极值位置

％找最大值处 y 的下标

nm1＝find(y＝＝max(y))

％求该下标处的 x 的值

xm1＝x(nm1)

运行的结果是 nm1＝2752，xm1 = 0.8643。

其他两个极值点是局部极值，只能在划分出的局部区域中寻找，所以先任取两个边界点 x01＝1 和 x02＝2，该两点处的下标值也要用 find 函数来求：

n01＝find(abs(x－1)＜2e－4);　　％找两个边界处的 y 的下标

n02＝find(abs(x－2)＜2e－4);

ymin＝min(y([n01：n02]))　　％求 x＝1～2 之间 y 的最小值

ymax2＝max(y([n02：end]))　　％求 x＝2～pi 之间 y 的最大值

nm2＝find(y([n01：n02])＝＝ymin)＋n01－1　　％求 y 的最小值处的下标

nm3＝find(y([n02：end])＝＝ymax2)＋n02－1　　％求 y 的最大值处的下标

xm2＝x(nm2)，xm3＝x(nm3)　　％求 y 的最小最大值处的 x 值

程序运行结果为

ymin = 1.9446

ymax2 = 2.9571

nm2 = 5171

nm3 = 7147　　　7148

xm2 = 1.6244

xm3 = 2.2452　　　2.2455

这种方法比较直观，也有利于思考。但键入量多，也比较麻烦。MATLAB 已提供了求极小值的函数 fminbnd，可以用一条语句求出极小值（参阅 4.4.2 节）。求极大值时只需将函数的值反号，因此键入下面三条语句就可代替前面的八条语句。

[xm1，mym1]＝fminbnd('－(2 * sin(2 * x).^2＋5/2 * x. * cos(x/2).^2)', 0, 1)

[xm2，ym2]＝fminbnd('2 * sin(2 * x).^2＋5/2 * x. * cos(x/2).^2', 1, 2)

[xm3，mym3]＝fminbnd('－(2 * sin(2 * x).^2＋5/2 * x. * cos(x/2).^2)', 2, 3)

xm＝[xm1，xm2，xm3]，ym＝[－mym1，ym2，－mym3]

程序运行结果为

$$xm = \quad 0.8642 \qquad 1.6239 \qquad 2.2449$$

$$ym = -3.7323 \qquad 1.9446 \qquad 2.9571$$

把 mym1、mym3 反号得到 ym1、ym3，因为它们是为了利用 fminbnd 函数才变了号的。

(2) 方法二：上述方法完全没有利用极值处导数为零的性质，本方法则利用导数为零性质，但用数值方法求导，其程序如下(exn519b)：

```
h=pi/(10000-1); Dy=diff(y)/h;        %先用数值方法求导数
plot(x(1：end-1), Dy, '-.r')          %绘制导数曲线
```

导数的长度比原函数的长度小 1，绘图时必须相应地把 x 的长度减小。而求出导数过零点的下标后要加 1，才能用做函数的下标。

检测的门限值需要经过反复试验。因为 x 的取值是离散的，不但不可能正好取到 Dy = 0 的点，而且用户也不知道最靠近零的那个点的 Dy 值有多大，它取决于 x 的步长和过零点处的斜率，所以设它为某一常数 kh 与步长 h 的乘积，让 kh 可以人工输入。检测出的过零点太多，说明 kh 太大；反之，则 kh 太小。在本题中，理想的情况是得到三个过零点。

```
kh=input('过零点检测门限取 h 的 kh 倍, kh= ')
nm=find(abs(Dy)<kh*h)+1,              %求导数过零点
ym=y(nm)                              %求极值
```

试验的结果是：若 kh=1，则得出的 nm 只包含两项，意味着只找到两个过零点，有一个没找到，需加大；若 kh=8，则 nm 又出现了 4 项，后两项实际上是一个零点。于是有

```
nm=find(abs(Dy)<8*h), ym=y(nm), xm=x(nm)
```

n=	2751	5169	7145	7146
ym=	3.7323	1.9446	2.9571	2.9571
xm=	0.8640	1.6237	2.2446	2.2449

最后两项代表同一极值，可以去掉一个，得到所需的三个极值解。

(3) 方法三：以下提供了用符号数学工具箱解本题的程序(exn519c)，它的好处是求过零点时不必反复试验。

```
clear, syms x,
y='2*sin(2*x)^2+5/2*x*cos(x/2)^2';
Dy=diff(y);
ezplot(y, [0, pi]), hold on, ezplot(Dy, [0, pi]), grid on
```

下面要根据 Dy=0 的条件解出相应的 xm 值。因为这是一个超越函数，所以求其零点必须用近似算法，根据图形，在各极值点附近取一起始点，逐次使用 fsolve 函数来求。

根据图形可知 y 在 x=1、1.5、2.2 附近各有一个极值点，用三条语句分别求出

```
x1=fsolve('4*sin(4*x)+5/4*cos(x)+5/4-5/4*x*sin(x)', 1)
x2=fsolve('4*sin(4*x)+5/4*cos(x)+5/4-5/4*x*sin(x)', 1.5)
x3=fsolve('4*sin(4*x)+5/4*cos(x)+5/4-5/4*x*sin(x)', 2.2)
```

答案分别为

```
0.8642   1.6239   2.2449
ym=subs(y, x, [x1, x2, x3]),
```

　　plot([x1，x2，x3]，ym，'o')，grid on

得极值分别为

　　ym＝3.7323　　　1.9446　　　2.9571

【应用篇中与本节相关的例题】

　　① 例 6－2－2 平面上质点运动轨迹的绘制，即知道参数方程 x＝x(t) 及 y＝y(t)，画出 y＝f(x)。

　　② 例 6－2－3 平面上质点运动轨迹及李萨如图形的绘制。与上题相仿，其特点在于这两个参数方程都是周期性的函数，因此得出的是李萨如图形。

　　③ 例 6－6－1 声波的波形叠加造成的拍频。两个波形分别为 $x_1＝f_1(t)$ 及 $x_2＝f_2(t)$，两个波形叠加后的 $x＝x_1＋x_2＝f_1(t)＋f_2(t)$，画出图形就可以直接看出其合成效果和拍频，也可使之变成可听到的声音而直接感受到。

　　④ 例 6－6－2 运动声源造成的声波的多普勒效应。这从图形上不大好观察，要转化成声音才能很清楚地感受到。

　　⑤ 例 7－1－4 进行四连杆机构的运动分析时，由四根连杆的几何位置方程(非线性方程)解出角位置数组，然后经过求导得出角速度和角加速度。

　　⑥ 例 8－3－1 可控硅电流波形的绘制。特别注意其中出现了不连续点，对不连续点的绘制需要在该点设置左右边界，才能得出正确的图形。

　　⑦ 例 8－4－2 给出了平面上参数不同的曲线族综合绘制的方法，得出了著名的阻抗圆图。

　　⑧ 例 9－1－1 典型连续信号波形的绘制。注意要用 stairs 函数来绘制不连续的阶跃波形。

　　⑨ 例 9－2－1 典型离散信号波形的绘制。注意要用 stem 函数来绘制脉冲波形。

本节习题

　　1．(a) 在同一张图中画出函数 $f(x)＝\sin x＋\cos(x/2)$ 和 $g(x)＝\ln x＋x^{1/3}$。

　　(b) 求函数 f(x) 的周期。

　　(c) 用代数方法证明(b)中的结果。

　　(d) 在同一张图中画出 $h(x)＝f(x)－g(x)$。

　　2．设 $x＝a\cos t$，$y＝b\sin t$，$0 \leqslant t \leqslant 2\pi$。

　　(a) 利用参数方程作出它的曲线。

　　(b) 消去 t，将此方程化为直角坐标中的形式，作出它的图形。

　　3．写出程序，要求能一次画出 $y＝b^x (b＝0、1、2、3，-\pi \leqslant x \leqslant \pi)$ 在 x－y 坐标中的曲线族，并对所得的图形做出解释。

　　4．对以下题目，用图形来估计极限。

　　(a) $\lim\limits_{x \to 2} \dfrac{x^4－16}{x－2}$

　　(b) $\lim\limits_{x \to -1} \dfrac{x^3－x^2－5x－3}{(x+1)^2}$

(c) $\lim\limits_{x\to 3}\dfrac{x^2-9}{\sqrt{x^2+7}-4}$

5. (a) 画出 $h(x)=x^2\cos(1/x)$，并估计 $\lim\limits_{x\to 0}h(x)$，根据需要可以把原点附近的图形放大。

(b) 再画出 $k(x)=\cos(1/x)$，比较 h 和 k 在原点附近有什么相同点和不同点。

6. 对下列函数，求 $\lim\limits_{x\to\infty}f(x)$ 和 $\lim\limits_{x\to-\infty}f(x)$。

(a) $f(x)=\dfrac{\ln|x|}{x}$

(b) $f(x)=x\sin\left(\dfrac{1}{x}\right)$

(c) $f(x)=x^2e^{-x}$

7. 在 $[-4,4]$ 区间上作出函数 $f(x)=\dfrac{x^3-9x}{x^3-x}$ 的图形，研究 $\lim\limits_{x\to\infty}f(x)$ 和 $\lim\limits_{x\to 0}f(x)$。

8. 观察函数 $f(x)=\dfrac{1+2x}{1-x}$ 的图形并求极限 $\lim\limits_{x\to 1}\left(\dfrac{1+2x}{1-x}\right)$。

9. 通过画图找到 $\lim\limits_{x\to\infty}f(x)$，$f(x)=\sqrt{x^2+x}-\sqrt{x^2-x}$，并用代数方法证明之。

10. 画出下列函数的曲线并判断其极限。

(a) $\lim\limits_{x\to+0}\dfrac{\ln\cot x}{\ln x}$

(b) $\lim\limits_{x\to 0}(x)^x$

(c) $\lim\limits_{x\to\pm 0}\dfrac{\sin x-x\cos x}{x^2\sin x}$

(d) $\lim\limits_{x\to+0}x^2\ln x$

11. 计算下列函数在给定的各个区间中的平均变化率。

(a) $f(x)=e^x$，　(i) $x\in[-2,0]$，　(ii) $x\in[1,3]$

(b) $f(x)=\ln x$，　(i) $x\in[1,4]$，　(ii) $x\in[100,103]$

(c) $f(x)=\cot x$，　(i) $x\in[\pi/4,3\pi/4]$，　(ii) $x\in[\pi/6,\pi/2]$

12. 参照例 $5-1-8$ 的几点要求，对以下的曲线的给定点画出割线和切线。

(a) $f(x)=x+\sin 2x$，$x_0=\pi/2$

(b) $f(x)=\cos x+4\sin 2x$，$x_0=\pi$

13. 在区间 $0\leqslant x\leqslant 2$ 中画出曲线 $y=1/(2\sqrt{x})$，并在同一幅图上画出曲线 $f(x)=\dfrac{\sqrt{x+h}-\sqrt{x}}{h}$，先取 $h=1$、0.5、0.1，再取 $h=-1$、-0.5、-0.1，讨论其结果。

14. 对下列函数：

(a) $f(x)=x^3+x^2-x$，$x_0=1$

(b) $f(x)=x^{1/3}+x^{2/3}$，$x_0=1$

(c) $f(x)=\sin 2x$，$x_0=\pi/2$

(d) $f(x)=x^2\cos x$，$x_0=\pi/4$

按要求进行：

(i) 画出 $y=f(x)$ 以看出函数的全局特点；

(ii) 在任意点 x 定义它用任意步长 h 求得的差商；

(iii) 令步长 h 趋于零，判断得到差商的何种公式；

(iv) 把 x 取为 x_0，画出函数曲线及该点的切线；

(v) 使(iii)中所得公式中的 x 上下变动，观察它对导数的影响；

(vi) 画出(iii)中所得公式的曲线，说明它的正、负、零区域意味着什么。

5.2　解析几何和多变量分析

本节主要讨论用 MATLAB 解决空间解析几何的问题，重点是利用 MATLAB 的三维作图功能，对多变量函数的性质进行更为形象的讨论。读者要从中学会曲面的绘制方法，以及等高线图和方向导数(梯度)的计算和绘制，进一步把它们的几何意义与解析表达式联系起来。

5.2.1　平面曲线的绘制

【例 5 - 2 - 1】　绘制极坐标系下的平面曲线

$$\rho = a\,\cos(b + n\theta)$$

并讨论参数 a、b、n 对曲线的影响。

解：◆ 建模

绘图的基本方法仍然是先设置自变量数组，按元素群运算的要求列出函数表示式，使得一个表示式能够同时计算出与自变量数目相等的因变量，即可用来绘图。为了便于比较，编一个能同时画出两个图形的程序，采用 for 循环，读者可从中看到利用循环指数的技巧。由于有两种参数的数据，因变量也有两组数据，因此 rho 要设成二维数组。

◆ MATLAB 程序

```
theta＝0：0.1：2 * pi;
％产生极角向量，这条语句的缺点是 3.1 到 2 * pi 之间不能被覆盖，改进的方法是
％用 theta＝linspace(0, 2 * pi, N)，它把 0 到 2 * pi 之间均分为 N 份
for i＝1：2
    a(i)＝input('a＝');
    b(i)＝input('b＝');
    n(i)＝input('n＝')
    rho(i, :)＝a(i) * cos(b(i)＋n(i) * theta);        ％极坐标方程
    subplot(1, 2, i), polar(theta, rho(i, :));        ％极坐标系绘图
end
```

◆ 程序运行结果

运行并输入不同参数的结果如图 5 - 12 所示。

　　a＝2；b＝pi/4；n＝2　　　　　　　(四叶玫瑰线，图 5 - 12(a))

　　a＝2；b＝0；n＝3　　　　　　　　(三叶玫瑰线，图 5 - 12(b))

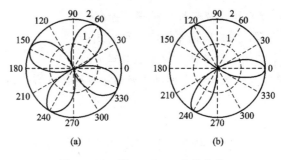

图 5 - 12 例 5 - 2 - 1 中的曲线

【**例 5 - 2 - 2**】 根据开普勒定律,当忽略其他天体引力时,在一个大天体引力下的小天体应该取椭圆、抛物线或双曲线轨道。它相对于大天体的极坐标位置应满足下列方程:

$$\rho = \beta + \varepsilon\rho\cos\theta$$

其中,ε 为偏心率,β 为常数,ρ 为向径,θ 为极角,所取的轨道形状由偏心率决定。试画出天体轨道,并讨论参数 β、ε 对轨道形状的影响。

解: ◆ 建模

移项,将方程变换为

$$\rho = \frac{\beta}{1 - \varepsilon\cos\theta}$$

给定 β 和 ε,输入一个 θ 数组,就可以得出同样长度的 ρ 数组,为绘图提供了完整的数据。

◆ MATLAB 程序

```
theta=0:0.1:2 * pi;                    %产生极角向量
beta= input('beta=');                  %从键盘输入 beta
epsilon=input('epsilon=');             %从键盘输入 epsilon
rho=beta./(1-epsilon. * cos(theta));   %极坐标方程
polar(theta,rho);                      %极坐标系绘图
axis([-2,2,-2,2])                      %设定显示范围
```

◆ 程序运行结果

本书取 beta=1,epsilon=0.5,1,1.5 三种情况,得到三种曲线,分别是椭圆、抛物线和双曲线。为了比较原点附近的形状,用 axis 语句使三根曲线有相同的显示范围。用程序 exn522a 可将它们画在同一张图上,得到图 5 - 13。改变 beta 将成比例地改变轨道的直径,这是显而易见的。

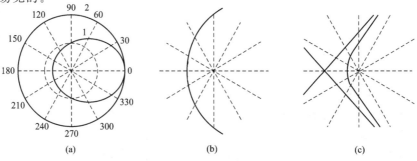

图 5 - 13 不同偏心率时所得的行星轨道

(a) 椭圆(e<1);(b) 抛物线(e=1);(c) 双曲线(e>1)

在天体运动中，原点位于椭圆轨道的焦点上，其方程用极坐标来表示比较方便。在平面解析几何中，以原点作为中心的椭圆方程，通常表示为直角坐标的形式：

$$\frac{x^2}{a^2}+\frac{y^2}{b^2}=1$$

如果在直角坐标中绘图，按照常规，就要把 y 表示为 x 的显函数，即

$$y=\pm b\sqrt{1-\frac{x^2}{a^2}}$$

这里正负号都要考虑，否则画出的椭圆就少了一半。在给自变量 x 赋值的时候，x 不宜太大，略大于 a 即可。不要让出现虚数的 y 的无效数据过多。绘图程序如下：

```
x＝linspace(－pi, pi, 1001);        %自变量数组
y1＝2 * sqrt(1－x.^2/3^2);          %上半部因变量计算
y2＝－2 * sqrt(1－x.^2/3^2);         %下半部因变量计算
plot(x, [y1; y2]), grid on          %两半图都画
axis equal                          %使 x, y 轴同比例
```

最后一条语句是为了保持椭圆形状的纵横轴比例与给定的数据相吻合。得到的曲线如图 5 - 14 所示，图中已经对图形线型进行了编辑，把 y2 代表的负半周椭圆用点画线表示。

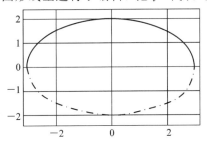

图 5 - 14　直角坐标系中的椭圆绘制

用参数方程的形式作图也许更为方便，因为它不必考虑开方的正负号和出现的虚数。椭圆的参数方程形式如下：

$$x=a\,\cos\theta,\ y=b\,\sin\theta$$

因此自变量可以设为 θ，其范围为 0～2π。有

```
theta＝ linspace(－pi, pi, 1001);
plot(3 * cos(theta), 2 * sin(theta)),
grid on, axis equal
```

得出的图形是一样的。

5.2.2　二次曲面的画法：

【例 5 - 2 - 3】　二次曲面的方程如下：

$$\frac{x^2}{a^2}+\frac{y^2}{b^2}+\frac{z^2}{c^2}=1$$

要求讨论参数 a、b、c 对曲面形状的影响，并画出其图形。

　　解：◆ 建模

此题数学模型很清楚，关键在于如何作出三维曲面图形。首先，自变量 x 和 y 不再是

一维数组，而要设置成二维的矩阵（网格）；其次，从上题中知道，在按给定的 x、y 求 z 时有开方运算，正负结果都要考虑在内，即

$$z = \pm c\sqrt{1 - x^2/a^2 - y^2/b^2}$$

按此式计算，一是有正负两个解，这在例 5 - 2 - 2 中已经谈到；二是在 x、y 取某些值时，z 会出现虚数，而在绘制三维曲面的 mesh(x, y, z) 或 surf(x, y, z) 函数中，x、y、z 只允许为实矩阵，为了使虚数不出现在绘图中，把 z 的实部 z1＝real(z) 作为三维绘图的因变量。

◆ MATLAB 程序

```
a＝input('a＝'); b＝input('b＝');            %输入参数，N 为网格线的数目
c＝input('c＝'); N＝input('N＝');
xgrid＝ linspace(−abs(a), abs(a), N);        %建立 x 网格坐标
ygrid＝ linspace(−abs(b), abs(b), N);        %建立 y 网格坐标
[x, y]＝meshgrid(xgrid, ygrid);              %自变量 x, y 矩阵
z＝c * sqrt(1−y. * y/b/b−x. * x/a/a);         %因变量矩阵
z1＝real(z);                                 %取 z 的实部 z1(去掉虚数)
surf(x, y, z1), hold on, surf(x, y, −z1);    %画正负两半空间曲面
```

标注语句略去。

◆ 程序运行结果

运行这个程序，系统就会提示用户依次输入 a、b、c 和 N，然后给出相应的曲面。将程序稍作修改，使它可以把上述程序循环运行三次，输入的变量第一次为 [a, b, c, N] ＝ [5, 4, 3, 20]，得到的是椭球；第二次为 [a, b, c, N] ＝ [5i, 4, 3, 15]，得到的是鞍面；第三次为 [a, b, c, N] ＝ [5i, 4i, 3, 10]，得到的是双曲面。把画出的图形分别画在三个子图中，其结果如图 5 - 15 所示，要特别注意 a、b 取虚数时对图形的影响，并作讨论。

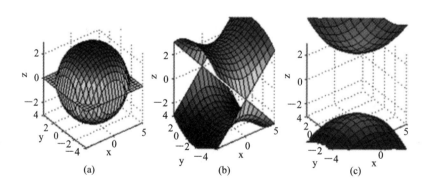

图 5 - 15　a、b、c、N 参数取不同值时所得的不同形状的二次曲面

(a) [a,b,c,N]＝[5,4,3,20]; (b) [a,b,c,N]＝[5i,4,3,15]; (c) [a,b,c,N]＝[5i,4i,3,10]

图中的椭球在过 x - y 平面处有许多"毛刺"，这是由 x 和 y 离散取值，不能对准真正的 z 的过零点造成的。可以用增加网格密度的方法来改进，更好的办法是用参数方程来画椭球曲面。要看出曲面的真实形状，可键入 axis equal，使三维尺寸按同样的比例显示。

【例 5 - 2 - 4】　与例 5 - 2 - 3 中的直角坐标方程等价的椭球参数方程为

$$\begin{cases} x = a\ cosu\ sinv \\ y = b\ sinu\ sinv \\ z = c\ cosv \end{cases}$$

其中 u 的取值范围为 $0\sim2\pi$，其几何意义是球面上任何点向径的投影在 x – y 平面上的方位角，即相当于例 5 – 2 – 2 中的 θ。v 的取值范围是 $-\pi\sim+\pi$，其几何意义是球面上任何点向径的俯仰角。这个参数方程避开了上下两个半椭球不同方程的衔接问题，使它成为连续平滑过渡的同一个方程，不仅简化了程序，而且画出的图形也漂亮得多。

◆ MATLAB 程序

设 a＝3，b＝2，c＝4，则程序为

```
a＝3，b＝2，c＝4，
u＝linspace(0，2 * pi，20)';        %将 u 设为列向量
v＝linspace(－pi，pi，20);          %将 v 设为行向量
x＝ a * cos(u) * sin(v);           %x 为 length(u)×length(v)矩阵
y＝ b * sin(u) * sin(v);           %y 为与 x 同阶的矩阵
z＝ c * ones(size(u)) * cos(v);    %z 也为与 x 同阶的矩阵
mesh(z，x，y)
axis equal
```

◆ 程序运行结果

执行这个程序，得到如图 5 – 16 所示的曲面，虽然我们对 u、v 的分割取的是 20 份，并不是特别细，但是图形还是非常光滑的。

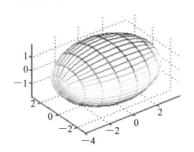

图 5 – 16　用参数方程画出的椭球

在这个程序中有几个问题需要解释清楚：

（1）二维参数作为自变量必须构成二维向量，也就是要能构成一个矩阵，而不能是一个向量，因此要由一个自变量的列向量乘以另一个自变量的行向量来构成自变量矩阵。在本程序中，我们将 u 设为列向量，v 设为行向量，x 和 y 的表示式中本来就有 u 和 v 的函数的乘积，它们就自然构成了 u 向量长度和 v 向量长度相乘阶数的矩阵。

（2）对于 z，它的表达式 z＝c cosv 中只有 v，没有 u。如果程序中简单地用 z＝c * cos(v)，那得出的 z 将是与 v 同长度的行向量，而不是矩阵，与 x 及 y 中的元素数目完全不同，无法放在一起画曲面。其实 z 的表达式中没有 u，表示它与 u 无关，所以用一个阶数与 u 相同的全么向量 ones(size(u)) 去左乘它，就可以使 z 的阶数与 x 及 y 相同，且不影响 z 的值。

有了这个程序作基础，其他类似的参数曲面就很容易画了。例如方程为

$$\begin{cases} x=u\ cosv \\ y=u\ sinv \\ z=e^{-u^2/2} \end{cases}$$

的曲面就可以用下列程序画出：

u＝[0：0.03：3]′；

v＝linspace(0，2＊pi)；

x＝u＊cos(v)；y＝u＊sin(v)；

z＝exp(－u.＊u＊ones(size(v))/2)；

mesh(x，y，z)

其所得曲面如图 5-17 所示。

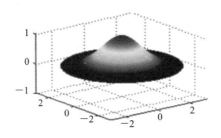

图 5-17　用参数方程画出的帽型曲面

5.2.3　空间两曲面的交线

【例 5-2-5】　给出空间两曲面方程 $z_1=f_1(x，y)$ 及 $z_2=f_2(x，y)$，列出绘制两曲面及其交线的 MATLAB 程序。

解：◆ 建模

两空间曲面方程联立起来，就形成一个空间曲线的方程，这个曲线能同时满足两个曲面的方程，因而也就是这两个空间曲面的交线。显示这两个曲面不难，用两次 mesh 语句，之间用一条 hold on 语句即可。要显示其交线，必须先找到各个交点。因为数值计算得到的是离散点，难于找到两曲面上的完全重合的点，所以本程序采用了设置门限的方法，只要同样网格点处两曲面的 z 值之差小于设定的门限，就认为它是交点，门限值要试验几次才能定得合适。

◆ MATLAB 程序

```
％本程序给出两个空间曲面的交线(当然是空间曲线)，给出不同的 z1，z2 方程
％即可画出不同的空间曲面和曲线。
[x，y]＝meshgrid(－2：.1：2)；　　％确定计算和绘图的定义域网格
z1＝x.＊x－2＊y.＊y；　　　　　　％第一个曲面方程
z2＝2＊x－3＊y；　　　　　　　　％第二个曲面方程(平面)
mesh(x，y，z1)；hold on；mesh(x，y，z2)；％分别画出两个曲面
r0＝abs(z1－z2)<＝.1；　　　　％求两曲面 z 坐标之差小于 0.1 的网格矩阵
zz＝r0.＊z1；yy＝r0.＊y；xx＝r0.＊x；　％求这些网格上的坐标值，即交线坐标值
plot3(xx(r0∼＝0)，yy(r0∼＝0)，zz(r0∼＝0)，′＊′)；　　％画出这些点
```

%不用彩色而用灰度表示

colormap(gray)，hold off

◆ 程序运行结果

执行此程序得出的曲面如图 5 - 18 所示。

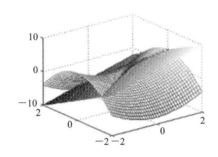

图 5 - 18　曲面与平面的交线

如果要改变曲面方程，则可以在程序中改动第二行和第三行。这还是不好，因为程序还不是通用的。应该使程序运行时向用户提问，允许用户输入任何曲面的方程。此时就要用到字符串功能和 eval 命令。

s1＝input('输入方程语句'，'s')；

将原来的 z1 方程语句改为

z1 ＝ eval(s1)；

这样就可以得出绘制两个任意曲面的交线的程序 exn525a。此外，最好让用户能给出定义域和间隔，这比较简单，只要把程序的第一句改为

[x，y]＝meshgrid(xmin：dx：xmax，ymin：dy：ymax)；

并使 xmin、dx、xmax、ymin、dy、ymax 都可由人机界面提问并由键盘输入。求交点的门限最好也能人为设定，但这又增加了运行时的麻烦，所以编程时要做出一个折中的选择，即既要有一定的灵活性又要恰到好处。

【例 5 - 2 - 6】　绘制由水平截面与方程 z＝x^2－2y^2 构成的马鞍面形成的交线，并讨论等高线和方向导数(梯度)的意义。

解：◆ 建模

对例 5 - 2 - 5 的程序作如下修改：定义域网格改为[x，y]＝meshgrid(－10：.2：10)；第一个曲面方程改为 z1＝(x.^2 - 2 * y.^2)＋eps；第二个曲面(平面)方程改为与 z 轴正交的水平面 z2＝a，为了画 z2 平面，应使 z2 与 x、y 有同样的维数，故写成 z2＝a * ones(size(x))，a 可由用户输入。水平平面与曲面的交线还有一个重要的名称，就是等高线。MATLAB 三维绘图库中有绘制等高线的命令 contour 和 contour3，前者是把等高线画在 x - y 平面上，后者则是把等高线画在一定高度的平面上，使之成为立体的，与所在曲面对应。本题中用 subplot 命令把曲面和交线分别画在两幅图上，又把相应的立体化的等高线画在第三幅图上，以便于比较。

◆ MATLAB 程序

clf，clear

[x，y]＝meshgrid(－10：.2：10)；　　　　%确定计算和绘图的定义域网格

```
z1＝(x.^2－2 * y.^2)＋eps；                    %第一个曲面方程
a＝input('a＝(－50＜a＜50)')；
z2＝a * ones(size(x))；                       %第二个曲面方程(平面)
subplot(1, 3, 1), mesh(x, y, z1); hold on; mesh(x, y, z2);   %分别画出两个曲面
v＝[－10  10  －10  10  －100  100]; axis(v), grid   %确定第一个分图的坐标系
colormap(gray), hold off,                    %取消彩色改为灰度
r0＝abs(z1－z2)＜＝1；                         %求两曲面 z 坐标之差小于 0.5 的网格
zz＝r0. * z2; yy＝r0. * y; xx＝r0. * x;        %求这些网格上的坐标值，即交线坐标值
subplot(1, 3, 2), plot3(xx, yy, zz, 'x');    %画出这些点
axis(v), grid                                %使第二个分图取第一个分图的坐标系
pause, subplot(1, 3, 3),
contour3(x, y, z1, 20)                        %用等高线命令求出 20 条不同高度的交线
```

设计 MATLAB 程序时，要注意避免本程序对后续程序的影响，因此，凡是用过 hold on 语句的程序，最好结尾加一个 hold off；用过 subplot 语句的，最好加一个 subplot(1, 1, 1) 来复原，但执行 subplot(1, 1, 1) 以后，原有的图形会消失，因此末句应为 pause, subplot(1, 1, 1)。

◆ 程序运行结果

执行此程序并输入 a＝8，所得图形如图 5 - 19(a)、(b)所示。输入不同的 a 可以得到不同的横切面形状。(c)图是由 contour3 命令产生的 20 条等高线族，可以看出，从上而下，其横切面交线的方向和形状都发生了变化。

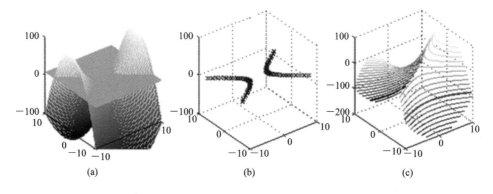

图 5 - 19　鞍形曲面的水平截面

(a) 曲面和水平截面相交图；(b) 曲面和水平截面交线；(c) 曲面的等高线族

等高线与方向导数和梯度的概念紧密相关。函数 z1 在每一点的梯度与该处的等高线垂直，也就是指向最陡的方向，我们也可以在这个例子中进行演示。先用 gradient 函数求梯度，再用 quiver 画出其向量。因为这两个函数都是在给定的点阵上求梯度和画梯度向量，所以如果程序 exn526 中取的点太密，直接运行这个程序将得出一大片箭头，看不清楚结果，因此，将它的网格生成语句中的步长由 0.2 改为 2，构成程序 exn526a：

```
[x, y]＝meshgrid(－10：2：10)；
z1＝(x.^2－2 * y.^2)＋eps；
%在 xy 平面上画出 20 条等高线
```

contour(x, y, z1, 20), hold on

%以步长 2 求 z1 的梯度的 x、y 分量

[px, py] = gradient(z1, 2, 2);

quiver(x, y, px, py)　　　%画出梯度向量

运行这个程序可以得到图 5 - 20。在计算机屏幕上看到的等高线图是彩色的：最右边的色带表示不同颜色所代表的 z 坐标值；上下两边的等高线为深蓝色，表示高度最小；左右两边的等高线为深红色，表示高度最大。因为书中没有用彩色印刷，所以无法表示，但梯度箭头的方向从高度小的区域指向高度大的区域，箭头的长度表示梯度的大小，也即等高线的稠密程度，所以我们仍然可以得知等高线的概况。在原点处，梯度为零，上下方的箭头指向它，左右方的箭头背离它，说明它是比上下方的值大，比左右方的值小的一个鞍点。

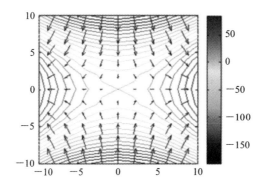

图 5 - 20　例 5 - 2 - 6 平面上的等高线和梯度向量图

5.2.4　多变量函数的极值

【例 5 - 2 - 7】　求 $f(x, y) = x^3 - y^3 + 3x^2 + 3y^2 - 9x$ 的极值。

解：◆ 建模

可以用数值方法解，先要大致知道其极值所在的位置，故先用解析方法求导数：

$$f_x = \frac{\partial f}{\partial x} = 3x^2 + 6x - 9, \ f_y = \frac{\partial f}{\partial y} = -3y^2 + 6y$$

$$f_{xx} = \frac{\partial^2 f}{\partial x^2} = 6x + 6, \ f_{xy} = \frac{\partial^2 f}{\partial x \partial y} = 0, \ f_{yy} = \frac{\partial^2 f}{\partial y^2} = -6y + 6$$

◆ 方法一： 令 $f_x = 0$，$f_y = 0$，求极值点。

这两个方向导数为零，得到两个代数方程

$$3x^2 + 6x - 9 = 0$$

$$-3y^2 + 6y = 0$$

解此代数方程的程序为

x0 = roots([3, 6, -9])

得到　x0 = -3.0000, 1.0000

y0 = roots([-3, 6, 0])

y0 = 0　　　2

知极值点应在 A(−3, 0)，B(−3, 2)，C(1, 0)，D(1, 2)四处，画出[−4，4]、[−4，4]的区域内曲面 f(x，y)的形状，再计算这四处的 fm 值及其判别式 dis＝$f_{xx}f_{yy}-f_{xy}^2$。键入

```
[x, y]=meshgrid(−4：.1：4);
f = x.^3−y.^3+3 * x.^2+3 * y.^2−9 * x
mesh(x, y, f)                        %画出三维曲面
xm＝[−3，−3，1，1]; ym＝[0，2，0，2];    %四个极值点的 x. y 坐标
fm＝xm.^3−ym.^3+3 * xm.^2+3 * ym.^2−9 * xm
fxm = 3 * xm.^2+6 * xm−9, fym = −3 * ym.^2+6 * xm,
fxxm = 6 * xm+6, fyym = −6 * ym+6, fxym = 0,
dis = fxx. * fyy−fxy.^2
```

最后一项 dis 是极点性质的判别式：dis＞0 时为极值点；dis＜0 时为鞍点；dis＝0 时不定。在 dis＞0 时，若 fxxm＞0，则 fm 为极小值；若 fxxm＜0，则 fm 为极大值。

运行此程序，由前三条语句得到图 5－21，并得出 A、B、C、D 四点的 x、y 坐标，计算此四个点上的函数 fm 及其各阶偏导数，得到

$$fm = [27, 31, −5, −1]$$
$$fxxm = [−12, −12, 12, 12]$$
$$fyym = [6, −6, 6, −6]$$
$$fxym=0$$
$$dis=[−72, 72, 72, −72]$$

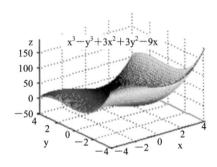

图 5 - 21　例 5 - 2 - 7 的曲面

说明只有 B、C 点是极值点。B 点两个方向的二阶导数均为负，是极大值 31；C 点两个方向的二阶导数均为正，是极小值−1；A、D 两点则是鞍点。

◆ 方法二：较好的方法是用等高线来反映极值点，其程序为

```
[x, y]=meshgrid(−5：0.5：3], [−3：0.5：5]);
z=x.^3−y.^3+3 * x.^2+3 * y.^2−9 * x;
contour(x, y, z, 20),                    %画出等高线图和彩色标尺图
colorbar, hold on, grid on
plot([−3, 1, 1, −3], [0, 0, 2, 2], 'o')   %在极点处画圈
[px, py] = gradient(z, .2, .2);          %以 0.2 为步长求 z1 的梯度的 x、y 分量
quiver(x, y, px, py)                      %画出梯度向量图
```

程序运行后得到图 5－22。在彩色屏幕上，用颜色表示等高线值的大小，旁边的彩色标尺标示了不同的颜色所对应的 z 值。在黑白印刷的书上，只能借助于梯度向量图。在极值点，梯度为零，在极值点的附近，等高线应围绕它，呈闭合形式，而梯度箭头应都指向该点(极大值)，或者背离该点(极小值)。如果某点梯度为零，等高线不是环绕而是通过它，既有部分梯度向量指向它，又有部分梯度向量背离它，那它就不是极值点，而是鞍点。又由 dis 值的正负号，很容易看出 B 处是极大值位置，C 是极小值位置，而 A、D 两点则是鞍点。

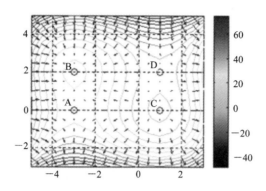

图 5 - 22　例 5 - 2 - 7 的等高线、梯度和极值点

5.2.5　柱面的绘制

柱面是平行于某个坐标轴的，这时方程中将不出现这个变量，例如在三维空间中，方程 $F(x, y)=0$ 表示的是平面曲线 $F(x, y)=0$ 沿 z 向无限延伸的柱面。因为在方程中不出现 z，所以此时三维曲面的绘制需要一点技巧，可从下面的例题中看到。

【**例 5 - 2 - 8**】　画出下列方程所表示的三维空间中的柱面：

(a) $z=2-x^2$

(b) $-\dfrac{x^2}{1^2}+\dfrac{y^2}{2^2}=1$

解：为了有更大的灵活性来画三维曲面，自变量矩阵采用参数设定的方法。令自变量参数为两个向量 u 和 v，用它们的乘积（列向量乘行向量）构成自变量矩阵。不同的柱面，自变量矩阵的构成方法不同，现对两个小题分别进行分析。

(a) X 是一个自变量矩阵，而 Z 则是因变量，所以另一个自变量矩阵必定是 Y。自变量平面是 x - y 平面，其中 x 轴是真正的自变量，而 y 轴是柱面方向。设定列向量 u 为 x 轴方向，行向量 v 为 y 轴方向。x 矩阵由列向量 u 与一个长度同 v 的全么行向量相乘构成，Y 矩阵由长度与 u 向量相同的全么列向量与 v 行向量相乘构成，生成的 X、Y 取值由图 5 - 23 给出。要注意的是，此处的横坐标恰好对应于 X、Y 中的列向量，图形和矩阵排列的位置恰好转了 90°，而 Z 则由 X 与 Y 之间的函数关系确定。

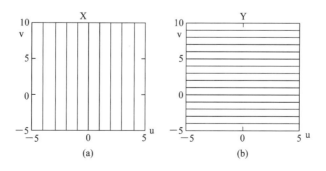

图 5 - 23　u、v 向量和它们生成的 X、Y 自变量矩阵

解(a)的程序语句如下：

```
u＝linspace(－5, 5, 10)′;                %设定参数列向量 u
v＝linspace(－5, 10, 10);                %设定参数行向量 v
X＝u * ones(size(v));                    %构成自变量矩阵 X
Y＝ones(size(u)) * v;                    %构成自变量矩阵 Y
Z＝2－x.^2;                              %求因变量矩阵 Z
subplot(1, 2, 1), mesh(X, Y, Z)         %画曲面
```

运行此程序得到如图 5－24(a)所示的曲面，它是一个沿 y 轴的柱形曲面。

(b) 先把方程整理为显函数形式：

$$y＝\pm 2\sqrt{1+x^2}$$

X 是一个自变量矩阵，而 Y 则是因变量，所以另一个自变量矩阵必定是 Z。自变量平面是 x-z 平面，而 z 轴是柱面方向。X 矩阵由列向量 u 与一个长度同 v 的全么行向量相乘构成，Z 矩阵由长度与 u 向量相同的全么列向量与 v 行向量相乘构成，而 Y 则由 x 与 y 之间的函数关系确定。函数关系的开方包含正负两个分量，要分别用 Y1, Y2 表示，并分别画图。

解(b)的程序语句如下：

```
X1＝u * ones(size(v));                   %构成自变量矩阵 X1
Y1＝2 * sqrt(1+x1.^2);                   %求因变量矩阵 Y1
Y2＝－2 * sqrt(1+x1.^2);                 %求因变量矩阵 Y2
Z1＝ones(size(u)) * v;                   %构成自变量矩阵 Z
subplot(1, 2, 2), mesh(X1, Y1, Z1),     %画曲面
hold on, mesh(X1, Y2, Z1)
```

运行此程序得到如图 5－24(b)所示的曲面，它是一个沿 z 轴的柱面。

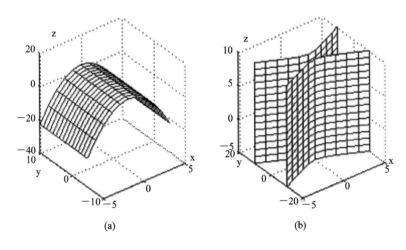

图 5－24　两种柱面的图形

【应用篇中与本节相关的例题】

① 例 6－4－3 电磁场的分布是一个空间问题，用手工进行计算和绘制比较困难。

MATLAB 在这方面可以显示出它极大的优越性。本题说明了如何计算和绘制空间电位分布及等电位线的立体图，因为电场向量是等电位线的梯度，所以也可得出电场的分布图。

② 例 6 - 5 - 1 本例讨论由电流产生的空间磁场的计算问题，除了计算公式不同外，磁场与电场问题相仿，只不过其重点放在磁场的空间分布方面。

③ 例 6 - 5 - 2 本例是例 6 - 5 - 1 的深化，继续讨论由双线圈通电流产生的空间磁场的计算问题，不画等位线而研究等磁场强度的区域。读者可以看到深入探讨磁场分布及均匀性分析的一些工程表述方法，也可以看出如何用 MATLAB 来实现。

④ 例 6 - 7 - 1 和例 6 - 7 - 2 讨论光波的波形叠加造成的干涉现象。光波也是一种电磁场，光的干涉也是一个空间问题。为了简化，这些例题还都限于二维空间，而把第三维——光的强度用灰度来表示，从而可以鲜明地看出干涉的效果。

⑤ 例 7 - 1 - 1、例 6 - 4 - 3 和例 6 - 5 - 1 都涉及空间向量的分析计算，从这些例题可以知道如何用 MATLAB 来进行空间向量分析。

⑥ 例 7 - 1 - 4 给出了机械四连杆平面运动中的动画演示。四连杆平面运动的求解是一个非线性问题，求一个点的解就得多次试凑，非常麻烦，要求出许多点就更繁琐，MATLAB 在此处已显示出了极大的优越性，现在还要画出它的运动并连贯地以动画显示，又用到了 MATLAB 强大的绘图功能，这确实是手算无法比拟的。

⑦ 例 8 - 3 - 2 三相电机旋转磁场的形成过程涉及空间和时间两方面的问题，三个磁极在空间上相差 120°，而馈入三个磁极的交流电流在时间相位上又相差 120°，从而形成了旋转磁场。这是很难凭空想象的，本例给出了空间和时间差的综合动画演示，将概念表达得极其清楚，可以说是非常具有创意的动画演示。

本节习题

1. 绘制由下列极坐标方程表示的曲线。

(a) $r = a\theta$

(b) $r = e^{a\theta}$

(c) $r = a(1 - \cos\theta)$

(d) $r = a\cos\theta$

2. 用直角坐标方程和它的参数方程分别绘制下列曲线。

(a) $\sqrt{x} + \sqrt{y} = \sqrt{a}$,　$\begin{cases} x = a\cos 4t \\ y = a\sin 4t \end{cases}$

(b) $-\dfrac{x^2}{a^2} + \dfrac{y^2}{b^2} = 1$,　$\begin{cases} x = a\sinh t \\ y = a\cosh t \end{cases}$

3. 作出下列空间曲线的图形。

(a) $x = t\cos t$, $y = 2t\sin t$, $z = 1.5t$ $(0 \leqslant t \leqslant 5\pi)$;

(b) 曲面 $x^2 + y^2 = x$ 和 $z = \sqrt{1 - x^2 - y^2}$ 的交线。

4. 绘制下列方程表示的曲面。

(a) $z = \dfrac{\sin \sqrt{x^2 + y^2}}{\sqrt{1 + x^2 + y^2}}$

(b) $z = -\dfrac{xy^2}{x^2 + y^2}$

(c) $z = \dfrac{xy(x^2 - y^2)}{(x^2 + y^2)}$

5. 绘制下列方程表示的曲面。

(a) $z = e^{-(x^2 + y^2)/4}(\cos^2 x + \sin^2 x)$　$(-\pi \leqslant x \leqslant \pi, -\pi \leqslant y \leqslant \pi)$

(b) $\begin{cases} x = (3 + \cos u)\cos v \\ y = (3 + \cos u)\sin v \quad (0 \leqslant u \leqslant 2\pi, 0 \leqslant v \leqslant 2\pi) \\ z = \sin v \end{cases}$

6. 画出下列各小题中的两曲面及它们的交线。

(a) 抛物柱面 $x = y^2$ 和平面 $x + z = 1$。

(b) 球面 $x^2 + y^2 + z^2 = 3^2$ 和柱面 $(x - 1)^2 + y^2 = 1$。

7. 对下列曲面

(a) $f(x, y) = x^3 - 3xy^2 + y^2$　$(-2 \leqslant x \leqslant 2, -2 \leqslant y \leqslant 2)$

(b) $f(x, y) = 2x^4 + y^4 - 2x^2 - 2y^2 + 3$　$(-2/3 \leqslant x \leqslant 2/3, -2/3 \leqslant y \leqslant 2/3)$

(c) $f(x, y) = \begin{cases} x^5 \ln(x^2 + y^2) & (x, y) \neq (0, 0) \\ 0 & (x, y) = (0, 0) \end{cases}$

分别:

(i) 画出它们在给定区域上的图形;

(ii) 画出它们在该区域上的等高线和梯度向量图;

(iii) 求曲面上梯度为零的点的位置;

(iv) 判断这些点的极值特性,如果是极值点,确定极值的性质和大小。

5.3　数值积分和微分方程数值解

5.3.1　数值定积分求面积

【例 5 - 3 - 1】　用数值积分法求由 $y = -x^2 + 115$, $y = 0$, $x = 0$ 与 $x = 10$ 围成的图形面积,并讨论步长和积分方法对精度的影响。

解:◆ 建模

用矩形法和梯形法分别求数值积分并作比较,步长的变化用循环语句实现。MATLAB 中的定积分用专门的函数 QUAD、QUADL 等实现。为了弄清原理,我们先用直接编程的方法来计算,然后再介绍定积分函数及其调用方法。设 x 向量的长度为 n,即将积分区间分为 $n-1$ 段,各段长度为 $\Delta x_i (i = 1, 2, \cdots, n-1)$。算出各点的 $y_i (i = 1, 2, \cdots, n+1)$,则矩形法数值积分公式为

$$s = \sum_{i=1}^{n-1} y_i \Delta x_i$$

梯形法的公式为

$$q = \sum_{i=1}^{n-1} \frac{y_i + y_{i+1}}{2} \Delta x_i = \left(\frac{y_1 + y_n}{2} + \sum_{i=2}^{n-1} y_i \right) \Delta x_i$$

比较两个公式，它们之间的差别只是 $0.5(y_n - y_1)$。

在 MATLAB 中，把向量中各元素叠加的命令是 sum，把向量中各元素按梯形法叠加的命令是 trapz。梯形法的几何意义是把被积分的函数的各计算点以直线相连，形成许多窄长梯形条，然后叠加，我们把两种算法都编入同一个程序进行比较。

◆ MATLAB 程序

```
clf,
for dx＝[2, 1, 0.5, 0.1]                    ％设不同步长
    x＝0：.1：10；y＝－x.＊x＋115；          ％取较密的函数样本
    plot(x, y), hold on                     ％画出被积曲线，并保持
    x1＝0：dx：10；y1＝－x1.＊x1＋115；       ％求取样点上的 y1
    n＝length(x1);
    s＝sum(y1(1：n－1))＊dx；                ％用欧拉法求积分，末尾要去掉一点
    q＝trapz(y1)＊dx；                       ％用梯形法求积分
    stairs(x1, y1), plot(x1, y1)            ％画出欧拉法及梯形法的积分区域
    [dx, s, q], pause(1), hold off          ％显示步长及两种积分方法所得的面积
end
```

◆ 程序运行结果

运行的数值结果如下：

步长 dx	矩形法解 s	梯形法解 q
2	910	810
1	865	815
.5	841.25	816.25
.1	821.65	816.65

用解析法求出的精确解为 $2450/3 = 816.6666\cdots$。dx＝2 时矩形法和梯形法的积分面积如图 5 - 25 所示。在曲线的切线斜率为负的情况下，矩形法的积分结果一定偏大，梯形法是由各采样点的连线包围的面积，在曲线曲率为负（上凸）时，其积分结果一定偏小，因此精确解在这两者之间。由此结果也能看出，步长相同时，梯形法的精度比矩形法高。

MATLAB 中有一个矩形法数字积分的演示程序 rsums，可以作一个对比。键入

rsums('115－x.^2', 0, 10)

就得到图 5 - 26。图中表示了被积函数的曲线和被步长分割的小区间，并按各区间中点的函数值构成了各个窄矩形面积。用鼠标拖动图下方的滑尺可以改变步长的值，图的上方显示的是这些矩形面积叠加的结果。（注：由于 rsums 采用的是以两个样本中间点处（即在 $x_i + h/2$ 处）的函数值向左右各取半个步长构成的窄矩形来计算的，因此它的精度比矩形法要高很多，比梯形法的结果还要精密一些。因为梯形法是用前后两点的平均值作为中间点

的函数值，而 rsums 用的是中间点的真实函数值。）

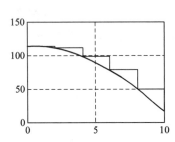

图 5 - 25 矩形法和梯形法的积分面积

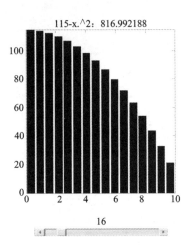

图 5 - 26 矩形法积分的几何演示

在实际工作中，用 MATLAB 中的定积分求面积的函数 quad 和 quadl 可以得到比自编程序更高的精度，因为 quad 函数用的是辛普生法，即用二次曲线逼近被积函数的算法，而 quadl 函数采用了更高阶的逼近方法。它们的调用格式如下：

$$q = quad(fun, a, b, tol)$$
$$q = quadl(fun, a, b, tol)$$

其中，fun 是表示被积函数的字符串，对于能用一条语句描述的简单函数，只要把这条语句作为字符串（即两边用单引号括起来）输入；a 是积分下限，b 是积分上限；tol 是规定计算的容差，其默认值为 1e−6，通常不必输入。例如，键入

$$S = quad('-x. * x+115', 0, 10)$$

结果用长格式显示，得到 S = 8.166666666666666e+002。

如果函数的形式不能用一条语句描述，则事先必须建立一个函数文件，在调用语句的 fun 处放入函数名，请参看【例 5 - 3 - 2】。

5.3.2 求两条曲线所围图形的面积

【例 5 - 3 - 2】 设 $f(x) = e^{-(x-2)^2 \cos \pi x}$，$g(x) = 4\cos(x-2)$，计算在区间 $[0, 4]$ 上两曲线所围的面积。

解：先画出图形，程序如下：

```
dx=input('dx= ') ; x=0 : dx : 4;
f=exp(-(x-2).^2. * cos(pi * x));
g=4 * cos(x-2);
plot(x, f, x, g, ': r')
```

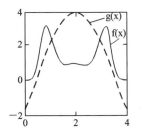

图 5 - 27 被积函数的图形

得到图 5 - 27。从图上看到，其中既有 $f(x) > g(x)$ 的区域，也有 $f(x) < g(x)$ 的区域。若要求两曲线所围的总面积（不管正负），则可键入

$$s = trapz(abs(f-g)) * dx,$$

在 dx＝0.001 时，得到 s ＝ 6.47743996919702。

若要求两曲线所围的 f(x)＞g(x)的正面积，则需要一定的技巧，也可有多种方法。

（1）方法一　先求出两个交点，根据交点来规定适当的积分上下限。也可只求一个交点，求出左半部分的面积，再乘以 2。为了求出交点，可以调用 fzero 函数，它的第一个变元是函数的表达式，第二个变元是在交点附近的 x 的初始猜测点。于是键入

$\quad$ x1＝fzero('exp(−(x−2).^2. ∗ cos(pi ∗ x))−4 ∗ cos(x−2)', 1)

求得

$\quad$ x1 ＝ 1.06258073077179

然后可把积分限按此设定为 0～x1，求出半边的积分结果再乘以 2，程序如下：

$\quad$ x＝0∶dx∶x1;

$\quad$ f＝exp(−(x−2).^2. ∗ cos(pi ∗ x));

$\quad$ g＝4 ∗ cos(x−2);

$\quad$ s1＝2 ∗ trapz(abs(f−g)) ∗ dx

设定 dx＝0.001 时，得到 s1 ＝ 2.30330486000857。

（2）方法二　设法调用 MATLAB 中已有的求面积函数 quad。这里的关键是要建立一个适当的函数文件，把 f(x)−g(x)＞0 的部分取出来。

令此函数文件名为 exn532f.m，考虑到函数文件必须满足函数群运算的法则，即输入一个 x 数组，能得出一个同样长度的差值数组，并要使其负差值取零。流程控制语句肯定是不行的，因为它是按单个元素的正负号来决定取舍的，不符合元素群运算规则，所以此处我们利用了逻辑算式 e1＞0，这个函数在 e1＞0 处取值为 1，在 e1＜0 则为零。让逻辑算式 e1＞0 与 e1 作元素群乘法，正的 e1 将全部保留，而负的 e1 就全部为零了，因此编出的子程序如下：

$\quad$ function e ＝ exn532f(x)

$\quad$ e1＝exp(−(x−2).^2. ∗ cos(pi ∗ x))−4 ∗ cos(x−2);

$\quad$ e ＝ (e1＞＝0). ∗ e1;

这个文件应存在 MATLAB 的搜索路径下。于是可键入求此积分的主程序语句

$\quad$ s2＝quad('exn532f', 0, 4)

得到的结果为

$\quad$ s2 ＝ 2.30330244952618

可以看出，这时求数字积分的关键在于正确地编写待积分函数的子程序。

5.3.3　求曲线长度

【例 5 - 3 - 3】　设曲线方程及定义域为 f(x)＝$\sqrt{1-x^2}$，−1≤x≤1，用计算机做如下工作：

（a）按给定区间画出曲线，再按 n＝2、4、8 分割区间并画出割线。

（b）求这些线段长度之和，作为弧长的近似值。

（c）用积分来估算弧长，并与用割线计算的结果比较，进行讨论。

解：◆ 建模

先按分区间算割线长度的方法编程，然后令分段数不断增加求得其精密的结果，最后

可以与解析结果进行比较，因此编程应该具有普遍性，能由用户设定段数，并在任何段数下算出结果。

◆ MATLAB 程序

```
n＝input('分段数目 n＝'),        %输入分段数目
x＝linspace(−1, 1, n+1);         %设定 x 向量
y＝sqrt(1−x.^2);                 %求 y 向量
plot(x, y)                       %绘图
hold on                         %保持
Dx＝diff(x);                     %求各段割线的 x 方向长度
%注意 x 向量长度为 n+1, Dx 是相邻两个 x 元素的差，其元素数为 n
Dy＝diff(y);                     %Dy 是相邻两个 y 元素的差，其元素数也为 n
Ln＝sqrt(Dx.^2+Dy.^2);           %求各割线长度
L＝sum(Ln)                       %求 n 段割线的总长度
```

◆ 程序运行结果

程序运行后得到图 5 - 28，对于不同的 n，其数值结果如下：

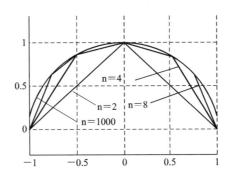

图 5 - 28　用割线长度逼近弧长

n＝2，L ＝ 2.82842712474619

n＝4，L ＝ 3.03527618041008

n＝8，L ＝ 3.10449606777484

n＝1000，L ＝ 3.14156635621648

我们已经可以大致猜测出它将趋向于 π，精确的极限值可用符号数学导出。

这个程序其实有相当的通用性，不同的被积函数，只要改变其中的一条函数赋值语句，并相应地改变自变量的赋值范围就行了。

用符号数学计算此定积分的公式应该是

$$L = \int_a^b y(x) \sqrt{1 + \left(\frac{dy}{dx}\right)^2}\, dx$$

故其相应的程序为

```
x＝syms x,y ＝ sqrt(1−x^2), L＝int(sqrt(1+diff(y)^2), −1, 1)
```

得出的结果为

```
L＝pi
```

5.3.4 求旋转体体积

【例 5 - 3 - 4】 求曲线 $g(x) = x \sin^2 x (0 < x < \pi)$ 与 x 轴所围成的图形分别绕 x 轴和 y 轴旋转所形成的旋转体的体积。

解：◆ 建模

由于旋转对称性，在圆周方向的计算只要乘以圆周长度，不需要积分运算，因此旋转体的体积计算实际上就简化为单变量求积分。

◆ MATLAB 程序

先画出平面图形（如图 5 - 29 所示）：

dx＝input('dx＝ ') ; x＝0：dx：pi;

g＝x. * sin(x).^2; plot(x, g)

（1）绕 y 轴体积。

用薄圆柱筒形体作为微分体积单元，其半径为 x，厚度为 dx，高度为 g(x)，其立体图如图 5 - 30(a)所示，此筒形单元的截面积为 g * dx，薄环的微体积为

dv＝2 * pi * x * dx * g

旋转体的体积为微分体积单元沿 x 方向的和，键入

v＝trapz(2 * pi * x. * g * dx)

得到

v = 27.53489480036561

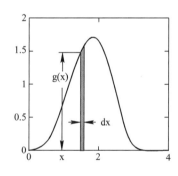

图 5 - 29 回转体微分截面积

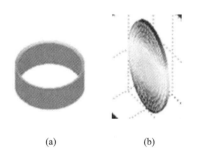

图 5 - 30 筒形和盘形微分体

（2）绕 x 轴体积。

它绕 x 轴旋转形成一个薄圆盘，其厚度为 dx，而半径为 g(x)，如图 5 - 30(b)所示。所以此薄盘体的微体积为

dv1＝pi * g.^2. * dx

旋转体的体积为微分体积单元沿 x 方向的和，键入

v1＝trapz(pi * g.^2 * dx)

得到

v1 = 9.86294784774497

精确的理论结果可用符号数学工具箱函数求得，程序如下：

syms x，g＝x * sin(x)^2；

v1t＝int(pi * g^2,0, pi)，double(v1t)

v1t ＝ 1/8 * pi^4－15/64 * pi^2

ans ＝ 9.86294784774499

大多数的定积分并不会有理论的解析结果，所以这样的验证一般是不必要的。

5.3.5　多重积分

【例5-3-5】　计算二重积分

$$\iint_{(\Omega)} (x^2 + y^2)dxdy$$

积分区域 Ω 为由 x＝1，y＝x 及 y＝0 所围成的闭合区域。

解： ◆ 建模

先画出积分区域如图5-31所示，在任意 x 处取出沿 y 向的一个单元条，其宽度为 dx，而高度为 y＝x，所以 y 是一个数组，其上的被积函数 f 也是一个数组，沿 y 向的积分可用 trapz(f)完成，得到 s1(k)，它是随 x 而变的。用 for 循环求出所有的 s1(k)，再沿 x 方向用 trapz 函数积分。MATLAB 的数组运算可以代替一个 for 循环，所以二重积分只用了一组 for 语句。

◆ MATLAB 程序

```
clear，format compact
fill([0, 1, 1, 0]，[0, 0, 1, 0]，'y')，hold              %画出积分区域
fill([0.55, 0.6, 0.6, 0.55, 0.55]，[0, 0, 0.6, 0.55, 0]，'r')   %画出单元条
dx＝input('步长 dx＝ ')；dy＝dx；
x＝0：dx：1；lx＝length(x)；
for k＝1：lx
    x1＝(k－1) * dx；              %每次循环固定一个 x＝x1
    y1＝0：dy：x1；               %y1 从零变到 x1
    f＝x1.^2＋y1.^2；             %单元条上的函数值(x1 固定，y1 变)
    s1(k)＝trapz(f) * dy；         %沿 y 向求积分 s1
end
s＝trapz(s1) * dx                  %对不同的单元条 s1 求和
```

◆ 程序运行结果

得到图5-31所示的积分区域图。其数值结果在步长 dx＝0.01 时为

$$s＝0.3334$$

改变 dx 的大小，积分的精度也不同。

另一种方法是利用 MATLAB 中现成的二重积分函数 dblquad，其调用格式为

q＝dblquad(fun,xmin,xmax,ymin,ymax,tol)

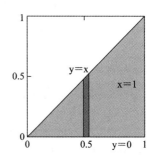

图5-31　积分区域图

其中，fun 是 x，y 的函数；接下来的四个变元是四个积分限，前两个对应于 x，后两个对应于 y，tol 为允许误差（默认值为 10^{-16}）。这四个积分限只允许用常数代入，可见 dblquad 函数只能用于积分区域为矩形的情况，不能直接用于本题。

　　解决的方法之一是仍用矩形区域积分，但把不属于积分区域内的函数置零，其方法与例 5 - 3 - 4 有些类似。在图 5 - 31 中，对角线左上方的白色区域满足 y－x＞0，逻辑式 y－x＜0 在此区域均等于零，而在对角线区域内为 1。将它与被积函数作元素群相乘，就构成了一个新的被积函数，它与原来函数的差别是把右下方积分区外的函数置为零，这样就可以按矩形区域调用 dblquad 函数了。键入

　　　　Q＝dblquad$('$x.^2＋y.^2$)$.＊$($y－x＜0$)'$，0，1，0，1$)$

得到

　　　　Q ＝ 0.33332245532028

【例 5 - 3 - 6】 计算三重积分

$$\iiint_\Omega xy^2 z^3 \, dxdydz$$

积分区域 Ω 为由 x＝1，y＝x，z＝xy 及 z＝0 等四个空间曲面（平面）所围成的闭合区域。

　　解：◆ 建模

　　先画出积分区域如图 5 - 32 所示，这个区域在 x－y 平面上的投影与图 5 - 31 相仿，只是增加了 z 方向的高度，从而构成了一个三维的实体。程序 exn536a 用来画这个立体空间。x＝1，y＝x 都是沿 z 向的柱面，本题还用了 plot3 命令以画出与 z 轴平行的辅助平面。顶面则是由 z＝xy 构成的二次曲面，用 mesh 函数容易画出。难点在于此区域有效的 xy 底面是一个三角形，不易用自变量网格表示。为了解决这个问题，采取了例 5 - 3 - 5 中对因变量乘以逻辑式的处理方法。将 z 乘以 y－x＜0 就可使 y＝x 直线左上方所有 z 值都变成 0。画出三维图后可以靠鼠标来拖动三维图形旋转，以得到一个最好的视觉效果。

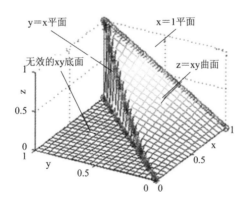

图 5 - 32　三重积分区域图

　　弄清积分区域后，就可以编写积分程序。在任意点（x，y）处取出沿 z 向的一个单元条，其底面积为 dx＊dy，而高度为 z＝x＊y，这一个细柱体上从 z＝0 到 z＝x＊y 间的所有点都属于积分的区域，把它表示为 z 向的一个数组。因为此处（x，y）固定，其上的被积函数 f＝f(z) 是随 z 而变的一个数组，沿 z 向的积分可用 trapz(f(z)) 完成，得到 s1。s1 是随 x、y 而变的，先固定 x，用 for 循环求出沿 y 向所有的 s1(j)，用 trapz 函数求其和 s2＝trapz(s1)；

s2(k)又是随 x 而变的，再沿 x 方向用 trapz 函数积分。由于 MATLAB 的数组运算可以代替一个 for 循环，所以三重积分只用了两组 for 语句，使本题的程序比较简洁。

◆ MATLAB 程序

(1) 绘制积分区域的程序 exn536a

```
[x，y]＝meshgrid(0：.05：1);          %确定计算和绘图的定义域网格
z1＝x．* y．*(y－x<0);               %求 z1＝xy 并去掉定义域外网格区的 z1
mesh(x，y，z1); hold on;            %画出积分区顶部
%画出积分区域的几个侧面
x1＝[0：0.02：1]; y1＝x1; sx1＝length(x1);   %y＝x 平面上的自变量 x1, y1
zd＝[zeros(1，sx1); x1．* y1];       %y＝x 平面上与曲面交点的数据 zd＝x1 * y1
%画出 y＝x 上的平行线族，长度为从 0 到 z＝x1．* y1，两端点画' * '号
plot3([x1; x1]，[y1; y1]，zd，' * ')         %画出此平行线族，端点画 *
%画出 x＝1 平面上沿 z 的平行线族，长度为从 0 到 z＝1 * y1，两端点画'o'号
line(ones(2，sx1)，[y1; y1]，[zeros(1，sx1); y1])     %画出 x＝1 平行线族
plot3(ones(2，sx1)，[y1; y1]，[zeros(1，sx1); y1]，'o') %画出 x＝1 平行线族端点 o
xlabel('x')，ylabel('y')，zlabel('z')，hold off，pause
```

(2) 三重积分的 MATLAB 程序

```
dx＝0.01; dy＝dx; dz＝dx; x＝0：dx：1;
for k＝1：length(x)
    x1＝(k－1)* dx;              %在此循环内，每次固定 x1
    y＝0：dy：x1;
    for j＝1：length(y)
        y1＝(j－1)* dy;          %在此循环内，每次固定 y＝y1
        z1＝0：dz：x1 * y1;       %z1 数组
        f＝x1．* y1.^2．* z1.^3;   %f(z1)
        s1(j)＝trapz(f)* dz;      %沿 z1 积分
    end
    s2(k)＝trapz(s1)* dy;        %沿 y1 积分
end,
s＝trapz(s2)* dx               %沿 x1 积分
```

◆ 程序运行结果

输入 dx＝0. 1 时，得到 s＝0. 0030；输入 dx＝0. 01 时，得到 s＝0. 0027；精确解为 1/364。

5.3.6　微分方程的数值积分

MATLAB 中用来进行常微分方程数值积分的函数有好多种，例如 ode23，ode45，ode113 等。ode 是 ordinary differential equation(常微分方程)的缩写，它们都用来解形如

$$y' = \frac{dy}{dt} = f(t, y), \ y(t_0) = y_0$$

的一阶微分方程组在给定初始值时的解。ode 后面的数字不同，表示不同的算法，它只影响解的速度和精度，所以对入门者而言，会一种最简单的 ode23 就行。它的调用格式为

$$[t, y] = ode23(odefun, tspan, y0)$$

其中，输入变元 tspan＝[t0, tf]是自变量的初值和终值数组，y0 是输出变量的初值，ode-fun 则是描述导数的函数 f(t, y)。很大一类微分方程都可以用一阶微分方程组（或向量形式的微分方程）描述，关键就是会列写导数函数 f(t, y)，下面举例说明。

【例 5 - 3 - 7】　用数值积分法求解下列微分方程

$$y'' + ty = 1 - \left(\frac{t}{\pi}\right)^2$$

设初始时间 $t_0 = 0$；终止时间 $t_f = 3\pi$；初始条件 $y(0) = 1$，$y'(0) = 0$。

解：◆ 建模

先将方程化为两个一阶微分方程的方程组，其左端为二维变量的一阶导数。

设 $x_1 = y$，$x_2 = x_1' = y'$，则方程可化为

$$\begin{cases} x_1' = x_2 \\ x_2' = -tx_1 + 1 - \dfrac{t^2}{\pi^2} \end{cases} \tag{5-1}$$

写成矩阵形式为

$$\begin{bmatrix} x_1 \\ x_2 \end{bmatrix}' = \begin{bmatrix} 0 & 1 \\ -t & 0 \end{bmatrix}\begin{bmatrix} x_1 \\ x_2 \end{bmatrix} - \begin{bmatrix} 0 \\ 1 \end{bmatrix}\left(1 - \left(\frac{t}{\pi}\right)^2\right) \Rightarrow x' = Ax + Bu(t)$$

其中，$x = \begin{bmatrix} x_1 \\ x_2 \end{bmatrix}$ 为取代变量 y 的向量，$x' = \begin{bmatrix} x_1 \\ x_2 \end{bmatrix}'$ 为 x 的导数，在程序中用 xdot 表示。变量 x 的初始条件化为 $x(0) = \begin{bmatrix} x_1(0) \\ x_1'(0) \end{bmatrix} = \begin{bmatrix} y(0) \\ y'(0) \end{bmatrix} = \begin{bmatrix} 1 \\ 0 \end{bmatrix}$，这就是待积分的微分方程组的标准形式。

◆ MATLAB 程序

将方程(5 - 1)的右端写成一个函数程序，内容如下：

```
function xdot＝exn537f(t, x)
u＝1－(t.^2)/(pi^2);              %对 t 要符合元素群运算的要求
xdot＝[0, 1; －t, 0] * x ＋ [0; 1] * u;   %向量导数方程
```

主程序如下，它调用 MATLAB 中现成的数值积分函数 ode23 进行积分。

```
clf, t0＝0; tf＝3 * pi; x0＝[0; 0];    %给出初始值
[t, x]＝ode23('exn537f', [t0, tf], x0)   %此处显示结果
y＝x(：, 1);                         %y 为 x 向量的第一列
plot(t, y), grid                     %绘曲线
xlabel('t'), ylabel('y(t)')
```

◆ 程序运行结果

程序运行的结果如图 5 - 33 所示。这个数值积分函数是按精度要求自动选择步长的。它的默认精度为 10^{-3}，因此图中的积分结果是可靠的。若要改变精度要求，则可在调用命令中增加备选变元，具体可键入 help ode23 查找。

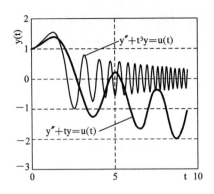

图 5 - 33　例 5 - 3 - 7 数值解与解析解比较

从物理意义上看，这个方程表示了一个变系数的无阻尼振动方程。如果这是一个机械振动，则意味着弹簧刚度随时间成正比地增强，振动频率随之逐渐提高。为了看得更为清楚，设弹簧刚度随时间按三次方增强，即方程的第二项系数为 t^3，则只要把子程序 exn547f 中的核心语句改为

　　　　xdot＝[0, 1; −t.^3, 0] * x ＋[0; 1] * u;

重新运行程序 exn537，就得到频率迅速提高的波形，如图 5 - 33 所示。如果我们在原来的方程中加进 y 的一阶导数项（阻尼项），则也只要在函数子程序中把矩阵的系数作些改动，马上就可以得出新的结果。由此可见，用计算机解题，特别是用数值计算的方法具有极大的优越性，因为像这样的变系数微分方程，极少能求出它的解析解，而求数值解则是可以做到的。

5.3.7　常系数线性微分方程的数值解

第 4 章 4.3.5 节介绍了常系数线性微分方程用 MATLAB 求解的问题。其实这类方程是有解析解的，这个解析解取决于微分方程系数多项式的根。而四次以上多项式的求根却没有解析解，这就要依靠 MATLAB 用数值方法解决代数问题，这个函数称为 residue，根据微分方程左端系数多项式 a 和右端系数多项式 b，就可求出根 p 和留数 r，调用程序为

　　　　[r, p]＝residue(b, a)

读者可以参阅 4.3.5 节的算例，还可参阅第 7 章中机械振动和第 9 章中求系统响应的例题。

5.3.8　符号数学求不定积分

不定积分问题要用符号数学的公式推理功能来解决。而根据本书的指导思想和风格，主要强调数值计算和计算的道理，不把公式推理放在主要的地位。但是工作中如果有这种需要，还是应该利用符号数学的功能来解决，就算是查电子积分表也应该会查，所以也大致地介绍一下这类题的类型和解法。

【例 5 - 3 - 8】　求解下列不定积分。

(a) 求不定积分 $\int x^2 \arctan x dx$ 。

解：因为是不定积分，所以不能用数值方法计算，只能用符号数学工具箱。程序为

　　syms x，y＝x^2 * atan(x)，

　　z＝int(y)

得到

　　y ＝ x^2 * atan(x)

　　z ＝ 1/3 * x^3 * atan(x)－1/6 * x^2+1/6 * log(x^2+1)

（b）用计算机系统解下列积分，并画出解的曲线。

$$y = \int (\cos^2 x + \sin x) dx,\ y(\pi) = 1$$

解：程序为

　　syms x

　　y＝int('(cos(x))^2＋sin(x)')

系统运行的结果为

　　y＝1/2 * cos(x) * sin(x)+1/2 * x－cos(x)+C

代入边界条件，得

　　C＝1－(1/2 * cos(pi) * sin(pi)+1/2 * pi－cos(pi))

结果是

　　C＝－pi/2

代入 y，就得到了此不定积分的特解，可以用它绘图，程序为

　　ezplot('1/2 * cos(x) * sin(x)＋1/2 * x－cos(x)－pi/2')

得到图 5－34。

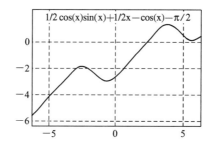

图 5－34　例 5－3－8(b)的图形

（c）用计算机系统解积分 $\int_0^1 e^{-x^2} dx$。

解：程序为

　　syms x，y＝int(exp(－x^2))　　　%不定积分

　　y1＝int(exp(－x^2)，0，1)　　　%定积分

运行结果为

　　y＝1/2 * pi^(1/2) * erf(x)

　　y1＝1/2 * erf(1) * pi^(1/2)

【应用篇中与本节相关的例题】

① 例 6－5－1 和例 6－5－2 计算由元电流生成的磁场积分，得到全部线圈产生的

磁场。

② 例 7 - 1 - 3 导弹跟踪目标的轨迹，根据 x、y 两个方向的速度积分得出轨迹。

③ 例 7 - 1 - 5 有空气阻力下的抛射体轨迹，是微分方程的数字积分求解问题。

④ 例 7 - 2 - 2 悬臂梁的挠度计算，这是纯粹的两次积分问题。

⑤ 例 7 - 2 - 3 简支梁的挠度计算，也是纯粹的两次积分问题。

⑥ 例 7 - 3 - 1 和例 7 - 3 - 2 一自由度自由振动和强迫振动，都是常微分方程求解的典型问题。这两道题用的是解析解，只是用数学软件来求根和绘制波形。

⑦ 例 7 - 3 - 3 两自由度振动，是高阶的矩阵微分方程的问题。本题对于高阶矩阵指数采用了数值解，并且用矩阵对角化的方法，根据其特征值分析振动的模态和求出解析形式的解。

⑧ 例 9 - 1 - 2 任意高阶连续线性系统冲击响应的计算，它实际上是求常系数线性微分方程的解析解，可归结为代数问题，用 MATLAB 多项式函数库来求解。

⑨ 例 9 - 1 - 4 多个放大器串联的脉冲响应仍然属于常系数线性微分方程在初始条件下的解，本题的特殊性在于遇到了重根。要在理论上解决这个问题，相当麻烦，但是用 MATLAB 做一下数值处理，就可以非常方便地求解。从这里可以看出工程师和数学家处理数学问题的区别。

本节习题

1. 分别使用矩形法和梯形法，用 n＝4，10，20，50 个相等的子间隔计算以下定积分题，观察它的计算精度，并作讨论。

(a) $\int_{-\pi}^{\pi} \cos x \, dx = 0$

(b) $\int_{0}^{\pi/4} \sec^2 x \, dx = 1$

(c) $\int_{0}^{1} |x| \, dx = 1$

(d) $\int_{0}^{2} \frac{1}{x} \, dx = 2$

2. 设 $F(x) = \int_{a}^{x} f(t) dt$，试对下列各题：

(a) $f(x) = 2x^4 - 17x^3 + 46x^2 - 43x + 12$，$[0, 9/2]$

(b) $f(x) = \sin 2x \cos \frac{x}{3}$，$[0, 2\pi]$

(c) $f(x) = x \cos \pi x$，$[0, 2\pi]$

(i) 按给定的区间[a，b]画出函数 f(x) 和 F(x)；

(ii) 解方程 $F'(x) = 0$ 得到 x，观察在这些点上 f 和 F 曲线有什么特点；

(iii) 画出函数 $f'(x)$ 和 F(x)的对应关系，观察在 $f'(x) = 0$ 处，F 曲线有何特点。

3. 对下列各题

(a) $f(x) = x^3 + x^2$，$-1 \leqslant x \leqslant 1$

(b) $f(x)=\sin(\pi x^2)$, $0\leqslant x\leqslant\sqrt{2}$

(c) $f(x)=\dfrac{x-1}{4x^2+1}$, $-\dfrac{1}{2}\leqslant x\leqslant 1$

(i) 按给定区间画出曲线以及按 n＝2，4，8 份分割区间的割线；

(ii) 用这些线段长度之和近似计算弧长；

(iii) 用积分来估算弧长，并与用割线计算的结果比较，进行讨论。

4. 用计算机系统对以下各题：

(a) $f(x)=\dfrac{x^3}{3}-\dfrac{x^2}{2}-2x+\dfrac{1}{3}$, $g(x)=x-1$

(b) $f(x)=\dfrac{x^4}{2}-3x^2+10$, $g(x)=8-12x$

(c) $f(x)=x+\sin(2x)$, $g(x)=x^3$

(i) 在同一幅图中画出两个方程的曲线；

(ii) 求出各交点；

(iii) 求出各相邻交点之间 $|f(x)-g(x)|$ 的积分及各段积分之和。

5. 对下列图形，分别求它们绕 x 轴及 y 轴回转所得的旋转体的体积。

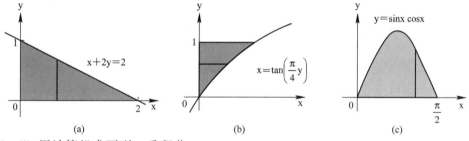

(a)　　　　　　　　　　(b)　　　　　　　　　　(c)

6. (i) 用计算机求下列二重积分；

(ii) 把积分次序颠倒，再算一次，对结果进行比较。

(a) $\displaystyle\int_1^3\int_1^x\dfrac{1}{xy}\,\mathrm{d}y\mathrm{d}x$

(b) $\displaystyle\int_0^1\int_0^1 e^{-(x^2+y^2)}\,\mathrm{d}y\mathrm{d}x$

7. 用数值方法在给定的立体区域内对所给函数求三重积分。

(a) $F(x,y,z)=x^2y^2z$，由圆柱体 $x^2+y^2=1$ 和两平面 $z=0$, $z=1$ 所围成的区域；

(b) $F(x,y,z)=|xyz|$，由抛物体 $x^2+y^2=z$ 和上部平面 $z=1$ 所围成的区域。

8. 求方程 $y''+xy'+y=0$, $y|_{x=1}=0$, $y'|_{x=1}=5$ 在区间[0，4]上的近似解。

5.4　数　列　和　级　数

5.4.1　数列的表示方法

　　数列就是自变量为自然整数时的函数。MATLAB 中的元素群运算特别适合于简明地表达数列，可省去其他语言中的循环语句。下面就是一些例子：

n＝1：6

1. /n ＝ 1.0000　　0.5000　　0.3333　　0.2500　　0.2000　　0.1667

(－1).^n. /n ＝ －1.0000　　0.5000　　－0.3333　　0.2500　　－0.2000　　0.1667

1. /n. /(n＋1) ＝ 0.5000　　0.1667　　0.0833　　0.0500　　0.0333　　0.0238

左端的算式是表示这个数列产生方法的"通项"，它必须符合元素群运算的规则，所以要充分注意用点乘、点除和点幂。例如，(－1).^n 就是产生交项数列符号位的算式，它在 n 取偶数时为正，在 n 取奇数时为负。但某些情况下，当产生数列的运算中包含数组运算时，就不可避免地要用到 for 循环，比如计算 n!（n 的阶乘），它应该写成 prod(1:n)，其中的 n 就不能是数组，因为 prod(1:n) 中已用了数组[1:n]。这时必须用

for k＝1:6 x(k)＝1/prod(1:k); end, x

得 x ＝ 1.0000　　0.5000　　0.1667　　0.0417　　0.0083　　0.0014

在 MATLAB 中对数列 a_n 随 n 的增加而变化的趋向问题，很容易用计算其数值并作图的方法来解决，但要求数列在 n→∞时的极限时，往往要借助于符号数学，可以从下面的实例看出。

【例 5 - 4 - 1】 对以下各序列：

(a) $a_n = \sqrt[n]{n}$

(b) $a_n = \left(1 + \dfrac{0.5}{n}\right)^n$

(c) $a_n = \sin n$

(d) $a_n = n \sin\left(\dfrac{1}{n}\right)$

(i) 计算并画出各序列的前 25 项，判断它们是否收敛。若收敛，则极限 L 是多少？

(ii) 如果序列收敛，找到数 N，使得 n＞N 后的 a_n 都有 $|a_n - L| \leqslant 0.01$。如果要离极限 L 小于 0.0001，则序列该取多长？

解：只要会写通项的表达式，程序是很简单的。用数值计算方法时，四个题的程序可编在一起，如下：

```
n＝1：25;
a1＝n.^(1. /n);
a2＝(1＋0.5. /n).^n;
a3＝sin(n);
a4＝n. * sin(1. /n);
plot(n, a1, n, a2, n, a3, n, a4)          %画四根曲线
legend('a1', 'a2', 'a3', 'a4')            %给曲线加标注
```

得到的数列如图 5 - 35 所示。在计算机屏幕上，四根曲线将用不同的颜色区分和标注，在黑白印刷的书上只好另加字母。可以初步判断，除了 a3 以外，其他三组数列在 n→∞时都分别趋向于极限 L1、L2、L4。

极限最好用符号数学来求解，主要的不同是自变量 n 应设为符号变量，所有的函数也要重写一次，使它们也成为符号因变量，最好是在程序开始处用 clear 命令清除掉前面的程序在工作空间中生成的同名数值变量。语句如下：

```
clear，syms n
L1＝ limit(n^(1/n)，inf)
％为了缩短语句，也可写成两句：a1＝ n^(1/n)，L1＝ limit(a1，inf)
L2＝ limit((1＋0.5./n).^n，inf)
L4＝ limit(n.＊sin(1./n)，inf)
```

程序运行后，得到 L1＝1，L2＝exp(1/2)，L4＝1。

关于第(ii)问，可以用试凑的办法，例如对题(a)，键入：

```
n＝input('n＝ ')，e ＝ n^(1/n)－L1
```

输入不同的 n，看它的误差 e 何时小于规定值。得到的结果是

N＝652，abs(e)＜0.01；

N＝116678，abs(e)＜0.0001；

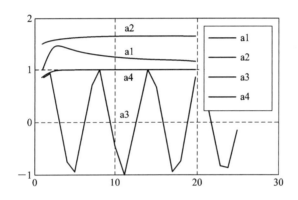

图 5 - 35　题 5 - 4 - 1 中四个小题的数列图形

　　当然，也可以编写较复杂的自动判别程序或利用 MATLAB 中的解方程函数，但这里又限制了 N 只能取整数解，涉及的问题较多，我们就不深究了，有兴趣的读者可自己考虑。

5.4.2　常数项级数

　　无穷数列的累加称为级数，当取其前面若干有限项时，得到的是部分和。数列 a 累加形成的新序列可用 s＝cumsum(a)实现，如果 a 的长度是 n，则 s 的长度也是 n，即每一个 s(k)是数组 a 中前 k 项的和。注意 cumsum 与 sum 命令的区别，若 ss＝sum(a)，得到的是一个数，是序列 s 中最后一项 ss＝s(n)，因为它是把 a 中 n 个元素加在一起得到的最后结果。

　　MATLAB 中同样有符号数学的累加命令，要注意它与数值计算的差别，主要是符号数学中没有数组累加成数组的命令，只有一个求总和的累加命令 symcum。

　　【例 5 - 4 - 2】　设级数 (a) $s_1 ＝ \sum_{n=1}^{\infty} \dfrac{1}{n^2}$，(b) $s_2 ＝ \sum_{n=1}^{\infty} \dfrac{1}{n}$，试观察它们的部分和序列变化的趋势，如果是收敛的，计算出它们在 n→∞时的极限值。

　　解：(1)用数值方法计算的程序如下：

```
clear，n＝input('n＝ ')；k＝1：n；
```

```
a1＝1./k.^2；s1＝cumsum(a1)；          ％求数列 a1 及其部分和 s1
a2＝1./k；s2＝cumsum(a2)；            ％求数列 a2 及其部分和 s2
plot(k，s1，k，s2)，grid on          ％绘图
s1(end)，s2(end)                    ％求部分和数列中最后一项
```
　　键入 n＝20 时，得到图 5 - 36，数值结果为

　　　　s1(end) = 1.59616324391302

　　　　s2(end) = 3.59773965714368

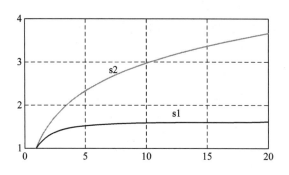

图 5 - 36　例 5 - 4 - 2 的级数部分和曲线

　　我们只能从图形上猜测 s1 会趋向于一个极限，而 s2 就难说了。

　　可以通过不断加大 n，观察 s1(end)和 s2(end)的变化来进一步判断它们是否趋向于某极限，并找到这个极限值。这在工程上可以接受，但从数学上来讲是不严格的。

　　(2) 用符号数学求和方法，程序为

```
clear，syms k，
ss1_20＝symsum(1/k^2，1，20)         ％求前 20 项数列 a1 之和
ss1＝symsum(1/k^2，1，inf)           ％求无穷项数列 a1 之和
ss2＝symsum(1/k，1，inf)             ％求无穷项数列 a2 之和
```
　　结果为

　　　　ss1_20 = 17299975731542641/10838475198270720

　　　　ss1 ＝1/6 ∗ pi^2

　　　　ss2 ＝ inf

可见常数项级数 s2 是不收敛的。为了算出级数 s1 部分以及极限的具体数值，要把算出的有理分式或符号变量变为双精度数，键入

　　　　double(ss1_20)，double(ss1)，

得到

　　　　ss1_20 = 1.59616324391302

　　　　ss1 = 1.64493406684823

5.4.3　函数项级数

　　【例 5 - 4 - 3】　利用幂级数计算指数函数。

解：◆ 建模

我们知道，指数可以展开为幂级数

$$e^x = 1 + x + \frac{x^2}{2!} + \frac{x^3}{3!} + \cdots + \frac{x^n}{n!} + \cdots$$

其通项为 x^n/prod(1：n)，因此用下列循环相加程序就可以计算出这个级数：

x＝input('x＝ ')；n＝input('n＝ ')；y＝1；　　　　%输入原始数据，初始化 y

for i＝1：n　y＝y＋x^i/prod(1：i)；end，y　　　　%将通项循环相加 n 次，得 y

分别代入 x＝1，2，4，−4 四个数，取 n＝1～10，结果如表 5−1 所示。

表 5−1　例 5−4−3 程序运行结果

n	exp(x)			
	x＝ 1	2	4	−4
1	2.00000000	3.00000000	5.00000000	−3.00000000
2	2.50000000	5.00000000	13.00000000	5.00000000
3	2.66666667	6.33333333	23.66666667	−5.66666667
4	2.70833333	7.00000000	34.33333333	5.00000000
5	2.71666667	7.26666667	42.86666667	−3.53333333
6	2.71805556	7.35555556	48.55555556	2.15555556
7	2.71825397	7.38095238	51.80634921	−1.09523810
8	2.71827877	7.38730159	53.43174603	0.53015873
9	2.71828153	7.38871252	54.15414462	−0.19223986
10	2.71828180	7.38899471	54.44310406	0.09671958
有效数位	7	4	2	0

可以看出这个简单的程序虽然原理上正确，但不好用，精度差别很大，主要问题有：

(1) 只能用于单个标量 x 的计算，不能用于 x 的数组运算；

(2) 当 x 为负数时，它成为交项级数，收敛很慢；

(3) 此程序要做 $n^2/2$ 次乘法，n 很大时，乘法次数太多，计算速度低；

(4) 若 x 较大，则 n 就要非常大才能达到精度要求，因此 n 由用户来输入不科学，应该由软件按精度要求来选。

◆ 程序改进的方法

(1) 考虑到数组输入，程序如下：

x＝input('x＝(可以是数组)')；　　　　　　　%输入 x 数组

n＝input('项数 n＝')；y＝ones(size(x))；　　　%输入 n，初始化 y

for i＝1：n

　　y＝y＋x.^i/prod(1：i)；　　　　　　　　　　　　%循环相加

　　s1 = sprintf('%13.0f', i)；s2 = sprintf('%15.8f', exp1)；%结果变为字符串

　　disp([s1, s2])　　　　　　　　　　　　　　　%显示

end

执行此程序并输入 x＝[1，2，4，－4]及 n＝10，可一次得出表 5－1 所示的计算结果。

（2）可以利用 exp(－x)＝1/exp(x)来避免交项级数的计算。

（3）设一个增量变量 z，它的初始值为 z＝ones(size(x))，把循环体中的计算语句改成

$$y＝y＋z;\quad z＝x.*z/i$$

这样求得的 z 就是 z＝x.^i/i!，于是每个循环只需做一次乘法，计算整个级数只需进行 n 次乘法运算。按这种算法，y 的初始值应改为 y＝zeros(size(x))。

（4）如果要按精度选择循环次数，就不能用 for 循环，而应用 while 语句，它可以设置循环继续的条件语句。通常可取|z|＞tol，tol 是规定的允许误差。只要相邻两次的 y 值之差大于 tol，循环就继续进行，直至小于 tol 为止。

为了使 x 不致太大，还可以利用关系式 exp(x)＝(exp(x/k))k，令 x1＝x/k，k 通常取 2 的整数幂，且 k 值应大于而最靠近 x(在 MATLAB 中，可取 k＝2^nextpow2(x))。例如 x＝100，就取 k＝2^7＝128，这样保证 x1 的绝对值小于 1，级数收敛得很快，取十项保证有 7 位有效数。而 exp(x1)^{128}可化成 x＝$(\cdots((exp(x1))^2)^2\cdots)^2$，即 exp(x1)的七次自乘，用七次乘法就可以完成。这样既保证了精度，又提高了速度。

【例 5－4－4】 把一个多项式用泰勒级数表示，显示不同阶数对逼近程度的影响。

解： ◆ 建模

一个多项式函数可以精确地用泰勒公式展开，但必须取足够高的阶数(等于多项式的次数)，否则就会产生误差。在 MATLAB 中，多项式可以用其系数向量来表示，求值和求导用 polyval 和 polyder 命令，可参阅本书 4.3 节。

设多项式 $f(x)＝a_n x^n＋a_{n-1}x^{n-1}＋\cdots＋a_1 x＋a_0$，则它在 $x＝x_0$ 附近展开的 n 阶泰勒公式为

$$f(x)＝f(x_0)＋\frac{f'(x_0)}{1!}(x-x_0)＋\frac{f''(x_0)}{2!}(x-x_0)^2＋\cdots＋\frac{f^{(n)}(x_0)}{n!}(x-x_0)^n$$

这个公式是精确的，没有误差项。

◆ MATLAB 程序

此程序最高只到三阶，如果 length(a)的长度不大于 4，则其高阶泰勒展开式完全精确；如果 length(a)大于 4，就会有误差。读者可自行试算，并考虑如何编写更完美的程序。

```
a＝input('输入多项式系数向量 a＝[  ]＝');              ％输入参数
x0＝input('输入展开点的坐标值 x0＝');
[xm]＝input('输入展开的坐标区间[xmin，xman]＝[  ]＝');
x＝linspace(xm(1)，xm(2))；                        ％设定自变量数组
y＝polyval(a，x)；y0＝polyval(a，x0)；   ％求 y 的准确值和 y 在 x0 点的值 y(x0)
Da＝polyder(a)，Dy0＝polyval(Da，x0)；        ％求 x0 点的一阶导数的值
D2a＝polyder(Da)，D2y0＝polyval(D2a，x0)；      ％求 x0 点的二阶导数的值
D3a＝polyder(D2a)，D3y0＝polyval(D3a，x0)；     ％求 x0 点的三阶导数的值
yt(1，:)＝ya＋Dy0*(x-x0)；                    ％求 y 的一阶泰勒展开
yt(2，:)＝yt(1，:)＋D2y0*(x-x0).^2/prod(1:2)；     ％求 y 的二阶泰勒展开
yt(3，:)＝yt(2，:)＋D3y0*(x-x0).^3/prod(1:3)；     ％求 y 的三阶泰勒展开
plot(x，y，'.'，x，yt(1:3，:))，grid            ％绘图，准确值用点线表示
```

◆ 程序运行结果

输入

　　a＝[2，－3，4，5]；

　　x0＝1；xmin＝0；xmax＝2；

得出图 5 - 37 所示的三根曲线，本来应有四根，因为我们输入的多项式系数向量长度为 4，但有两根曲线是重合的，所以省略了。读者可试验输入更长的 a 来比较其结果。

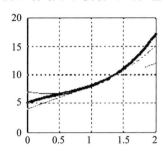

图 5 - 37　多项式的不同阶泰勒展开

【例 5 - 4 - 5】　编写演示任意函数展开为各阶泰勒级数的程序，并显示其误差曲线。

解：◆ 建模

任意函数 y＝f(x) 的泰勒展开式如下：

$$f(x)=f(x_0)+\frac{f'(x_0)}{1!}(x-x_0)+\frac{f''(x_0)}{2!}(x-x_0)^2+\cdots+\frac{f^{(n)}(x_0)}{n!}(x-x_0)^n+R_n(x)$$

其中 $R_n(x)$ 为余项，也就是泰勒级数展开的误差。

◆ MATLAB 程序

```
fxs＝input('输入 y＝f(x)的表达式'，'s')；        %输入的 fxs 是字符串
K＝input('输入泰勒级数的展开阶数 K＝')；
a＝input('展开的位置 x0＝')；
b＝input('展开的区间半宽度 b＝')；
x＝linspace(a－b，a＋b)；                %构成自变量数组，确定其长度和步长
lx＝length(x)；dx＝2*b/(lx－1)；            %自变量数组的长度和间距
y＝eval(fxs)；                        %求出 y 的准确值
subplot(1，2，1)，plot(x，y，'.')，hold on    %y 的准确曲线用点线绘出
%求出 a 点的一阶导数，注意求导后数组长度减小 1
Dy＝diff(y)/dx；Dya(1)＝Dy(round((lx－1)/2))；   %求 y 的一阶导数
yt(1，:)＝y(round(lx/2))＋Dya(1)*(x－a)；       %求 y 的一阶泰勒展开，绘图
plot(x，yt(1，:))
e＝zeros(K，lx)；e(1，:)＝y－yt(1，:)；          %求一阶泰勒展开的误差
for k＝2：K
   Dy＝diff(y，k)/(dx^k)；Dya(k)＝Dy(round((lx－k)/2))；  %求出 a 点 k 阶导数
   yt(k，:)＝yt(k－1，:)＋Dya(k)/prod(1：k)*(x－a).^k；   %求出 y 的 k 阶展开
   plot(x，yt(k，:))，                         %绘图
```

```
        e(k，:)＝y－yt(k，:);                              %求出 yt 的误差
    end
    title([fxs，'的各阶泰勒级数曲线'])，                    %注意如何组成标注的字符串
    grid，hold off，subplot(1，2，2)
    for k＝1:K   plot(x，e(k，:))，hold on，end     %绘制误差曲线
    title([fxs，'的各阶泰勒级数误差'])，grid，hold off
```

◆ 程序运行结果

输入 fxs＝cos(x)，K＝5，a＝0.5，b＝2，所得的曲线如图 5－38 所示。读者可改变其坐标系范围以仔细观察最关心的部分。可以看出，泰勒展开的阶数愈高，它与原来函数在相同的自变量区间内误差就愈小，即愈逼近原来的函数。读者可输入其他函数作验算，其结果是相仿的。注意输入函数的表达式应符合元素群运算规则。

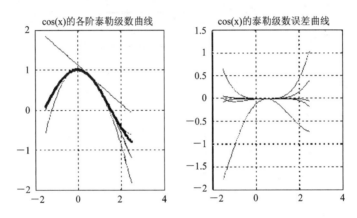

图 5－38　通用泰勒级数程序在 cos(0.5)附近展开的运行结果

以上我们是用数值方法求出 y 的各阶导数，再组成级数的。MATLAB 的符号数学工具箱还给出了直接计算麦克劳林级数展开的命令 taylor。在本题中，其调用格式如下：

　　　syms x，f1＝taylor(cos(x)，8)

得到

$$f_1(x)=1-\frac{1}{2}x^2+\frac{1}{24}x^4-\frac{1}{720}x^6$$

第二个变元是展开式的阶数。这样得出的是 cosx 的 8 阶麦克劳林级数的解析式。如果第二个输入变元 a 不是整数，那么它就代表在 x＝a 附近展开的泰勒级数。此时阶数就规定为 5，不能由用户指定了。例如键入

　　　syms x，f1＝taylor(cos(x)，8.1)

得到

$$f_1(x)=\cos(8.1)-\sin(8.1)(x-8.1)-\frac{1}{2}\cos(8.1)(x-8.1)^2$$

$$+\frac{1}{6}\sin(8.1)(x-8.1)^3+\frac{1}{24}\cos(8.1)(x-8.1)^4$$

$$-\frac{1}{120}\sin(8.1)(x-8.1)^5$$

5.4.4　傅里叶级数

任何周期为 2π 的满足狄利克雷条件的函数 $f(x)$，都可以用傅里叶级数表示为

$$f(x) = A_0 + \sum_{k=1}^{\infty} A_k \sin(kx + \varphi_k) = \frac{a_0}{2} + \sum_{k=1}^{\infty} (a_k \cos kx + b_k \sin kx), \quad (-\pi \leqslant x < \pi)$$

其中

$$a_k = \frac{1}{\pi} \int_{-\pi}^{\pi} f(x) \cos kx \, dx, \quad (k = 0, 1, 2, \cdots)$$

$$b_k = \frac{1}{\pi} \int_{-\pi}^{\pi} f(x) \sin kx \, dx, \quad (k = 1, 2, 3, \cdots)$$

如果定积分存在，就称为函数 $f(x)$ 的傅里叶系数，因此将一个任意周期函数 $f(x)$ 展开为傅里叶级数的问题，就归结为计算上述定积分求傅里叶系数的问题。

利用上节中定积分计算的方法，不难写出求任意周期序列的傅里叶系数的 MATLAB 程序。设函数 $f(x)$ 定义在 $x=[-\pi,\pi]$ 区间内，周期为 2π。将其区间均分为 N 点，即步长为 $dx = 2*pi/(N-1)$。如果知道在这些 x 点处的函数 f，则 f 数组的长度也是 N，把上面的系数公式写成 MATLAB 程序，k 阶傅里叶系数可用下面的语句求得：

```
ak＝trapz(f. * cos(k * x))/pi * dx
bk＝trapz(f. * sin(k * x))/pi * dx
```

【例 5 - 4 - 6】　编写计算以 $x=[-\pi,\pi]$ 为周期的任意函数的傅里叶系数的 MATLAB 程序，并用下面两个函数进行检验：

(a) $f(x) = \begin{cases} x, & -\pi \leqslant x < 0 \\ 0, & 0 \leqslant x < \pi \end{cases}$　　　　(b) $f(x) = x \sin x$

解： ◆ 建模

根据上述原理，编写程序的思路为：

（1）首先输入自变量 x 和因变量 f 数组。x 数组的范围为 $[-\pi,\pi]$，取的点数应在精度与速度之间折衷。假如要求的最高阶次为 n，为保证每个正余弦周期内至少有 N 个样本点，则点数不应少于 n×N。为了让 0 点也在序列中，分割的点数应取奇数，间隔数则是偶数。

（2）因变量 f 数组，可以用两种方法给出：一是直接给出它的数值数组，需要注意的是其长度必须与自变量数组相同；二是将它表达为自变量的函数，函数的表达式必须符合元素群运算的规则。

（3）在运用求傅里叶系数的计算式时，要注意 k 是变化的，算出 $k=0,1,\cdots,n$ 的各阶傅里叶系数，需要用 for 循环，同时注意要清晰地显示这些系数。

（4）为了检验所求得的傅里叶系数的正确性，可以用这些傅里叶系数构成傅里叶级数 f1(x)，画出它的曲线，与原始输入函数 f(x) 进行对比。完成这样的工作，在没有计算机时很费时间，而利用 MATLAB 程序，则可以轻而易举地解决。

根据上述思路编出如下程序（与实际运行的程序相比，已作了一些省略）。

◆ MATLAB 程序

```
x＝linspace(-pi,pi,1001);        %[-pi,pi]内长为 1001 的 x 数组及步长组
dx＝2 * pi/1000;                 %步长
```

```
f=input('输入 f=(长度为 1001 点的数组)');        %用户输入长为 1001 的 f 数组
n=input('傅里叶系数的阶数 n= ')                   %用户给出需要的阶数
a0=trapz(f)/pi * dx                              %计算傅里叶系数 a0
for k=1:n
      a(k)=trapz(f. * cos(k * x))/pi * dx;       %计算傅里叶系数 a(k)
      b(k)=trapz(f. * sin(k * x))/pi * dx;       %计算傅里叶系数 b(k)
      disp([k,a(k),b(k)])                        %显示系数
end
pause,f1=a0/2 * ones(size(x));                   %以 a0 为基础,构造傅里叶级数
for k=1:n
      f1=f1+a(k) * cos(k * x)+b(k) * sin(k * x);    %累加各项傅里叶级数
end
subplot(1,2,1),plot(x,f),subplot(1,2,2),plot(x,f1)%在两个分图上画出两种波形
```

◆ 程序运行结果

（a）运行此程序，在输入 f 的提示后键入数组[x(1:501),zeros(1,500)]

（b）运行此程序，在输入 f 的提示后键入函数 x. * sin(x)

傅里叶系数均取到 9 阶，得到的图形如图 5 - 39 和 5 - 40 所示，得到的数据见表 5 - 2。

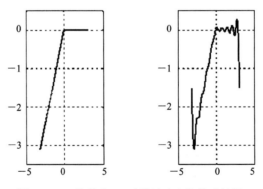

图 5 - 39 信号为(a)时傅里叶变换前后波形

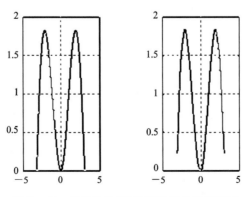

图 5 - 40 信号为(b)时傅里叶变换前后波形

表 5 - 2 两种函数 f 所对应的傅里叶系数表

	(a) f=[x(1:501), zeros(1,500)]		(b) f=x. * sin(x)	
k	a(k)	b(k)	a(k)	b(k)
0	−1.5708		2.0000	
1	0.6366	1.0000	−0.5000	−0.0000
2	−0.0000	−0.5000	−0.6667	0.0000
3	0.0707	0.3333	0.2500	−0.0000
4	−0.0000	−0.2500	−0.1334	0.0000
5	0.0255	0.2000	0.0834	−0.0000
6	0.0000	−0.1666	−0.0572	0.0000
7	0.0130	0.1428	0.0417	−0.0000
8	0.0000	−0.1250	−0.0318	0.0000
9	0.0079	0.1111	0.0250	−0.0000

从以上的结果可以看出，傅里叶级数在函数的间断点附近误差是比较大的，由此也可以理解为什么狄利克雷条件与函数的间断点数量有关。对于连续平滑的曲线，不必用很高阶次的傅里叶级数就能较好地近似描述它。

【例 5 - 4 - 7】 方波可用相应频率的基波及其奇次谐波合成，这也是将它展开为正弦级数的出发点。现要求用 MATLAB 来演示这一结论。

解：

◆ 建模

一个以原点为奇对称中心的方波 y(t) 可以用奇次正弦波的叠加来逼近，即

$$y(t) = \sin t + \frac{1}{3}\sin 3t + \frac{1}{5}\sin 5t + \cdots + \frac{1}{(2k-1)}\sin(2k-1)t \quad (k=1,2,3,\cdots)$$

方波宽度为 π，周期为 2π，可以用 MATLAB 程序来检验这种逼近的程度和特征。

◆ MATLAB 程序

```
t＝linspace(0, pi, 501);                        %设定时间数组，它有 501 个点
y＝sin(t); plot(t, y), pause                     %频率为 w＝1(f＝1/2π)的正弦基波
y＝sin(t) + sin(3 * t)/3; plot(t, y), pause      %叠加三次谐波
%用 1, 3, 5, 7, 9 次谐波叠加
y＝sin(t)+sin(3 * t)/3+sin(5 * t)/5+sin(7 * t)/7+sin(9 * t)/9;
plot(t, y), pause
%为了绘制三维曲面，要把各次波形数据存为一个三维数组，所以必须重新定
%义 y，重新编程。由于打算求到 19 次谐波，因此开始就把点取得较密
y＝zeros(10, max(size(t))); x＝zeros(size(t));
for k＝1：2：19
x＝x + sin(k * t)/k; y((k+1)/2, :)＝x;           %叠加各次谐波
end
```

%将各波形叠合绘出

pause, plot(t, y(1:9,:)),

%将各波形绘成三维网格图，看出增加谐波阶次对方波逼近程度的影响

pause, mesh(y, k, t), pause

◆ 程序运行结果

程序运行中将出现多幅画面，这里只给出最后得出的三维曲面图，如图 5 - 41 所示。取的阶次愈高，愈接近于方波，但总是消除不了边缘上的尖峰，这称为吉布斯效应。可以在命令窗内再键入命令

rotate3d

然后用鼠标拖动三维曲面旋转，就容易看清吉布斯效应。

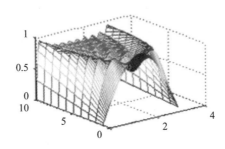

图 5 - 41　不同次数谐波叠合的三维曲面

通过本例，说明傅里叶级数的阶数愈高，其合成的波形愈接近于原函数波形。该例题还解释了在原函数的间断点附近出现的吉布斯效应。

本节习题

1. 对下列各序列，计算并画出其前 25 项，判断它们是否收敛。若收敛，则极限 L 是多少？

(a) $a_n = \dfrac{\sin n}{n}$　　　　　　(b) $a_n = \dfrac{\ln n}{n}$

(c) $a_n = (0.9999)^n$　　　(d) $a_n = 123456^{1/n}$

2. 画出级数 $\displaystyle\sum_{n=1}^{\infty} (-1)^{n-1} \dfrac{1}{n}$ 的部分和分布图。

3. 对下列级数，(i) 求前 25 项的和；(ii) 求 N→∞ 时级数的和。

(a) $\displaystyle\sum_{k=1}^{N} \dfrac{k}{2^k}$　　　　　(b) $\displaystyle\sum_{k=1}^{N} \dfrac{1}{(2k-1)^2}$　　　　　(c) $\displaystyle\sum_{k=1}^{N} \dfrac{8^k}{k!}$

4. 设序列 $a_n = \dfrac{1}{n^3 \sin^2 n}$。

(i) 求出并画出它前 400 个点的图形；

(ii) 求出其前 400 个点范围内的部分和 $s_k = \displaystyle\sum_{n=1}^{k} \dfrac{1}{n^3 \sin^2 n}$ ，并画出(k, s_k)曲线；

(iii) k=355 时，s_k 与数 355/113 有什么关系？k 达到多少时又会出现类似的现象？

5. 求幂级数 $\displaystyle\sum_{k=1}^{\infty}\frac{(x-1)^{2k+1}}{(-5)^k}$ 的收敛域及函数。

6. 设(a) $f(x)=\dfrac{x}{x^2+1}$，(b) $f(x)=(1+x)\ln(1+x)$，求 $f(x)$ 的 5 阶和 10 阶麦克劳林多项式，把两个多项式和函数的图形画在同一坐标系中。

7. 对下列函数

(a) $f(x)=\dfrac{1}{\sqrt{1+x}}$，$|x|\leqslant\dfrac{3}{4}$　　　(b) $f(x)=(1+x)^{3/2}$，$-\dfrac{1}{2}\leqslant x\leqslant 2$

(c) $f(x)=\cos x\sin 2x$，$|x|\leqslant 2$　　(d) $f(x)=e^{-x}\cos 2x$，$|x|\leqslant 1$

(i) 在 $x=0$ 处求出一次、二次和三次泰勒多项式 $p_1(x)$，$p_2(x)$，$p_3(x)$；

(ii) 在给定的区间把函数和三个近似多项式的图形画在同一幅图上；

(iii) 讨论在给定的区间中，用三种近似式替代原函数的最大误差是多少？

8. 对下列周期性函数(周期为 $[-\pi,\pi]$)，求出其 $0\sim 9$ 阶傅里叶级数的系数。

(a)　　　　　　　　　　(b)　　　　　　　　　　(c)

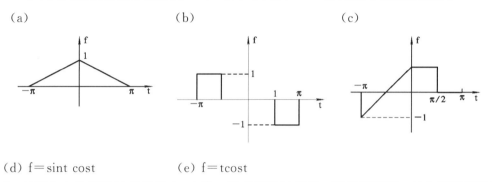

(d) $f=\sin t\cos t$　　　　(e) $f=t\cos t$

9. 对题 8 中的傅里叶系数取 $0\sim 3$ 阶，组成傅里叶级数，画出其图形，与上题的原始图形作比较，试讨论：如果傅里叶系数不包含零阶，那么得出的结果又如何？

5.5　线　性　代　数

线性代数的主要特点是靠大量重复性的四则运算来解题，当用笔算或计算器计算时，因为用的模型是单个数与数的运算，随着方程元数 N 的增加，运算的次数按 N 的平方或立方增加，出错的概率也迅速增长，所以笔算只能解三阶以下的问题。用这种方法去解决高阶的问题，读者就会感到抽象、冗繁和枯燥。用计算机计算时，利用的是矩阵模型，它的运算对象是由庞大的数据群组成的矩阵，所以解几十、几百、几千元的方程都易如反掌。只要给出原始数据列成的矩阵，键入一两个命令就可以得出准确的结果，把冗繁变得简单。MATLAB 的作图能力很强，容易把抽象的问题形象化；又由于其解题简捷，很容易在课程中引入并解决大量的应用例题，因此使得原本枯燥的课程变得丰富多彩。

线性代数解决的实际问题大体上分三类：① 求线性代数方程组(包括欠定、适定和超定)的解；② 分析向量的线性相关性；③ 矩阵的特征值与对角化。下面的例题主要围绕这几个方面展开。它所用到的函数都在表 4 - 4 中，常用的不过 10 多个，如 rref、det、inv、pinv、rank、cond、eig、poly 等。

5.5.1 线性方程组的解

【例 5 – 5 – 1】 用矩阵的初等变换将 $A = \begin{bmatrix} 1 & 0 & 7 \\ 4 & 1 & 5 \\ 2 & -1 & 9 \end{bmatrix}$ 消元为一个上三角阵，说明各

初等变换等价的变换乘子 B。

解：程序如下：

A＝[1 0 7；4 1 5；2 −1 9]；A0＝A   ％输入 A，并保留一个备份

A(2，：)＝−A(2,1)/A(1,1)＊A(1,：)＋A(2,：)；A1＝A，B1＝A1/A0

　　　　　　　　　　　　　　　％消去 A(2,1)，求 B1

A(3，：)＝−A(3,1)/A(1,1)＊A(1,：)＋A(3,：)；A2＝A，B2＝A2/A1

　　　　　　　　　　　　　　　％消去 A(3,1)，求 B2

A(3，：)＝−A(3,2)/A(2,2)＊A(2,：)＋A(3,：)；A3＝A，B3＝A3/A2

　　　　　　　　　　　　　　　％消去 A(3,2)，求 B3

B0 ＝ A3/A0   ％求三次初等变换的总的等价乘子

得

$$
\begin{array}{ll}
A1 = \begin{matrix} 1 & 0 & 7 \\ 0 & 1 & -23 \\ 2 & -1 & 9 \end{matrix} &
B1 = \begin{matrix} 1 & 0 & 0 \\ -4 & 1 & 0 \\ 0 & 0 & 1 \end{matrix} \\[2em]
A2 = \begin{matrix} 1 & 0 & 7 \\ 0 & 1 & -23 \\ 0 & -1 & -5 \end{matrix} &
B2 = \begin{matrix} 1 & 0 & 0 \\ 0 & 1 & 0 \\ -2 & 0 & 1 \end{matrix} \\[2em]
A3 = \begin{matrix} 1 & 0 & 7 \\ 0 & 1 & -23 \\ 0 & 0 & -28 \end{matrix} &
B3 = \begin{matrix} 1 & 0 & 0 \\ 0 & 1 & 0 \\ 0 & 1 & 1 \end{matrix} \\[2em]
& B0 = \begin{matrix} 1 & 0 & 0 \\ -4 & 1 & 0 \\ -6 & 1 & 1 \end{matrix}
\end{array}
$$

　　请读者从三次消元中归纳出消元法的语法规则。如果选第 i 行为基准行，其第 k 列的元素为基准元素，则要把第 j 行第 k 列的元素消元为零，应该执行下列程序：

A(j，：)＝−A(j,k)/A(i,k)＊A(i，：)＋A(j，：)

可以专门编成一个消元子程序。

　　读者还可以观察这几个初等变换矩阵的构成特点。不难验证 B0＝B3＊B2＊B1。要注意，这几个乘子相乘的次序是不能颠倒的。

【例 5 – 5 – 2】 解下列代数方程组：

$$
\begin{aligned}
6x_1 + x_2 + 6x_3 - 6x_4 &= 7 \\
x_1 - x_2 + 9x_3 + 9x_4 &= 5 \\
-2x_1 + 4x_2 - 4x_4 &= -7 \\
4x_1 + 2x_2 + 7x_3 - 5x_4 &= -9
\end{aligned}
$$

解：可以把线性方程组写成矩阵方程 A＊x＝b，其中

$$A = \begin{bmatrix} 6 & 1 & 6 & -6 \\ 1 & -1 & 9 & 9 \\ -2 & 4 & 0 & -4 \\ 4 & 2 & 7 & -5 \end{bmatrix}, \quad x = \begin{bmatrix} x_1 \\ x_2 \\ x_3 \\ x_4 \end{bmatrix}, \quad b = \begin{bmatrix} 7 \\ 5 \\ -7 \\ -9 \end{bmatrix}$$

解这个矩阵方程可以用下列几种方法：

方法一：用消元法将其增广矩阵[A，b]化为最简行阶梯形式（Reduced Row Echelon Form）。MATLAB 用它第一个字母的缩写 rref 作为命令。程序如下：

　　A＝[6，1，6，−6；1，−1，9，9；−2，4，0，−4；4，2，7，−5]；

　　b＝[7；5；−7；−9]　　U＝rref([A，b])

程序运行的结果为

$$U = \begin{bmatrix} 1.00 & 0 & 0 & 0 & 15.58 \\ 0 & 1.00 & 0 & 0 & 14.70 \\ 0 & 0 & 1.00 & 0 & -8.20 \\ 0 & 0 & 0 & 1.00 & 8.66 \end{bmatrix}$$

这个矩阵代表了以下的等价方程组：

$$\begin{aligned} x_1 \quad\quad\quad\quad &= 15.58 \\ x_2 \quad\quad\quad &= 14.70 \\ x_3 \quad\quad &= -8.20 \\ x_4 &= 8.66 \end{aligned}$$

所以等式右端的四个数也就是方程的解。

方法二：用 x＝inv(A)＊b

方法三：用 x＝A\b

对于方程数与未知数数目相等的适定方程，三种方法所得的结果是一样的；如果方程是欠定的，则行列式 det(A)＝0，方法二、三会得不出可信的解；如果方程是超定的，A 不是方阵，则用方法二将导致出错警告，用方法三将得出最小二乘意义下的解。为了在任何条件下都能得出可靠的结果，建议最好用第一种方法来解方程（见下题）。

【例 5 - 5 - 3】　在例 5 - 5 - 2 中，若把第四个方程改为

$$4x_1 + 2x_2 + 7x_3 - 778/222 x_4 = 877/222$$

求方程组的解。

解：我们仍然用例 5 - 5 - 2 中的三种方法来解。

　　A＝[6，1，6，−6；1，−1，9，9；−2，4，0，−4；4，2，7，−778/222]；

　　b＝[7；5；−7；877/222]；

方法一：键入 U＝rref([A，b])，得到

$$U0 = \begin{bmatrix} 1.0000 & 0 & 0 & -1.6757 & 1.0676 \\ 0 & 1.0000 & 0 & -1.8378 & -1.2162 \\ 0 & 0 & 1.0000 & 0.9820 & 0.3018 \\ 0 & 0 & 0 & 0 & 0 \end{bmatrix}$$

这个最简行阶梯形式说明原来的方程组是欠定的，它等价于下列方程：

$$\begin{cases} x_1 & -1.6757x_4 = & 1.0676 \\ & x_2 & -1.8378x_4 = & -1.2162 \\ & & x_3 +0.9820x_4 = & 0.3018 \end{cases}$$

这是一组包括四个变量的三个有效方程，因此没有唯一的解。其中 x_4 可以任意设定，即可以把它看做任意常数 c，于是方程的解可以写成以下形式：

$$\begin{cases} x_1 = 1.0676 + 1.6757c \\ x_2 = -1.2162 + 1.8378c \\ x_3 = 0.3018 - 0.9820c \end{cases}$$

代入不同的 c 可以得到不同的解，因此欠定方程组的解不是一个，而是无数个。由于它依赖于一个常数乘子，因此这些解组成一根在空间中的直线。

方法二、三：键入 $x=inv(A)*b$ 或 $x=A \backslash b$，得到

　　Warning：Matrix is close to singular or badly scaled.

　　Results may be inaccurate. RCOND $= 3.590822e-018$.

及

$$x = \begin{bmatrix} 4.8378 \\ 2.9189 \\ -1.9077 \\ 2.2500 \end{bmatrix}$$

　　MATLAB 告诉我们，这个结果是不准确的。其原因在于矩阵 A 的行列式接近于零，就是说，A 的逆极小，很接近于零。从逆条件数 RCOND $= 3.590822e-018$，可以得知计算结果有效数位减小了 18 位。MATLAB 的有效数位是 16 位，所以得出的结果是根本不可信的。

　　如果把第四个方程的右端常数仍取为 -9，则其行阶梯变换的结果为

$$U = rref([A，b]) = \begin{bmatrix} 1.0000 & 0 & 0 & -1.6757 & 0 \\ 0 & 1.0000 & 0 & -1.8378 & 0 \\ 0 & 0 & 1.0000 & 0.9820 & 0 \\ 0 & 0 & 0 & 0 & 1.0000 \end{bmatrix}$$

最后一个方程成了一个矛盾方程 $0=1$，这说明方程组不相容，是超定的，无解。

　　由此也可以看出，线性方程求解最好还是用行阶梯简化的方法，因为它可以给出线性方程组的特征，避免计算的盲目性。

　　【例 5 - 5 - 4】 平面上 4 个点的坐标值如下：

t_i	0	1	2	3
$f(t_i)$	3	0	-1	6

　　(1) 试求能对它进行插值的三次多项式 f；

　　(2) 求 $t=1.5$ 处 f 的近似值；

　　(3) 如果要求此多项式多通过一点 $(-1，5)$，问它的系数应如何取？

解：(1) 设用多项式 $f(t)=a_0+a_1t+a_2t^2+a_3t^3$ 来插值，令它在四点上的值与表中相同，代入插值方程，得到

$$
\left.\begin{array}{l}
a_0=3\\
a_0+a_1+a_2+a_3=0\\
a_0+2a_1+4a_2+8a_3=-1\\
a_0+3a_1+6a_2+9a_3=6
\end{array}\right\}\Rightarrow
\begin{bmatrix}
1 & 0 & 0 & 0\\
1 & 1 & 1 & 1\\
1 & 2 & 4 & 8\\
1 & 3 & 9 & 27
\end{bmatrix}
\begin{bmatrix}
a_0\\a_1\\a_2\\a_3
\end{bmatrix}=
\begin{bmatrix}
3\\0\\-1\\6
\end{bmatrix}
$$

这个矩阵方程达到了四阶，应该用计算机辅助求解，编出以下程序：

A＝[1, 0, 0, 0; 1, 1, 1, 1; 1, 2, 4, 8; 1, 3, 9, 27]，

b＝[3; 0; −1; 6], U＝rref([A, b])

$$
U=\begin{bmatrix}
1 & 0 & 0 & 0 & 3\\
0 & 1 & 0 & 0 & -2\\
0 & 0 & 1 & 0 & -2\\
0 & 0 & 0 & 1 & 1
\end{bmatrix}
$$

最右边一列给出了多项式系数 a_0、a_1、a_2、a_3 的值，故多项式为 $f(t)=3-2t-2t^2+t^3$。

(2) 若这个函数用上面求出的三次多项式来近似，则把 t1＝1.5 代入此多项式，键入

f1＝3−2＊1.5−2＊1.5^2＋1.5^3

得到

$f_1=-1.125$

要画出全部的插值图形，可以用以下语句：

ezplot('t^3−2＊t^2−2＊t＋3', [−1, 4])，

grid on, hold on

plot(0 : 3, [3, 0, −1, 6], '＊')

plot(1.5, −1.125, 'or')

可以得到图 5−42，虚线通过了图中四个给定的插值点（用·号表示），圆圈为 f(1.5) 的位置。

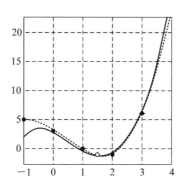

图 5−42 三次曲线的插值

(3) 若要此三次多项式多通过一点 (−1, 5)，则将此点坐标代入后得 $a_0-a_1+a_2-a_3=5$，方程组就成为五个方程四个未知数，很可能是矛盾的，要靠计算来判断。用以下程序：

A1＝[1, 0, 0, 0; 1, 1, 1, 1; 1, 2, 4, 8; 1, 3, 9, 27; 1, −1, 1, −1]， b1＝[3；0；−1；6；5]，U01＝rref([A1，b1])

得到

$$U_{01}=\begin{bmatrix}1&0&0&0&0\\0&1&0&0&0\\0&0&1&0&0\\0&0&0&1&0\\0&0&0&0&1\end{bmatrix}\Rightarrow\begin{cases}a_0&0&0&0=0\\0&a_1&0&0=0\\0&0&a_2&0=0\\0&0&0&a_3=0\\0&0&0&0=1\end{cases}$$

注意到系数增广矩阵最后一列是常数项，应该将它不变符号移到等式右端，得出右方的同解方程组。其最后一个方程成为 0＝1，说明方程组是不相容的，属于超定方程，无通常意义下的解，不能用 rref 函数来解此方程组。

用 MATLAB 的 pinv 函数可以求出此超定方程的最小二乘解，键入

a1＝pinv(A1)＊b1

则

$$a1=\begin{bmatrix}a1_0\\a1_1\\a1_2\\a1_3\end{bmatrix}=\begin{bmatrix}3.1714\\-3.3571\\-0.8214\\0.7500\end{bmatrix}$$

$$p_1(t)=3.1714-3.3571t-0.8214t^2+0.7500t^3$$

要画出它的图形，可以继续键入

t＝−1：0.1：4；plot(t，a1(1)＋a1(2)＊t＋a1(3)＊t.^2＋a1(4)＊t.^3，′：r′)

plot(−1，5，′x′)

这条曲线也画在图 5−42 上，用实线表示。可见它虽然不通过给定的 5 个点中的任何一个，但比原来的曲线更靠近点(−1，5)。各个方程的具体误差向量 E 及五项误差的平方和 EE 可以用矩阵方程计算如下：

E＝A1＊a1−b1，EE＝norm(E)

求得结果为

$$E=\begin{bmatrix}0.1714\\-0.2571\\0.1714\\-0.0429\\-0.0429\end{bmatrix},\quad EE=0.3586$$

说明五个方程都有误差，但误差已减少到很小，其平方和为最小。

【例 5−5−5】 用有理整数来配平下列小苏打与柠檬酸反应的化学方程：

$$NaHCO_3+H_3C_6H_5O_8\rightarrow Na_3C_6O_7+H_2O+CO_2$$

解：◆ 建模

将五种物质的量作为五个未知数，每种物质含有的元素 Na、H、C、O 写成列向量。

$$(柠檬酸)\begin{bmatrix}1\\1\\1\\3\end{bmatrix},(小苏打)\begin{bmatrix}0\\8\\6\\8\end{bmatrix},(碳酸钠)\begin{bmatrix}3\\0\\6\\7\end{bmatrix},(水)\begin{bmatrix}0\\2\\0\\1\end{bmatrix},(二氧化碳)\begin{bmatrix}0\\0\\1\\2\end{bmatrix}$$

然后按四种元素左右平衡列出四个方程，将各变量项移至方程左端，得

$$\begin{bmatrix} 1 \\ 1 \\ 1 \\ 3 \end{bmatrix} x_1 + \begin{bmatrix} 0 \\ 8 \\ 6 \\ 8 \end{bmatrix} x_2 - \begin{bmatrix} 3 \\ 0 \\ 6 \\ 7 \end{bmatrix} x_3 - \begin{bmatrix} 0 \\ 2 \\ 0 \\ 1 \end{bmatrix} x_4 - \begin{bmatrix} 0 \\ 0 \\ 1 \\ 2 \end{bmatrix} x_5 = \begin{bmatrix} 0 \\ 0 \\ 0 \\ 0 \end{bmatrix} \Rightarrow Ax = b = 0$$

其中

$$A = \begin{bmatrix} 1 & 0 & -3 & 0 & 0 \\ 1 & 8 & 0 & -2 & 0 \\ 1 & 6 & -6 & 0 & -1 \\ 3 & 8 & -7 & -1 & -2 \end{bmatrix}, \quad x = \begin{bmatrix} x_1 \\ x_2 \\ x_3 \\ x_4 \\ x_5 \end{bmatrix}, \quad b = \begin{bmatrix} 0 \\ 0 \\ 0 \\ 0 \end{bmatrix}$$

现在的问题就归结为解出 x 向量，要求其各个分量都以最小整数表示。

◆ MATLAB 程序

A＝[1, 0, −3, 0, 0; 1, 8, 0, −2, 0; 1, 6, −6, 0, −1; 3, 8, −7, −1, −2]，
b＝[0; 0; 0; 0]
U＝rref([A, b])

◆ 程序运行结果

程序运行的结果为

$$U = \begin{bmatrix} 1.0000 & 0 & 0 & 0 & -1.6000 & 0 \\ 0 & 1.0000 & 0 & 0 & -0.4333 & 0 \\ 0 & 0 & 1.0000 & 0 & -0.5333 & 0 \\ 0 & 0 & 0 & 1.0000 & -2.5333 & 0 \end{bmatrix}$$

在化学方程中，不允许出现小数，用手工来凑整数不大容易，因此我们将 MATLAB 命令窗设置为有理整数的显示格式，再运行这个程序，即键入

format rat，U＝rref(A)

得到

$$U = \begin{bmatrix} 1 & 0 & 0 & 0 & -8/5 \\ 0 & 1 & 0 & 0 & -13/30 \\ 0 & 0 & 1 & 0 & -8/15 \\ 0 & 0 & 0 & 1 & -38/15 \end{bmatrix}$$

将系数矩阵复原为其同解方程，可得

$$\begin{aligned} x_1 \quad 0 \quad 0 \quad 0 &= 8/5 x_5 \\ 0 \quad x_2 \quad 0 \quad 0 &= 13/30 x_5 \\ 0 \quad 0 \quad x_3 \quad 0 &= 8/15 x_5 \\ 0 \quad 0 \quad 0 \quad x_4 &= 38/15 x_5 \end{aligned}$$

由此可见，x_5 最小必须取 30，才能保证各个分量 x_k 为整数，于是得到

$$x_1 = 48, \ x_2 = 13, \ x_3 = 16, \ x_4 = 76, \ x_5 = 30$$

最后可以得出配平后的化学反应方程为

$$48NaHCO_3 + 13H_3C_6H_5O_8 \rightarrow 16Na_3C_6O_7 + 76H_2O + 30CO_2$$

这个待配平的化学方程有四个方程和五个未知数，所以它是一个欠定的线性方程组，其解乘以任何常数仍然为方程的解。不过当我们另加一个条件——系数取最小的正整数，结果就是唯一的了。

5.5.2　向量相关性

【例 5 - 5 - 6】　对于由三个在 R^4 空间的四维基向量 v_1、v_2、v_3 张成的子空间，问 w_1 和 w_2 是否在此子空间内，其中

$$v_1 = \begin{bmatrix} 7 \\ -4 \\ -2 \\ 9 \end{bmatrix}, \quad v_2 = \begin{bmatrix} -4 \\ 5 \\ -1 \\ -7 \end{bmatrix}, \quad v_3 = \begin{bmatrix} 9 \\ 4 \\ 4 \\ -7 \end{bmatrix}, \quad w_1 = \begin{bmatrix} -9 \\ 7 \\ 1 \\ -4 \end{bmatrix}, \quad w_2 = \begin{bmatrix} 10 \\ -2 \\ 8 \\ -2 \end{bmatrix}$$

解：本题的要点在于研究 w 是否能由 v_1、v_2、v_3 以线性组合的方式组成，即是否能找到三个常数 c_1、c_2、c_3，以便得到三个基向量的线性组合：

$$c_1 v_1 + c_2 v_2 + c_3 v_3 = w$$

能实现这个关系的 w 与向量组 v_1、v_2、v_3 线性相关；反之就线性无关。

（1）方法一　利用向量组的最大无关组的概念，可以解决这个问题。把五个向量列成一个矩阵 A，对它作行阶梯变换，从最简行阶梯的构成来判断其相关性。键入

　　　　A＝[v1, v2, v3, w1, w2]，U0＝rref(A)

得到

$$U_0 = \begin{bmatrix} 1 & 0 & 0 & 0 & -1 \\ 0 & 1 & 0 & 0 & -2 \\ 0 & 0 & 1 & 0 & 1 \\ 0 & 0 & 0 & 1 & 0 \end{bmatrix}$$

可见最大无关组是由 v_1、v_2、v_3、w_1 四个向量组成的，也就是说这四个向量线性无关，w_1 不可能由 v_1、v_2、v_3 组合而成。而 w_2 与 v_1、v_2、v_3 构成的矩阵却只有三行，其秩为 3，所以它与向量组 v_1、v_2、v_3 线性相关，即可以由 v_1、v_2、v_3 的线性组合构成。U_0 矩阵中对应于 w_2 列的系数恰好就是 c，即 $c_1 = -1$，$c_2 = -2$，$c_3 = 1$。

用对向量组矩阵进行行阶梯分析的方法可以得到全局的形象结果，所以我们建议把行阶梯变换作为贯穿在线性代数各部分的主要方法。

（2）方法二　把三个列向量并排成矩阵 $v = [v_1, v_2, v_3]$，c_1、c_2、c_3 排列成列向量 c，则上述方程可以写成矩阵与向量相乘的形式 $v*c=w$。若 w 与 v 线性相关，则其组合矩阵 $[v, w]$ 的秩应该与 v 的秩相同；反之，其组合矩阵 $[v, w]$ 的秩应该加 1。可见重要的是秩的增量，故写出以下程序：

　　　　v1＝[7；-4；-2；9]；v2＝[-4；5；-1；-7]；　　　%输入参数
　　　　v3＝[9；4；4；-7]；w1＝[-9；7；1；-4]；w2＝[10；-2；8；-2]；
　　　　v＝[v1, v2, v3]；　　　　　　　　　　　　%将三个基向量组成矩阵

$$\text{dr1} = \text{rank}([v, w1]) - \text{rank}(v) \qquad \%v \text{ 与 w1 组合后矩阵秩的增量}$$

$$\text{dr2} = \text{rank}([v, w2]) - \text{rank}(v) \qquad \%v \text{ 与 w2 组合后矩阵秩的增量}$$

运行这个程序，得到

dr1＝1, dr2＝0

这说明 w_1 不是 v_1、v_2、v_3 的线性组合，而 w_2 是 v_1、v_2、v_3 的线性组合，w_2 将位于 v_1、v_2、v_3 所张成的 R^3 子空间内。不过，这个 R^3 空间不是我们通常所说的欧几里得几何空间。

由 v_1、v_2、v_3 组成向量 w_2 的常数乘子 c_1、c_2、c_3 可以通过语句 $c＝v \backslash w_2$ 求得，结果与按方法一求得的相同。

5.5.3　行列式及方程组的奇异性

【例 5－5－7】　hilbert 矩阵 H 具有如下规律，例如三阶 hilbert 矩阵 H_3：

$$H_3 = \begin{bmatrix} 1 & 1/2 & 1/3 \\ 1/2 & 1/3 & 1/4 \\ 1/3 & 1/4 & 1/5 \end{bmatrix}$$

它可由语句 format rat，H3＝hilb(3) 产生。现构成四元线性方程组 $H_4 \cdot x＝b$，

（1）求 H_4 的行列式 D＝det(H_4) 及条件数 c＝cond(H_4)；

（2）设其中 x 为单位列向量，求 b；

（3）再按方程 $H_4 \cdot x_1＝b$ 求 x_1，并与 x 相比较，求出其最大相对误差（注意用长格式显示）。

解：MATLAB 程序如下：

```
H4 = hilb(4), D =det(H4), c = cond(H4)
x=ones(4, 1); b = H4 * x,          %给定 x 为单位列向量，求 b
format long, x1 = H4\b,            %由 b 求 x1
e = max(abs(x1-x)./x)              %检查 x 与 x1 的误差
H4 = 1.0000    0.5000    0.3333    0.2500
     0.5000    0.3333    0.2500    0.2000
     0.3333    0.2500    0.2000    0.1667
     0.2500    0.2000    0.1667    0.1429
D = 1.6534e-007
c = 1.5514e+004
b4 = 2.0833
     1.2833
     0.9500
     0.7595
x1 = 0.99999999999999
     1.00000000000012
     0.99999999999970
     1.00000000000019
```

e $= 2.958744360626042e-013$

H4 的行列式 D 约为 10^{-7}，相当接近于 0 了。方程是否该算成是奇异的，这不是数学家能够确定的，而是取决于工程的判据。这时主要看条件数 c，如果 c 达到 10^4 以上，则意味着解的有效数位将减少四位。由于 MATLAB 的计算精度达到 16 位有效数位，故解的相对误差仍可保持在 10^{-12} 以下(算出的 e 可以证明)，这在工程上是完全可以接受的。

读者可自行扩展此程序，把 H 矩阵的阶次逐步提高，看到什么阶次时相对误差会达到 100%，到什么阶次时 MATLAB 会发出警告。

5.5.4　特征方程与特征值

【**例 5 - 5 - 8**】　设有对称实矩阵 $A = \begin{bmatrix} 2 & 4 & 9 \\ 4 & 2 & 4 \\ 9 & 4 & 18 \end{bmatrix}$，

(1) 试用分步方法求其特征方程和特征根；

(2) 用函数 eig 一步求出特征根矩阵 d 和特征向量矩阵 p；

(3) 讨论矩阵行列式和迹与特征值的关系。

解　◆MATLAB 程序如下：

```
%(1)分步计算特征方程和特征根
A=[2,4,9;4,2,4;9,4,18],           %输入矩阵参数
f=poly(A)                          %求其特征多项式的系数向量
r=roots(f)                         %求特征方程的根
%(2)用函数 eig 一步求出特征根矩阵 d 与特征向量矩阵 p
[p,d]=eig(A)
%(3)检验特征根的连乘积和累加和是否分别等于矩阵的行列式和矩阵的迹，
e1=prod(diag(d))-det(A)            %特征根连乘积与原矩阵行列式之差
e2=sum(diag(d))-sum(diag(A))       %特征根累加和与原矩阵的迹之差
```

◆程序运行的结果如下：

(1) 由分步程序得到

f $=$　1.0000　-22.0000　-37.0000　122.0000

r $=$　　23.3603

　　　　-3.0645

　　　　　1.7042

说明此矩阵 A 的特征方程为 $\lambda^3 - 22\lambda^2 - 37\lambda + 122 = 0$，特征根为 23.36，$-3.06$，1.70。将特征根沿主对角线排列，就构成特征矩阵。

(2) 由函数 eig 得到特征向量 p 及特征根 d：

$$p = \begin{bmatrix} -0.8483 & -0.3290 & 0.4149 \\ 0.4514 & -0.8589 & 0.2419 \\ 0.2767 & 0.3925 & 0.8771 \end{bmatrix}$$

$$d = \begin{bmatrix} -3.0645 & 0 & 0 \\ 0 & 1.7042 & 0 \\ 0 & 0 & 23.3603 \end{bmatrix}$$

可见 eig 函数把特征根 r 按大小进行了排列,放在矩阵 d 的对角线上。三个特征向量是 p 中的三个列,分别对应于各个特征根。

(3) e1 = $-4.2633e-014$, e2 = $3.5527e-015$

因 e1,e2 都趋近于零,故说明特征根的积等于原矩阵的行列式,特征根的和仍为原矩阵的迹。

【例 5 - 5 - 9】　设有对称实矩阵 $A = \begin{bmatrix} -2 & 4 & 1 \\ 4 & -2 & -1 \\ 1 & -1 & -3 \end{bmatrix}$,试求

$$y = e^A = I + A + \frac{A^2}{2!} + \frac{A^3}{3!} + \cdots + \frac{A^n}{n!} + \cdots$$

解:矩阵指数只有在 A 是对角矩阵时才可按对角元素直接计算,即

$$e^{\begin{bmatrix} a_1 & & 0 \\ & \ddots & \\ 0 & & a_n \end{bmatrix}} = \begin{bmatrix} e^{a_1} & & 0 \\ & \ddots & \\ 0 & & e^{a_n} \end{bmatrix}$$

注意它的非对角元素不符合指数运算规则,$e^0 = 1 \neq 0$。

要利用这个性质,首先要把 A 对角化。使 $A = pDp^{-1}$,将此式代入 y 的表示式中,可得

$$y = e^A = pIp^{-1} + pDp^{-1} + \frac{pD^2p^{-1}}{2!} + \frac{pD^3p^{-1}}{3!} + \cdots + \frac{pD^np^{-1}}{n!} + \cdots = pe^Dp^{-1}$$

可见必须先求出其特征根矩阵 D 和特征向量矩阵 p。编成程序如下:

A = [-2, 4, 1; 4, -2, -1; 1, -1, -3],

[p, D] = eig(A)

得

```
p = -0.6572    -0.2610    0.7071
     0.6572     0.2610    0.7071
     0.3690    -0.9294    0.0000
D = -6.5616     0          0
     0         -2.4384     0
     0          0          2.0000
```

由此得到

$$e^{\begin{bmatrix} -2 & 4 & 1 \\ 4 & -2 & -1 \\ 1 & -1 & -3 \end{bmatrix}} = pe^{\begin{bmatrix} -6.5616 & 0 & 0 \\ 0 & -2.4384 & 0 \\ 0 & 0 & 2.0000 \end{bmatrix}} p^{-1} = p \begin{bmatrix} e^{-6.5616} & 0 & 0 \\ 0 & e^{-2.4384} & 0 \\ 0 & 0 & e^{2.0000} \end{bmatrix} p^{-1}$$

算式中的最后一步可以用下列语句来实现:

y = p * [exp(D(1, 1)), 0, 0; 0, exp(D(2, 2)), 0; 0, 0, exp(D(3, 3))] * inv(p)

得到

$$y = \begin{bmatrix} 3.7011 & 3.6880 & 0.0208 \\ 3.6880 & 3.7011 & -0.0208 \\ 0.0208 & -0.0208 & 0.0756 \end{bmatrix}$$

MATLAB 中有直接计算矩阵指数的函数 expm(A),可以用它来检验所得结果。注意 MATLAB 中 expm 函数与 exp 函数的差别。

【应用篇中与本节相关的例题】

线性代数的用途是很广泛的，在后面各章中，每一章都有应用矩阵解题的实例。例如：

① 例 6-1-1 的物理数据的处理，用一条直线去拟合有测量误差的数据点，就是解一个超定的线性方程组。每个方程都有误差，找到的最佳结果是各方程的误差均方值为最小，也就是解决最小二乘问题。

② 例 6-2-3 和例 7-1-2 的静力学平衡问题，因为涉及两个物体，平衡方程和待求变量会超过四个。这些通常都是线性方程组，用矩阵来解可以一次解出全部未知数，最为方便快捷。

③ 例 7-2-1 的材料力学静不定问题和上述静力学平衡问题相仿，只不过加了几个变形协调方程，这些方程仍然是线性方程，所以不管方程和变量增加了多少，只要用一个矩阵方程一次就可以得到全部结果。只要系数输入没有错，结果肯定是对的。

④ 例 7-3-3 的二多自由度机械振动问题更是用矩阵解高阶微分方程的典型。它不仅涉及代数方程的解，而且涉及特征值和特征向量的计算问题。

⑤ 例 8-1-1 的直流电路分析是典型的线性代数方程组，例 8-1-5 的交流电路分析也化成线性代数方程组，只不过方程的系数矩阵和未知数向量都是复数。在解复数方程组时，MATLAB 更显示了相对于手工解题的极大的优越性，包括绘制相量图。例 8-1-8 网络参数都是用矩阵表示和运算的。

⑥ 例 8-2-2 的晶体管放大电路分析得出了一个复数矩阵方程，它的所有系数元素又都是频率的函数。给出不同的频率就可以得出在该频率上的结果，设 50 个频点，用一个循环语句就可以快速解出 50 个复数矩阵方程，算出 50 个点上的输出。这比手工计算效率将提高千百倍。

⑦ 例 9-1-3 高阶微分方程的零输入响应，这是数学上高阶线性微分方程的初值问题。求它的各个输出分量归结为解一个同阶的矩阵方程，其系数矩阵就是范得蒙特矩阵，在这个例题中作了公式推导，并给出了数值解例。

⑧ 例 9-2-2 给出了离散傅里叶变换的程序，由时域采样信号求出它的频谱，可以看做一个复数矩阵与时间样本的乘积，它就是著名的离散傅里叶变换。这个变换矩阵是 N×N 的方阵。在实际应用中，N 通常至少为 1024，计算量极大，所以，MATLAB 是必不可少的工具。

⑨ 例 9-3-1 和例 9-3-2 给出了用线性代数推导线性系统传递函数的一般方法，它大大优于传统教材上介绍的梅森公式。它的优点之一是理论上有严格证明，而梅森公式通常都是不加证明的；它的优点之二是完全可以靠计算机自动完成，所以复杂系统的传递函数推导必须采用矩阵和计算机结合的方法。

以上所举的例子是不完全的。由于计算机只是最近十多年才成为科技人员的手头工具，矩阵方程刚刚才变得简便易解，各门后续课程的教材在许多方面还习惯用老办法解题，该用而没有用矩阵，因此应该还有很多的实例没有提出来。

本节习题

1. 编写一个高斯消元子程序 gauss. m。它通过把矩阵 A 中第 i 行乘以适当常数与第 j

行相加的方法，把矩阵 A 变为矩阵 B，其中第 j 行第 k 列的元素 A(j，k)变为 B(j，k)＝0，其头格式为

　　　　function B＝gauss(A，i，j，k)

　　%A 为待变换的矩阵，B 为消元变换后输出的矩阵，它与 A 同维并等价

　　%i 为基准行的行号，j 为待消元变换行的行号

　　%k 为待消元素的列号

2. 用整数系数来配平下列化学方程：

$Na_3PO_4 + Ba(NO_3)_2 \rightarrow Ba_3(PO_4)_2 + NaNO_3$

$PbN_6 + CrMn_2O_8 \rightarrow Pb_3O_4 + Cr_2O_3 + MnO_2 + NO$

3. 解下列方程组：

(a)
$$\begin{cases} x_1 + x_2 + x_3 + x_4 = 0 \\ 2x_1 + 3x_2 - x_3 - x_4 = 2 \\ 3x_1 + 2x_2 + x_3 + x_4 = 5 \\ 3x_1 + 6x_2 - x_3 - x_4 = 4 \end{cases}$$

(b)
$$\begin{cases} x_1 + 3x_2 + x_3 + x_4 = 3 \\ 2x_1 - 2x_2 + x_3 + 2x_4 = 8 \\ x_1 - 5x_2 \qquad + x_4 = 5 \end{cases}$$

4. 设　(a) $A = \begin{bmatrix} 4 & -2 & 5 & -5 \\ -9 & 7 & -8 & 0 \\ -6 & 4 & 5 & 3 \\ 5 & -3 & 8 & -4 \end{bmatrix}$

　　　　(b) $A = \begin{bmatrix} -9 & -4 & -9 & 4 \\ 5 & -8 & -7 & 6 \\ 7 & 11 & 16 & -9 \\ 9 & -7 & -4 & 5 \end{bmatrix}$

求能满足 Ax＝0 的全部的 x。

5. 设向量[v_1，v_2，v_3]张成的空间为 H，判断向量 x_1 和 x_2 是否在这个空间内，其中

$$v_1 = \begin{bmatrix} -6 \\ 4 \\ -9 \\ 4 \end{bmatrix}, \quad v_2 = \begin{bmatrix} 8 \\ -3 \\ 7 \\ -3 \end{bmatrix}, \quad v_3 = \begin{bmatrix} -9 \\ 5 \\ -8 \\ 3 \end{bmatrix}, \quad x_1 = \begin{bmatrix} 4 \\ 7 \\ -8 \\ 3 \end{bmatrix}, \quad x_2 = \begin{bmatrix} -3 \\ 4 \\ -5 \\ 6 \end{bmatrix}$$

6. 设下列向量张成一个子空间，试找出哪些向量是该子空间的基向量。

(a) $\begin{bmatrix} 1 \\ -3 \\ 7 \\ -3 \end{bmatrix}, \begin{bmatrix} -2 \\ 9 \\ -6 \\ 12 \end{bmatrix}, \begin{bmatrix} 2 \\ -1 \\ 4 \\ 2 \end{bmatrix}, \begin{bmatrix} 4 \\ 5 \\ -3 \\ 7 \end{bmatrix}$

(b) $\begin{bmatrix} 1 \\ -1 \\ -2 \\ 5 \end{bmatrix}, \begin{bmatrix} 2 \\ -3 \\ -1 \\ 6 \end{bmatrix}, \begin{bmatrix} 0 \\ 2 \\ -6 \\ 8 \end{bmatrix}, \begin{bmatrix} -1 \\ 4 \\ -7 \\ 7 \end{bmatrix}, \begin{bmatrix} 3 \\ -8 \\ 9 \\ -5 \end{bmatrix},$

7. 根据开普勒第一定律,当只考虑一个大天体的重力吸引时,一个小天体应该取椭圆、抛物线或双曲线轨道。在适当的极坐标中,小天体的位置(r, θ)应满足下列方程:

$$r = \beta + e(r \cdot \cos\theta)$$

其中 β 为常数,e 是轨道的离心率。对于椭圆,$0 \leqslant e < 1$;对于抛物线,$e = 1$;对于双曲线,$e > 1$。对一个新发现的天体的观测得到了如下数据:

θ	0.88	1.10	1.42	1.77	2.14
r	3.00	2.30	1.65	1.25	1.01

试确定其轨道的性质,并预测此天体在 $\theta = 0.46$ 弧度时的位置。

8. 求通过 $(-1, 0)$,$(0, 2)$,$(2, 3)$,$(2, -2)$,$(0, -3)$ 五点的二次圆锥截面曲线。设其方程为

$$ax^2 + bxy + cy^2 + dx + ey + 1 = 0$$

求其中的系数 a、b、c、d、e。如果还要它通过点 $(1, 2)$,该如何处理? 试作讨论。

9. 将下列矩阵 A 对角化,并求 e^{At} 的函数表达式。

(a) $A = \begin{bmatrix} -7 & -16 & 4 \\ 6 & 13 & -2 \\ 12 & 16 & 1 \end{bmatrix}$

(b) $A = \begin{bmatrix} -7 & 6 & 4 \\ 6 & 13 & -2 \\ 4 & -2 & 1 \end{bmatrix}$

(c) $A = \begin{bmatrix} -6 & 4 & 0 & 9 \\ -3 & 0 & 1 & 6 \\ -1 & -2 & 1 & 0 \\ -4 & 4 & 0 & 7 \end{bmatrix}$

5.6　概率论与数理统计

大学基础数学包括三个部分:微积分、线性代数及概率论与数理统计。从计算软件的结构来看,MATLAB 的基本部分中与概率统计有关的,只有均匀分布随机数生成函数 rand 和正态分布随机数生成函数 randn(见 4.1.3 节)。借助于这两个函数和 MATLAB 中的其他基本功能,编写了各种子程序,构成了统计工具箱(stats),这个工具箱提供了"概率论与数理统计"课程中所需的主要函数。

5.6.1　各种统计分布函数

表 5-1 中列出了 20 种概率分布类型,统计工具箱中提供了它们的分布函数~cdf(Cumulattive Distribution Function)、概率密度函数~pdf(Probability Distribution Function)、分布函数的逆函数~inv(Inverse Cumulative Distribution Function) 以及这些分布的理论

统计特性(均值和方差)计算函数～stat。

表 5 - 1　MATLAB 中表示各种概率分布的前缀文字

连续(数据)	连续(统计量)	离散(数据)
贝塔分布(beta～)	χ^2 分布(Chi2～)	二项式分布(bino～)
指数分布(exp～)	非中心 χ^2 分布(ncx2～)	离散均匀分布(unid～)
Γ-分布(gam～)	F-分布(f～)	几何分布(geo～)
对数正态分布(logn～)	非中心 F-分布(ncf～)	超几何分布(hyge～)
正态分布(norm～)	T-分布(t～)	负二项式分布(nbin～)
瑞利分布(rayl～)	非中心 T 分布-(nct～)	泊松分布(poiss～)
均匀分布(unif～)		
韦伯分布(weib～)		

把表 5-1 中不同分布后面括号中的文字作为前缀,把所需计算的特性作为后缀,就可以组合成一个函数。例如离散类的二项式分布有 binopdf、binocdf、binoinv、binostat 四个函数,连续类数据的标准正态分布有 normpdf、normcdf、norminv、normstat 四个函数,连续类统计量的 χ^2 分布有 chi2pdf、chi2cdf、chi2inv、chi2stat 四个函数,等等,20 种分布就有 80 个函数。由于各种分布函数的解析形式都是已知的,因此这些子程序的编写并不困难。

【例 5 - 6 - 1】　(a) 求标准正态分布 N(0,1),自由度 V=10 的 χ^2 分布和 N=10,p=0.2 的二项式分布 B(10,0.2)的分布函数,并画出其概率密度曲线和分布曲线;(b) 求出分布函数在 0.05 和 0.95 处的随机变量值;(c) 求出这几个分布的均值和方差。

解:分别键入 help normpdf,help binopdf,help chi2pdf 以了解它们的用法,特别是了解输入变元的意义,得知:

f=normpdf(x,mu,sigma) 其中 x 为随机变量数组,mu 为均值,sigma 为标准差;

f=chi2pdf(x,V)　　　　其中 x 为随机变量数组,V 为自由度数(整数);

f=binopdf(x,N,p)　　　其中 x 为随机变量整数数组,N 为次数,$0 \leqslant p \leqslant 1$ 为
　　　　　　　　　　　　成功概率。

题目中给出的变元参数应足以用来调用这些概率密度函数,只有确定随机变量 x 的取值范围时,才需要事先对该分布的特性有所了解。首先要弄清它是离散量还是连续量,其次要取适当的范围。范围取小了不能显示分布的全局,取大了又可能显示不出细节。正确的取法应该使该范围内分布函数 F(x)的左边界值略小于 0.025,右边界值略大于 0.975,这就可以基本涵盖随机变量以概率 95% 存在的主要区域,又不致涉及关系不大的区域。初学者往往要经过几次试验才能做到。好在在计算机上改几个参数、做几次试验是很简便的事。

(a) 程序如下:

```
clear, close all
x1=[-3:0.1:3];      %标准正态分布随机变量以概率95%取值在-3～+3之间
```

```
f1＝normpdf(x1, 0, 1);              %标准正态分布的概率密度函数
F1＝normcdf(x1, 0, 1);              %标准正态分布的分布函数
subplot(2, 2, 1), plot(x1, f1, ': ', x1, F1, '－'), grid on      %绘曲线
line([－4, 4], [0.025, 0.025]), line([－4, 4], [0.975, 0.975])   %画上下横线
x2＝[0：0.1：20];                   %试验得出的范围
f2＝chi2pdf(x2, 10);               %χ² 分布的概率密度函数
F2＝chi2cdf(x2, 10);               %χ² 分布的分布函数
subplot(2, 2, 2), plot(x2, f2, ': ', x2, F2, '－'), grid on        %绘曲线
line([0, 20], [0.025, 0.025]), line([0, 20], [0.975, 0.975])   %画上下横线
x3＝[0：1：10];                     %二项式分布中离散随机变量应为整数
f3＝binopdf(x3, 10, 0.2);          %二项式分布的概率密度函数
F3＝binocdf(x3, 10, 0.2);          %二项式分布的分布函数
subplot(2, 2, 3), plot(x3, f3, ': ', x3, F3, '－'), grid on        %绘曲线
line([0, 10], [0.025, 0.025]), line([0, 10], [0.975, 0.975])   %画上下横线
```

运行程序得出图 5 - 43,其中实线是分布函数的曲线,虚线则是密度函数的曲线,它是分布函数的导数。上下两条横线分别为 0.975 和 0.025,由几个图上的分布函数与这两条线的交点可以看出,本程序对这三种分布的随机变量取得大体适当,但仍有改进的余地。

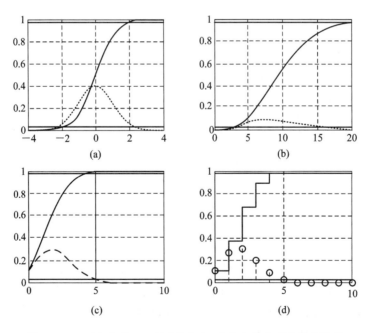

图 5 - 43 正态分布、二项式分布和 χ² 分布的密度和分布曲线
(a) 标准正态分布的密度函数 f 和分布函数 F;(b) χ² 分布的密度函数 f 和分布函数 F
(c) 二项式分布(绘图方法错误);(d) 二项式分布的密度函数 f 和分布函数 F

图 5 - 43(c)中,随机变量是离散取值的,在两个相邻的取值点之间的概率不会变化,所以它的分布函数表现为阶梯形。密度函数是分布函数的导数,所以在阶梯突变处导数为

无穷大，宽度又为无穷小，面积等于阶梯的高度，通常用一个脉冲表示。脉冲的高度表示它所包含的面积，也就等于阶梯波形的高度。而 plot 函数画图是把各离散点之间用直线连接，所得的曲线是不对的。应该要用 stairs 命令画阶梯图，用 stem 命令画脉冲图。改正后的程序如下：

```
subplot(2, 2, 4),
stairs(x3, F3, '－'),
hold on, grid on
stem(x3, f3, '：'),
```

图 5 - 43(d)中给出了改正后的结果，可见其概率密度函数是离散的脉冲。从中还可以判断，x3 的取值范围不必为[0：10]，取[0：5]就够了。另外，图 5 - 43(b)上的密度函数波形太小，如果对 f 和 F 取不同的纵坐标，那样可以得出更好的图形。

(b) 给定分布函数 F＝α(0≤α≤1)求出的 x，简称 α 下分位点，习惯上用 λ_α 表示。这和已知 x 求 cdf 恰好是互逆的关系，即输入变元与输出变元恰好调换了位置。对正态分布的情况，逆函数 norminv 的调用格式为

```
x = norminv(f, mu, sigma)
```

其中，f 为给定的分布函数的值，而 x 为对应的随机变量边界值。

题目中给定了两个边界值 Fb＝[0.05, 0.95]，即 Fb＝[$\alpha/2$, $1-\alpha/2$](α＝0.10)，求对应的随机变量 x 的边界值 xb。随机变量在上下两个边界值 xb(即[$\lambda_{\alpha/2}$, $\lambda_{1-\alpha/2}$])之间取值的置信度等于 $1-\alpha$，其他参数与 normpdf 和 normcdf 中的相同。对于其他分布，可依此类推，不再赘述。

将题中的边界值 Fb 代入逆函数输入变元中，可以得到相应的 λ，程序如下：

```
alpha＝0.1; Fb ＝[alpha/2, 1－alpha/2]     %取双边 90% 的置信区间
lambda1＝norminv(Fb, 0, 1)                 %标准正态分布的双侧 α 分位点
lambda2＝chi2inv(Fb, 10)                   %χ² 分布的双侧 α 分位点
lambda3＝binoinv(Fb, 10, 0.2)             %二项式分布的双侧 α 分位点
```

运行程序后得到

```
lambda1 = −1.6449        1.6449
lambda2 =    3.9403      18.3070
lambda3 =    0            4
```

这就是三种分布函数下的双边 90% 置信区间，从图 5 - 43 中可以看出其意义。只要改变程序中 alpha 的值，就可以方便地得到各种不同置信度下的置信区间。

(c) 对以上三种分布，MATLAB 还给出了它们的理论统计参数，即理论均值 Mu 和方差值 var 的计算方法，所用的命令为～stat。例如：

```
[Mu1, var1]＝ normstat(0, 1)
[Mu2, var2]＝ chi2stat(10)
[Mu3, var3]＝ binostat(10, .2)
```

程序运行结果为

Mu1 = 0，var1 = 1

Mu2 = 10，var2 = 20

Mu3 = 2，var3 = 1.6000

本题虽然只给出了三种分布的计算，但这些概念和方法可以类推到表 5 - 1 中 20 种分布的理论计算中。利用 MATLAB 给出的演示工具，键入

disttool

就会出现一个图形界面（如图 5 - 44 所示），其中有分布曲线，周围有各种参数和类型的选择窗，可以很方便地用鼠标操作改变参数和选择类型，得到相应的曲线。读者可以自行试验。

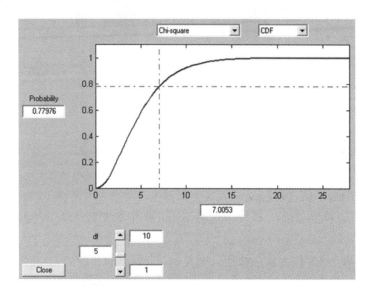

图 5 - 44　演示工具 disttool 生成的图形界面

5.6.2　随机样本数据的生成

　　stats 工具箱同时也提供了 20 种分布的随机数生成程序～rnd。均匀分布随机数的计算机生成本身就是一个研究了几十年的专题，其他分布的随机数通常又由均匀分布随机数进行变换而得到。本书不讨论它们的编程，只着重于它们的应用。下面的例子将说明这类函数的调用方法。

　　【例 5 - 6 - 2】　按例 5 - 6 - 1 的三种分布，分别生成 10 000 个随机数，画出它们的直方图（分布图），并计算各自的数学期望和方差。

　　解：各种分布的随机数生成函数名为～rnd。其中表示分布类型的前缀由表 5 - 1 给出。绘制统计数据 Y 直方图的命令为 hist(Y，N)，其中 N 为直方图的分区数目，其缺省值为 10。例如：

```
Y1＝normrnd(0，1，1，10000)；
subplot(2，2，1)，hist(Y1，50)
```

Y2＝chi2rnd(10，1，10000)；

subplot(2，2，2)，hist(Y2，50)

Y3＝binornd(10，0.2，1，10000)；

subplot(2，2，3)，hist(Y3，50)

得出的图如图 5 - 45 所示。其中图 5 - 45(c)的直方图各条宽度不均匀，这是由于二项式分布是离散数据，它的取值最大只可能到 10，而在目前的实际数据中，最大只到 8。可改用以下命令：

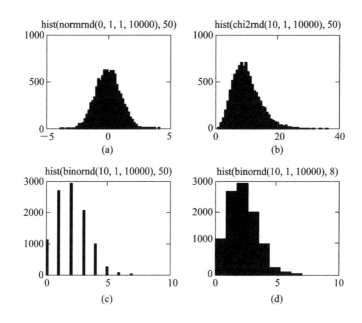

图 5 - 45 实际生成三种分布的样本统计分布图

subplot(2，2，4)，

hist(Y3，8)

得到符合一般直方图要求的(d)图。把这些图与图 5 - 43 中的密度分布曲线相比，可见是非常相似的。

实际随机变量的样本均值 Xbar、样本的标准差 sigma 和样本方差 s2(标准差的平方)可用以下命令计算：

Xbar1＝mean(Y1)，sigma1＝std(Y1)，s21＝var(Y1)

Xbar2＝mean(Y2)，sigma2＝std(Y2)，s22＝var(Y2)

Xbar3＝mean(Y3)，sigma3＝std(Y3)，s23＝var(Y3)

得出

Xbar1 = 0.0246，sigma1 = 1.0059，s21 = 1.0119

Xbar2 = 9.9947，sigma2 = 4.4453，s22 = 19.7605

Xbar3 = 1.9745，sigma3 = 1.2520，s23 = 1.5676

MATLAB 也给出了随机数生成的演示工具，键入

randtool

也会出现一个图形界面，如图 5 - 46 所示。其中有实际生成的随机数样本分布曲线，周围

有各种参数和类型的选择窗。可以方便地用鼠标和键盘改变参数和选择类型（例如样本数目、分布的类型和参数等），得到相应的曲线，读者可自行试验。

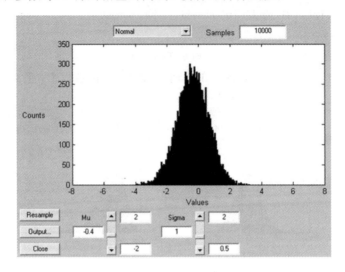

图 5 - 46 演示工具 randtool 生成的图形界面

5.6.3 用样本集的统计量推断总体的统计量

由实际样本值算出的统计量与例 5 - 6 - 1 中的理论值之间存在误差，而且样本统计量也是随机量。计算机每运行一次，所得到的一组观察值 Yi 的统计量也会不同。它们也有各自的分布规律，比如 σ^2 相同的正态分布总体，各样本组的均值 $\bar{X}$ 标准化后按 Z-分布，各样本组的标准化方差 S^2 按 χ^2 分布。当样本数取得很大时，根据中心极限定理，分布的误差就很小。这样得出的是总体统计量的一个（有误差的）估值，称为点估计法。如果样本数小，点估计法误差就会很大，甚至对人们造成误导。这时较好的方法是给出总体统计量一个取值区间（置信区间），并给出它在此区间取值的概率（置信度）。

在实际工程中，做试验往往是很费时费钱的。通常希望用最小的试验样本集来推断总体的统计量所取的数值范围，并且希望有相当的精度和可信度。我们不作一般的讨论，只对正态分布的总体进行举例分析。其中又分三种情况：

（a）已知总体方差 σ^2，但均值 μ 未知。要由样本均值 $\bar{X}$ 和方差 S^2 推断总体均值 μ。这时，样本均值 $\bar{X}$ 标准化后的 Z 值满足正态分布：

$$Z = \frac{\bar{X} - \mu}{\sqrt{\sigma^2/n}} \sim N(0, 1) \tag{5-2}$$

（b）总体均值 μ 和方差 σ^2 均未知，要由样本方差 S^2 推断总体方差 σ^2。这时，样本方差 S^2 标准化值满足 χ^2 分布：

$$\frac{S^2}{\sigma^2/(n-1)} \sim \chi^2(n-1) \tag{5-3}$$

（c）总体均值 μ 和方差 σ^2 均未知，要由样本均值 $\bar{X}$ 和样本方差 S^2 估计总体均值 μ。μ 经过样本均值 $\bar{X}$ 和样本方差 S^2 标准化后满足 T-分布：

$$t = \frac{\bar{X} - \mu}{\sqrt{S^2/n}} \sim T(n-1) \tag{5-4}$$

【例 5 - 6 - 3】　对某种产品的尺寸进行检验，由长期的统计知道其总体方差为 $\sigma^2 = 4$（μm^2），当日抽测其中 10 个工件的偏差（单位为 μm）分别为 2、1、-2、3、2、4、-2、5、3、4，试对零件长度偏差的平均值（总体的数学期望）作出置信度为 90% 的区间估计。

　　解：在 MATLAB 程序中，用 Xbar 表示 $\bar{X}$，s2 表示 S^2，则样本均值和样本方差分别为

　　　　x= [2；1；-2；3；2；4；-2；5；3；4]；

　　　　Xbar=mean(x)，s2=var(x)

得到

　　　　Xbar = 2，s2 = 5.7778

　　因为对于正态分布的随机样本，其样本均值 $\bar{X}$ 和总体均值 μ 之间误差的标准化结果 Z 也服从正态分布。现在要估计总体均值 μ 的范围。为此先找到 Z 的 90% 置信区间边界点 $[\lambda_{0.05}, \lambda_{0.95}]$，这可用正态分布逆函数查出，其语句为

　　　　lambdam=norminv([0.05，1$-$0.05])

根据 Z 的这样两个边界，可以计算相应的 μ 的估值区间。把式（5 - 2）进行移项，得到 $\mu = \bar{X} - Z\sqrt{\sigma^2/n}$，把公式中的 Z 用它的两个置信区间边界点来置换，在 MATLAB 中，令 varx$=\sigma^2$，并利用数组计算方法，同时计算两个边界的值，即把公式表达为

$$[\mu_1, \mu_2] = \bar{X} - [\lambda_1, \lambda_2]\sqrt{\sigma^2/n}$$

相应的 MATLAB 程序如下：

　　　　x= [2；1；-2；3；2；4；-2；5；3；4]；

　　　　Xbar=mean(x)，s2=var(x)

　　　　lambdam=norminv([0.05，0.95])

　　　　n=length(x)，varx=4

　　　　Mut= Xbar$-$lambdam * sqrt(varx/n)　　　%Mut 表示总体均值的估计范围

程序的运行结果为

　　　　lambdam = -1.6449　　　1.6449

　　　　n = 10

　　　　varx = 4

　　　　Mut = 3.0403　　　0.9597

　　根据这十个样本，我们有 90% 的把握来断定，该工件尺寸的总体平均值将比标称值大 0.9597～3.0403 μm。如果只取一个误差为 +2 的样本，其他参数都不变，由于 N=1，则算出的置信区间将为

　　　　Mut = 5.2898　　　-1.2898

这意味着，我们甚至无法估计工件的尺寸总体值是正偏差还是负偏差，所以取的样本太少，是很难较准确地推断工件的总体偏差的。

【例 5 - 6 - 4】　飞机的最大飞行速度 X～N(μ、σ^2)，但 μ、σ^2 未知。现对飞机的速度进行 14 次独立测试，测得的数据如下（单位：m/s）：

　　　　422，419，426，420，426，423，432，428，438，434，412，417，414，441；

试按置信度 0.95 对总体 X 的均值和方差进行区间估计。

　　解：先求标准差 σ 的区间估值，总体均值 μ 和方差 σ^2 均未知，要由样本方差 S^2 推断总

体方差 σ^2，属于上述情况(b)，方差按 χ^2 分布。其区间估值可以分成两个步骤：

(1) 由 $\dfrac{S^2}{\sigma^2/(n-1)} \sim \chi^2(n-1)$，找到 $\chi^2(n-1)$ 的置信区间边界点 $[\lambda_1, \lambda_2]$；

(2) 把(1)中的式子移项整理为 $S^2 = [\lambda_1, \lambda_2]\sigma^2/(n-1) \Rightarrow \sigma = \sqrt{(n-1)S^2/[\lambda_1, \lambda_2]}$，求得 σ^2 的估值区间。

先用 MATLAB 语句输入数据，然后完成这两步。在程序中设样本方差为 s2，样本标准差为 sigma，总体标准差为 sigmat。所对应的 MATLAB 程序如下：

```
x=[422, 419, 426, 420, 426, 423, 432, 428, 438, 434, 412, 417, 414, 441]';
n=length(x), s2=var(x), Xbar=mean(x)
%根据给出的α，查 χ² 的置信区间边界点。因置信度为 0.95，故 α 应取 0.05
alpha=input('alpha= '),
lambdach=chi2inv([alpha/2, 1-alpha/2], n-1)    %由 α 查 χ² 置信区间
sigmat =sqrt((n-1) * s2. /lambdach)            %由置信区间求估值区间
```

程序运行时，若按其提问'alpha='键入 0.05，则所得的结果为

```
n=14
s2=76.4396
Xbar=425.1429
alpha=0.0500
lambdach=5.0088       24.7356
sigmat=14.0853        6.3383
```

通常人们首先关心的是飞机的最大速度，然后才是它的方差。应该求总体均值的估值区间，在总体方差未知的情况下，要靠样本数据来估计总体均值 μ，它属于上述情况(c)。其区间估值也可分成两个步骤：

(1) 由 $t = \dfrac{\bar{X}-\mu}{\sqrt{S^2/n}} \sim T(n-1)$，找到 $T(n-1)$ 的置信区间边界点 $[\lambda_1, \lambda_2]$；

(2) 再由 $\bar{X}-\mu \sim [\lambda_1, \lambda_2]\sqrt{S^2/n} \Rightarrow \mu = \bar{X}-[\lambda_1, \lambda_2] \cdot \sqrt{S^2/n}$ 求出 μ 相应的估值区间。

这两个步骤所对应的 MATLAB 语句如下：

```
lambdat=tinv([alpha/2, 1-alpha/2], n-1)        %由 α 查 T-置信区间
Mut = Xbar - sqrt(s2/n) * lambdat              %由置信区间求估值区间
```

取 alpha=0.05，运行的结果为

```
lambdat = -2.1604      2.1604
Mut = 430.1909        420.0948
```

可见飞机最大飞行速度按 95% 的置信度应该在 420~430 m/s 之间。

以上是按照"概率论与数理统计"课程所讲的统计估值的原理分步进行的做法。实际上 MATLAB 统计工具箱已经把全部过程集成起来，它提供的 normfit 函数就专门用来根据样本集的数据 x 直接估计出总体统计量。其调用格式为

```
[Xbar, sigma, mut, sigmat] = normfit(x, alpha)
```

对于例 5-6-4，键入

```
[Xbar, sigma, mut, sigmat] = normfit(x, 0.05)
```

即可得到以下结果：

　　Xbar ＝ 425.1429

　　sigma ＝ 8.7898(注意 $\sigma = \sqrt{\sigma^2}$，即 sigma＝sqrt(s2))

　　mut ＝ 420.0678　430.2180

　　sigmat ＝ 6.3722　14.1608

如取置信度为 90%，则用下列语句：

　　[Xbar，sigma，mut，sigmat] ＝ normfit(x，0.1)

运行的结果：Xbar，sigma 不变，而

　　mut ＝ 421.1910　428.9023

　　sigmat ＝ 6.5183　12.3757

　　统计工具箱是以应用为目标的，许多函数都编成傻瓜式的，工程应用非常方便，但并不利于教学，所以我们不鼓励在教学中使用这类函数，而主张读者从基本原理出发进行编程。

5.6.4　蒙特卡罗实验法

【例 5 - 6 - 5】　用随机实验法求圆周率估计值。

　　解：先生成在 $-1 \leqslant (x, y) \leqslant 1$ 中均匀分布的随机数作为坐标系(x，y)中 x、y 的值，这样两个坐标就决定图 5 - 47 所示的正方形中一个点，如果随机数的分布是均匀的，则落入圆中的点和落入方形区域中点的数目之比，就代表了圆面积和正方形面积之比。又已知正方形面积为 4，这样就可以求出圆的面积，这个面积就等于圆周率的估计值。

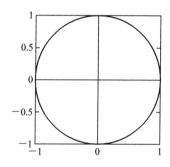

图 5 - 47　单位圆和外切方形

按这个思路可以编写程序如下：

```
N＝input('取的总点数＝ ');
x＝2 * (rand(1，N)－0.5);   %生成均值为零、数值在－1～1 内均匀分布的随机数
y＝2 * (rand(1，N)－0.5);   %同上，故生成的点(x，y)全在方形区域内
k＝0;                     %k 为落入圆内部的点数，初始值为零
for i＝1：N
    if x(i) * x(i)＋y(i) * y(i)<＝1    k＝k＋1；end    %计算落入圆中点的个数
end
pihat＝4 * k/N                      %圆面积＝正方形面积×k/N
```

运行此程序，分别在程序的提示下键入 N＝10000，100000，1000000 …，可以得出圆周率的估计值 pihat 为 3.1512，3.1448，3.1417 …，输入点数愈多，得出圆周率的精度就愈高，当然运行时间也愈长。这个方法只提供了一种思路，但其结果具有随机性，而且速度低，精度差，不是一个实用的方法。

5.6.5　统计工具箱中的其他函数及功能

前面介绍的只是 MATLAB 的统计工具箱（stats）中的一些初级的函数及功能，此工具箱还有大量功能很强的函数。这些功能包括聚类分析、回归分析、假设检验、多变量统计分析、试验设计、统计过程控制等等。这些内容的专业性很强，往往每一个应用有一个专门的函数，只讲输入/输出变元的意义和用法，但不讲原理，适合于专业统计工作者，现举一个假设检验的例子说明。

【例 5 － 6 － 6】　（a）用例 5 － 6 － 3 的数据检验该样本集的总体均值是否可能为零；（b）用例 5 － 6 － 4 的数据检验该样本集的总体均值是否可能为 425（取置信度为 0.9）。

解：因为总体方差未知，故总体均值服从 T － 分布，MATLAB 为这样的分布进行总体均值估值的假设检验编写的函数为 ttest。键入 help ttest 可以得到它的用法：

ttest 假设检验：将样本均值和一个常数进行 t 检验，调用格式为

　　[h，p，ci，stats] ＝ ttest(x，m，alpha，tall)

判断满足正态分布的样本 x 是否可能具有总体均值 m。

其他输入变元的意义：alpha 为置信度，tail 是用来对 h＝1 的意义进行控制的参数（见输出变元的意义说明），默认值为 m ＝ 0，alpha ＝ 0.05，tail＝0。

输出变元的意义如下：

h＝0 表示"总体均值＝m"的假设成立；h＝1 表示"总体均值＝m"的假设不成立。h＝1 进一步的意义则由输入变元 tail 决定，其意义为：若 tail＝0，则表示"总体均值≠m"；若 tail＝1，则表示"总体均值＞m"；若 tail＝－1，则表示"总体均值＜m"。

ci 为置信区间，其置信度为 1－ALPHA。

P 表示出现 H＝0 的概率，P 愈小，说明假设成立的概率愈小。

STATS 为样本的统计特性，它由两项组成：第一项 $t = \dfrac{\overline{X} - \mu}{\sqrt{S^2/n}} \sim T(n-1)$，为样本的

T－值；第二项为样本的自由度数 df。

下面将本题的数据代入，写成程序 exn566，前两行是对例 5 － 6 － 3 的数据，而后两行是对例 5 － 6 － 4 的数据：

```
x1＝[2；1；－2；3；2；4；－2；5；3；4]；M1＝0        %例 5 － 6 － 3 的数据
[h1，pvalue1，ci1，stats1] ＝ ttest(x1，M1，0.1)，    %均值为零的假设成立否
x2＝[422，419，426，420，426，423，432，428，438，434，412，417，414，441]'；
M2＝425；                                        %例 5 － 6 － 4 数据
[h2，pvalue2，ci2，stats2] ＝ ttest(x2，M2，0.1)      %均值为 425 的假设成立否
```

运行结果：对例 5 － 6 － 3 的数据，

　　h1 ＝ 1，pvalue1 ＝ 0.0273，

　　ci1 ＝ 0.6066　　　3.3934

$\qquad$ stats1 ＝ tstat：2.6312

$\qquad\qquad$ df：9

说明本例"均值为零"的假设不成立，假设成立的概率仅为 0.0273。总体均值的 90％置信区间为[0.6066，3.3934]，样本的 t 值为 2.6312，自由度为 9。

对例 5.6.4 的数据，

$\qquad$ h2 ＝ 0，pvalue2 ＝ 0.9522，

$\qquad$ ci2 ＝ 421.0048　　429.2809

$\qquad$ stats2 ＝ tstat：0.0611

$\qquad\qquad$ df：13

说明本例"均值为 425"的假设成立，假设成立的概率为 0.9522。总体均值的 90％置信区间为[421.0048，429.2809]，样本的 t 值为 0.0611，自由度为 13。

从本例可以看出，这种专业工具箱中的函数完全以应用为目标。用户必须根据任务，选择正确的函数，并理解其输入/输出变元，代进去就可得出结果，没有什么编程技巧，所以不宜在教学中多花时间讨论这类函数。其中还有许多内容超出了大学基础课程的要求，因此本书不作更多讨论。

其实只要熟悉 MATLAB 的基本语法，又清楚本节所介绍的基本统计函数，并且掌握相关的理论，是不难自己编写解题程序的。如果是为了解决工程中的问题，要避免自己编程差错，就应该利用现成的函数。结合阅读本工具箱的手册，同时利用 help 命令查找其相关函数的功能与调用方法。最好有几个已经有了答案的例题，反复试验，以求用这些函数得到同样的正确结果，同时也掌握了这些函数的正确用法。

stats 工具箱中还有一些演示程序，如分析方差的交互工具（aoctool），通用线性模型（glmdemo），预测拟合多项式的交互图形工具（polytool），反应器仿真演示程序（rsmdemo），鲁棒性演示（robustdemo）等，运行这些程序可以帮助读者学习统计工具箱中各种函数的用法，并形象地理解统计分析中的许多新概念。

【应用篇中与本节相关的例题】

例 6 - 3 - 1 气体中的分子做的是随机运动，大量的分子在进行杂乱无章的相互碰撞，不断地改变着单个分子的速度方向和大小。从总体来看，它们要服从统计的规律，就速度大小而言，它们要满足麦克斯韦速度分布律，它给出了取不同速度的分子在总体中所占的比例，也就是它们的概率密度。本例讨论了各种参数对密度函数的影响。

本节习题

1. 设某种清漆的 9 个样品，其干燥时间分别为{6.0，5.7，5.8，6.5，7.0，6.3，5.6，6.1，5.0}（小时），设干燥时间总体服从正态分布 $N(\mu, \sigma^2)$。(1) 若由以往的经验知 $\sigma=0.6$（小时）；(2) 若 σ 为未知，分别求这两种情况下 μ 的置信水平为 0.95 的置信区间。

2. 随机地取某种炮弹 9 发做试验，得炮口速度的样本标准差 s＝11 m/s。设炮口速度服从正态分布。求这种炮弹的炮口速度的标准差 σ 的置信水平为 0.95 的置信区间。

3. (a) 求均匀分布 U(0, 5)、指数分布 E(1/4) 的分布函数值，画出其概率密度曲线和分布曲线；(b) 求这两个分布的期望与方差。

4. 编出用蒙特－卡罗方法求 $y = \sin^2 x$ 与 x 轴在 $x = 0 \sim \pi$ 之间所围面积的程序，检验其正确性。

5. 假设某种零件重量为 $X \sim N(\mu, \sigma^2)$，$\mu = 28$，经工艺改革后，随机抽取 10 个零件的测量结果为：$\{28.2, 27.9, 28.1, 28.3, 27.8, 28, 27.9, 28.3, 28.1, 28.2\}$。取 95% 置信度，试问：(1) 平均重量是否仍为 15 g？(2) 若原来的 $\sigma^2 = 0.06$，那么均方误差是否有所改善？

6. 一个灯泡厂生产的灯泡的寿命近似按正态分布，其标准差为 40 小时。如果某次取样 30 个灯泡测试的平均寿命为 780 小时，试按置信度 96% 求该厂的灯泡总体平均寿命的置信区间。

第三篇 应 用 篇

本篇介绍 MATLAB 在大学本科(以电气工程和机械工程专业为代表)低年级课程中的应用，涉及普通物理、力学、机械、电工、电机及信号与系统等十多门课程。一些高年级课程，像自控原理、信号处理等，已经有专门的教材，并且要用到工具箱，本书就不再涉及。对于每门课程而言，一般给出不超过 10 个例子。这些例子当然无法完全覆盖这些课程的所有内容，我们的目的是使读者通过这些例题，了解 MATLAB 语言和数学工具如何应用在各门课程的计算中，进一步学会用 MATLAB 的声音、图形、图像、动画等功能表达物理世界的各种现象，从而提高对科学计算的结果进行演示表达的能力。这对于各门课程的教师应该也是一项重要的基本功。

MATLAB 对于所有需要进行较多的计算和作图的课程，都有很大的应用价值。大学生从一年级到四年级，如果能在各门课程中应用同一种算法语言，将不仅可以较熟练地掌握该语言，而且可以充分利用各门课中数学计算的共性，用同样的子程序解决不同课程的问题，从而大大提高学习效率。设置这样一个跨学科的应用篇，其目的也在于此。

为了压缩篇幅，同时又能列入较多的例题，和数学篇相仿，我们省略了 MATLAB 程序中的许多输入、输出和图形标注语句，因为这些语句占很大篇幅，且大同小异。本篇重点介绍各题中的核心程序。在本书免费下载的程序集中，将会给出完整的程序内容。

第6章　MATLAB 在普通物理中的应用举例

6.1　物理数据处理

【例 6-1-1】　写出一个程序，要求该程序能把用户输入的摄氏温度转为华氏温度，反之也可。

解：

◆ 建模

两种温度单位之间的转换公式为

摄氏变华氏　$T_{out} = \dfrac{9}{5} T_{in} + 32$

华氏变摄氏　$T_{out} = (T_{in} - 32) \dfrac{5}{9}$

在程序中要先考虑由用户选择转换的方向，以确定选用的公式。

◆ MATLAB 程序

```
k=input('选择 1：摄氏变华氏；选择 2：华氏变摄氏；键入数字：');
Tin=input('输入待变换的温度(允许输入数组)：');
if k==1  Tout = Tin * 9/5 +32,          %摄氏变华氏
elseif k==2  Tout = (Tin-32) * 5/9,     %华氏变摄氏
else disp('未给转换方向，转换无效'), end
s=['华氏';'摄氏'];
s1=['转换后的温度为',s(k,：),num2str(Tout),'度']  %注意这个语句的编写方法
```

◆ 结论

这是一个简单的例子，只涉及两种单位之间的转换，如果涉及很多单位之间的相互变换，就要多一些设计技巧，下面的例子将提供一种方法。

【例 6-1-2】　写出一个程序，要求该程序能把用户输入的长度单位在厘米、米、千米、英寸、英尺、英里、市尺、市里之间任意转换。

解：

◆ 建模

这里采取的技巧分成两步，第一步把输入量变换为米，第二步再把米变换为输出单位。另外，把变换常数直接表示为一个数组，选择单位的序号也就成了数组的下标，这样，程序就比较简明易读。

◆ MATLAB 程序

```
clear all;        disp('长度单位换算程序')
fprintf('长度单位：\n');              %选择输入输出的单位
fprintf(' 1) 厘米    2) 米    3) 千米    4) 英寸 \n');    %\n 是换行符
fprintf(' 5) 英尺    6) 英里    7) 市尺    8) 市里 \n');
InUnits＝input('选择输入单位：');
OutUnits＝input('选择输出单位：');
%设定各种单位对米的变换常数数组 ToMeter
ToMeter＝[0.01, 1.00, 1000.0, 0.0254, 0.3048, 1609.3, 1/3, 500 ];
  FrmMeter＝1. / ToMeter；%反变换常数数组 FrmMeter 为 ToMeter 数组的倒数
Value＝input('输入待变换的值(0 为退出)：');
while(Value ～= 0)
  ValueinM＝Value * ToMeter(InUnits)；             %把输入值变为米
  NewValue＝ValueinM * FrmMeter(OutUnits)；         %把米变为输出单位
  fprintf('变换后的值是 %g \n', NewValue)；          %打印变换后的值
  Value＝input('输入待变换的值(0 为退出)：')；        %提问下一个输入值
end
```

◆ 程序运行结果

程序在运行后将向用户提问三次，若选输入单位为米，输出单位为英寸，待变换的值为 2 米，则变换后的值是 78.7401 英寸。

【例 6 - 1 - 3】 设给某元件加 [1，2，3，4，5] V 电压，测得的电流为 [0.2339，0.3812，0.5759，0.8153，0.9742] mA，求此元件的电阻。

解：

◆ 建模

设直线的方程为 $y＝a(1)x＋a(2)$，待定的系数是 $a(1)$、$a(2)$。将上述数据分别代入 x、y，得

$$a(1)＋a(2)＝0.2339$$
$$2a(1)＋a(2)＝0.3812$$
$$3a(1)＋a(2)＝0.5759$$
$$4a(1)＋a(2)＝0.8153$$
$$5a(1)＋a(2)＝0.9742$$

用矩阵形式表达这五个联立方程，其系数矩阵设为 datax 和 datay，有

$$datax * a(1)＋ones(N, 1) * a(2)＝datay$$

其中 datax、datay 都是 N 行数据列向量，这是 N 个一次代数方程构成的方程组，含两个未知数。方程数超过未知数个数，是一个超定方程组，写成 $A * a = B$，其最小二乘解可以直接使用 MATLAB 的左除运算符 $a = A\backslash B$ 来求得。因此程序为

$$A＝[datax, ones(N, 1)]; B＝datay; a＝A\backslash B$$

$a(2)$ 的存在说明此直线不通过原点。若要在过原点的曲线族中拟合，就要在原始方程中规定 $a(2)＝0$。把 A 中的第二列去掉，即令 $A = datax$，$a0 = A\backslash B$，如果需要用二次曲

线（抛物线）来拟合数据，则结果为

　　　　A＝[datax.^2，datax，ones(N，1)]；B＝datay；a＝A\B

用 4.3 节中的 polyfit 函数就更加简单，无需列写 A。如果用 n 次曲线拟合，公式为 an ＝ polyfit(datax,datay,n)，在知道系数多项式 an 后,求多项式值的语句为 yi＝polyval(an，xi)。

◆ MATLAB 程序

```
clear
datax＝[1：5]′；
datay＝[ 0.2339, 0.3812, 0.5759, 0.8153, 0.9742 ]′；          ％原始数据
A＝[datax，ones(5，1)]；B＝datay；a＝A\B，r＝1/a(1)          ％线性拟合
plot(datax，datay，′o′)，hold on          ％绘出原始数据点图
xi＝0：0.1：5；yi＝a(1) * xi＋a(2)；          ％设置 51 个取值点
A1＝datax，a0＝A1 \ B，          ％通过原点的线性拟合
plot(xi，yi，xi，a0 * xi，′：′)          ％绘图
a2＝polyfit(datax,datay,2)；yi＝polyval(a2,xi)；          ％二次拟合
plot(xi，yi)          ％绘二次拟合曲线
hold off
```

◆ 程序运行结果

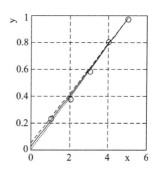

图 6-1　三种拟合结果

```
a＝0.1915
    0.0217
a0＝0.1974
a2＝0.0049
    0.1624
    0.0556
```

绘出的三种拟合曲线如图 6-1 所示。

6.2　力　学　基　础

【例 6-2-1】　设目标相对于射点的高度为 y_f，给定初速和射角，试计算物体在真空中飞行的时间和距离。

解：

◆ 建模

无阻力抛射体的飞行是中学物理就解决了的问题，本题的不同点是目标和射点不在同一高度上，用 MATLAB 可使整个计算和绘图过程自动化。其好处是可快速地计算物体在不同初速和射角下的飞行时间和距离。关键在求落点时间 t_f 时，需要解一个二次线性代数方程。

由

$$y＝v_0 \sin\theta_0 \cdot t－\frac{1}{2}gt^2＝y_f$$

解出 t，它就是落点时间 t_f。t_f 会有两个解，我们只取其中一个有效解。再求

$$x_{max} = v_0 \cos\theta_0 \cdot t_f$$

◆ MATLAB 程序

```
clear；y0＝0；x0＝0；                      ％初始位置
vMag＝input('输入初始速度（m/s）：');％输入初始速度的大小和方向
vDir＝input('输入初始速度方向(°)：');
yf＝input('输入目标高度(m)：');          ％输入目标高度 yf
vx0＝vMag * cos(vDir * (pi/180))；       ％计算 x、y 方向的初始速度
vy0＝vMag * sin(vDir * (pi/180))；
wy＝－9.81；wx＝0；                      ％重力加速度（m/s^2）
tf＝roots([wy/2，vy0，y0－yf])；         ％解二次线性代数方程,计算落点时间 tf
tf＝max(tf)；                            ％去除 tf 两个解中的庸解
t＝0：0.1：tf；
y＝y0 ＋ vy0 * t ＋ wy * t.^2/2；         ％计算轨迹
x＝x0 ＋ vx0 * t ＋ wx * t.^2/2；
xf＝max(x)，plot(x，y)，                 ％计算射程，画出轨迹
```

在检查曲线正确后，键入 hold 命令，把曲线保留下来，以便用同样的初速，不同的射角，比较其轨迹和最大射程。

◆程序运行结果

输入初始速度（m/s）：50

输入初始速度方向(°)：40

输入目标高度(m)：8

　xf＝ 241.0437

当初始速度方向为 50°时，运行程序得

　xf＝244.0677

所得曲线如图 6-2 所示。可以通过图形窗编辑来设置坐标网格和进行标注。

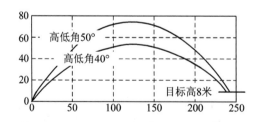

图 6-2　无阻力抛射体的飞行轨迹

【例 6-2-2】　给定质点沿 x 和 y 两个方向的运动规律 x(t) 和 y(t)，求其运动轨迹，并计算其对原点的角动量。

解：

◆ 建模

　　本例要求用户输入运动规律的解析表示式，这需要用到字符串的输入语句，应当在
input 语句中加上第二变元′s′，而运行这个字符串要用 eval 命令。当 x(t) 和 y(t) 都是周期
运动时，所得的曲线就是李萨如图形。角动量等于动量与向径的叉乘(cross product)。求
速度需要用导数，可用 MATLAB 的 diff 函数作近似导数计算。设角动量为 $\vec{L}$，质点的动量
为 $\vec{P}=m\vec{v}$，向径为 $\vec{r}$，则

$$\vec{L}=\vec{r}\times\vec{P}=\vec{r}\times m\vec{v}$$

在 x－y 平面上有

$$L=x\cdot mv_y-y\cdot mv_x$$

◆ MATLAB 程序

```
clear，close all；
%读入字符串，它应是满足元素群运算的语句
x＝input(′x＝′，′s′)；y＝input(′y＝′，′s′)；
tf＝input(′ tf＝ ′)；m＝1          %设定质量 m，此处设为 1
Ns＝100；t＝linspace(0，tf，Ns)；dt＝tf/(Ns－1)；%分 Ns 个点，求出时间增量 dt
xPlot＝eval(x)；yPlot＝eval(y)；    %计算 Ns 个点的位置 x(t)、y(t)
%计算各点 x(t)、y(t)的近似导数和角动量，注意导数序列长度比原函数少 1
    px＝m * diff(xPlot)/dt；       %px＝M dx/dt
    py＝m * diff(yPlot)/dt；       %py＝M dy/dt
    LPlot＝xPlot(1：Ns－1). * py － yPlot(1：Ns－1). * px；    %求角动量
    %画出轨迹及角动量随时间变化的曲线
clf；figure(gcf)；                           %清图形窗并把它前移
subplot(1，2，1)，plot(xPlot，yPlot)；        %画点的轨迹图
axis(′equal′)；grid                         %使两轴比例相同
subplot(1，2，2)，plot(t(1：Ns－1)，LPlot)；   %画动量矩随时间的曲线
```

◆ 程序运行结果

运行此程序，输入

```
x＝t. * cos(t)
y＝t. * sin(t)
tf＝20
```

后，得出图 6－3，读者可看出其角动量单调递增。如果输入

```
x＝cos(2 * t)
y＝sin(3 * t)
tf＝5
```

则得到图 6－4，其轨迹图就是李萨如图形。

　　读者可输入其他形式的 x(t) 和 y(t)，探讨其结果。注意输入式一定要满足对 t 作元素
群运算的格式。

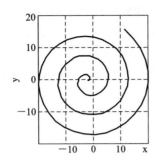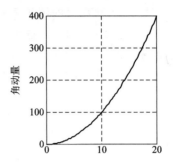

图 6 - 3　按方程 x＝t cos(t)，y＝t sin(t)画出的轨迹及角动量曲线

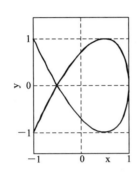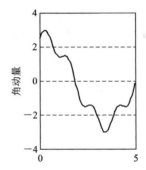

图 6 - 4　按方程 x＝cos(2t)，y＝cos(3t)画出的轨迹及角动量曲线

【例 6 - 2 - 3】　物体 A(质量为 m_1)在具有斜面的物体 B(质量为 m_2)上靠重力下滑，设斜面和地面均无摩擦力，求 A 沿斜面下滑的相对加速度 a_1 和 B 的加速度 a_2，并求斜面和地面的支撑力 N_1 及 N_2。

解：

◆ 建模

分别画出 A 和 B 的受力图如图 6 - 5 所示。

对物体 A 列写动力学方程，注意它的绝对加速度是 a_2 与 a_1 的合成：

$$m_1(a_1 \cos\theta - a_2) = N_1 \sin\theta$$
$$m_1 a_1 \sin\theta = m_1 g - N_1 \cos\theta$$

对物体 B：

$$m_2 a_2 = N_1 \sin\theta$$
$$N_2 - N_1 \cos\theta - m_2 g = 0$$

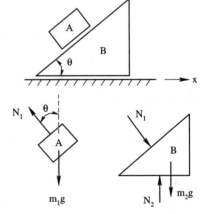

图 6 - 5　物体受力图

四个方程包含 a_1、a_2、N_1、N_2 等四个未知数，将含未知数的项移到左边，常数项移到等式右边，得到

$$\begin{bmatrix} m_1 \cos\theta & -m_1 & -\sin\theta & 0 \\ m_1 \sin\theta & 0 & \cos\theta & 0 \\ 0 & m_2 & -\sin\theta & 0 \\ 0 & 0 & -\cos\theta & 1 \end{bmatrix} \begin{bmatrix} a_1 \\ a_2 \\ N_1 \\ N_2 \end{bmatrix} = \begin{bmatrix} 0 \\ m_1 g \\ 0 \\ m_2 g \end{bmatrix}$$

写成　　　　　　　　　　　　　　　　　AX＝B

故可用 MATLAB 语句求出　　　　　　　X＝A\B

◆ MATLAB 程序

　　m1＝input('m1＝ ')；m2＝input('m2＝ ')；

　　theta＝input('theta(度)＝ ')；

　　theta＝theta * pi/180；g＝9.81；

　　A ＝ [m1 * cos(theta)，－m1，－sin(theta)，0；...

　　　　　m1 * sin(theta)，0，cos(theta)，0；...

　　　　　　　　0　　　　，m2，－sin(theta)，0；...

　　　　　　　　0　　　　，0，－cos(theta)，1]；

　　B ＝ [0，m1 * g，0，m2 * g]'；X＝A\B；

　　a1＝X(1)，a2＝X(2)，N1＝X(3)，N2＝X(4)

◆ 程序运行结果

输入 m1＝2，m2＝4 及 theta＝30，得到

　　a1＝6.5400　　　　a2＝1.8879

　　N1＝15.1035　　　N2＝52.3200

　　静力学平衡和动力学中求力与加速度关系的问题，通常都可归结为线性方程组的求解，只要方程组列写正确，那么用 MATLAB 的矩阵除法就可以方便而准确地求解。

【例 6 - 2 - 4】　质量为 m 的小球以速度 u_0 正面撞击质量为 M 的静止小球，假设碰撞是完全弹性的，即没有能量损失，求碰撞后两球的速度及它们与两球质量比 K＝M/m 的关系。

解：

◆ 建模

设碰撞后两球速度都与 u_0 同向，球 m 的速度为 u，球 M 的速度为 v，列出动量守恒和能量守恒方程，引入质量比 K＝M/m 和无量纲速度 $u_r＝u/u_0$，$v_r＝v/u_0$ 后，有

动量守恒　　　　　　　　　　　$mu_0＝mu+Mv$　　　　　　　　　　　　(6 - 1)

动能守恒　　　　　　　　　$\frac{1}{2}mu_0^2＝\frac{1}{2}mu^2+\frac{1}{2}Mv^2$　　　　　　　　　(6 - 2)

化为

　　　　　　　　　　　　　　　　$Kv_r+u_r＝1$　　　　　　　　　　　　(6 - 3)

　　　　　　　　　　　　　　　　$Kv_r^2+u_r^2＝1$　　　　　　　　　　　(6 - 4)

由(6 - 3)得

　　　　　　　　　　　　　　　$v_r＝\dfrac{1-u_r}{K}$　　　　　　　　　　　(6 - 5)

代入(6 - 4)得

　　　　　　　　　　　　　　$(1-u_r)^2+Ku_r^2＝K$　　　　　　　　　　(6 - 6)

主动球的能量损失为

　　　　　　　　　$E_m＝\frac{1}{2}m(u_0^2-u^2)＝\frac{m}{2}u_0^2(1-u_r^2)$

展开并整理多项式(6 - 6)，得

$$(1+\frac{1}{K})u_r^2 - \frac{2}{K}u_r + \left(\frac{1}{K}-1\right) = 0$$

这是一元二次代数方程,可用 roots 命令求根 u_r。

◆ MATLAB 程序

```
clear
K=logspace(-1, 1, 11);      %设自变量数组 K,从 K=0.1~10,按等比取 11 个点
for i=1:length(K)           %对各个 K 循环计算
ur1=roots([(1+1/K(i)), -2/K(i), (1/K(i)-1)]);    %二次方程有两个解
ur(i)=ur1(abs(ur1-1)>0.001);              %去掉在 1 附近的庸解
end
vr=(1-ur)./K;                %用(6-5)式求 vr,用元素群运算
em=1-ur.*ur                  %主动球损失的能量(相对值)
[ur; vr]                     %显示输出数据
semilogx(K, [ur, vr, em]), grid    %绘图
```

◆ 程序运行结果

数字结果为(省略了几行)

K	ur	vr	em
0.1000	0.8182	1.8182	0.3306
0.3981	0.4305	1.4305	0.8147
1.0000	0	1.0000	1.0000
2.5119	−0.4305	0.5695	0.8147
10.000	−0.8182	0.1818	0.3306

绘出的曲线如图 6-6 所示。

可以看出,当 K>1 时,u_r 为负,即当静止球质量大于主动球质量时,主动球将回弹。当 K=1 时,$u_r=0$,即主动球将全部动能传给静止球。当 K<1 时,u_r 为正,说明主动球将继续沿原来方向运动。

在宏观世界中很难找到完全弹性碰撞,而在微观世界中,上述结果可以用来解释康普顿效应,即光子撞击电子后,其散射光的波长会变长,而且波长的增加量与散射角有关。因为

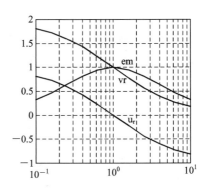

图 6-6 弹性碰撞后球速与 K 的关系

光子的动能为 $h\upsilon$,其中 $h=6.63e-34$ 为普朗克常数,而 υ 是光子的角频率,如上所述,所以在弹性碰撞后,光子损失了一些能量,必然表现为 υ 减小,即波长增加。本例只考虑了正面碰撞,分析了不同质量比的影响。要解释康普顿效应,必须考虑光子的散射是由侧面碰撞产生的,这时可以把质量比取定(光子的静止质量为零,应考虑它的动质量 $h\upsilon/c^2$,c 为光速),可以分析出其损失的能量(因而其波长)与散射方向相关,读者可自行扩展此程序进行研究。

6.3　分　子　物　理　学

【例 6 - 3 - 1】　利用气体分子运动的麦克斯韦速度分布律，求 27℃下氮分子运动的速度分布曲线，并求速度在 300～500 m/s 范围内的分子所占的比例，讨论温度 T 及分子量 μ 对速度分布曲线的影响。

解：

◆ 建模

麦克斯韦速度分布律为

$$f = 4\pi \left(\frac{m}{2\pi kT}\right)^{3/2} v^2 \exp\left(\frac{-mv^2}{2kT}\right)$$

本例将说明如何根据复杂数学公式绘制曲线，并研究单个参数的影响。先把麦克斯韦速度分布律列成一个子程序，以便经常调用，并把一些常用的常数也放在其中，这样主程序就简单了。

◆ MATLAB 程序

（1）子程序：

```
function f＝mxwl(T, mu, v)
%mu 为分子量，单位是公斤・摩尔⁻¹（如氮为 28×10⁻³），即 μ
%v 为分子速度（可以是一个数组）
%T 为气体的绝对温度
R＝8.31；                    %气体常数
k＝1.381 * 10^(−23)；        %玻尔茨曼常数
NA＝6.022 * 10^23；          %阿伏伽德罗常数
m＝mu/NA；                   %分子质量
%麦克斯韦分布率
f＝4 * pi * (m/(2 * pi * k * T)).^(3/2). * exp(−m * v.^2./(2 * k * T)). * v. * v;
```

（2）主程序：

```
T＝300；mu＝28e−3；          %给出 T，mu
v＝0：1500；                 %给出自变量数组
y＝mxwl(T, mu, v)；          %调用子程序
plot(v, y), hold on         %画出分布曲线
v1＝300：500；               %给定速度范围
y1＝mxwl(T, mu, v1)；        %该范围的分布
%画出该曲线所围区域
fill([v1, 500, 300], [y1, 0, 0], ′r′)
trapz(y1)    %求该范围概率积分
```

◆ 程序运行结果

执行此程序所得的曲线及填充图如图 6 - 7 所示。积分结果为

　　ans＝0.3763

　　为了看出 T 和 mu 对曲线形状的影响，可键
入 hold，再在程序中加上语句

　　　　T＝200；mu＝28e−3；

　　　　y＝mxwl(T，mu，v)；plot(v，y)

　　　　％改变 T，画曲线

　　　　T＝300；mu＝2e−3；

　　　　y＝mxwl(T，mu，v)；plot(v，y)

　　　　％改变 mu，画曲线

　　用图形窗编辑加上标注字符

　　从图 6－7 中可见，减小 T，使分子的速度分

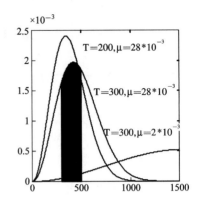

图 6－7　麦克斯韦分布曲线

布向低端移动；减小分子量 mu，使速度分布向高端移动，这与物理概念是一致的。

6.4　静　电　场

　　【例 6－4－1】　设电荷均匀分布在从 z＝−L 到 z＝L，通过原点的线段上，其密度为 q
（单位为 C/m），试求出在 x－y 平面上的电位分布。

　　解：

　　◆ 建模

　　点电荷产生的电位可表示为 $V＝Q/4\pi r\epsilon_0$，它是一个标量。其中 r 为电荷到测量点的距
离。线电荷所产生的电位可用积分或叠加的方法来求。为此把线电荷分为 N 段，每段长为
dL（在 MATLAB 中，由于程序只认英文字母，dL 应理解为 ΔL）。每段上电荷为 qdL，看做
集中在中点的点电荷，它产生的电位为

$$dV＝\frac{qdL}{4\pi r\epsilon_0}$$

然后对全部电荷求和即可。

　　把 x－y 平面分成网格，因为 x－y 平面上的电位仅取决于离原点的垂直距离 R，所以可
以省略一维，只取 R 为自变量。把 R 从 0～10 m 分成 Nr＋1 个点，对每一点计算其电位。

　　◆ MATLAB 程序

　　输入线电荷半长度 L、分段数 N、Nr 及线电荷密度 q 的语句

　　　　E0＝8.85e−12；　　　　　　　　％真空电介质常数 ϵ_0

　　　　C0＝1/4/pi/E0；　　　　　　　　％归并常数

　　　　L0＝linspace(−L，L，N＋1)；　　　％将线电荷分 N 段

　　　　L1＝L0(1：N)；L2＝L0(2：N＋1)；　％确定每个线段的起点和终点

　　　　Lm＝(L1＋L2)/2；dL＝2＊L/N；％确定每个线段的中点坐标，Lm 是 N 元数组

　　　　R＝linspace(0，10，Nr＋1)；　　　％将 R 分 Nr＋1 点

　　　　for k＝1：Nr＋1　　　　　　　　％对 R 的 Nr＋1 点循环计算

　　　　　　Rk＝sqrt(Lm.^2＋R(k)^2)；　　％测量点到各电荷段的向径长度，N 元数组

　　　　Vk＝C0 ＊ dL ＊ q. ／Rk；　　　％各电荷段在测量点处产生的电位，N 元数组
　　　　V(k)＝sum(Vk)；　　　　％对各电荷段在测量点处产生的电位数组求和
　　end
　　[max(V)，min(V)]　　　　％显示最大最小电位
　　plot(R，V)，grid　　　　％绘图
◆ 程序运行结果
运行此程序，输入
(1) q＝1，L＝5，N＝50，Nr＝50
(2) q＝1，L＝50，N＝500，Nr＝50
所得电场的最大值和最小值分别为
　(1) 1.0e＋010 ＊ [9.3199　4.1587]
　(2) 1.0e＋011 ＊ [1.3461　0.4159]
　沿 R 的电场分布如图 6 - 8 所示。

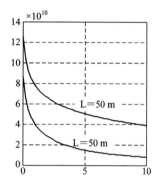

图 6 - 8　线电荷产生的静电位分布

【例 6 - 4 - 2】　由电位的表示式计算
电场，并画出等电位线和电场方向。

解：

◆ 建模
如果已知空间的电位分布

$$V＝V(x，y，z)$$

则空间的电场等于电位场的负梯度

$$E＝-\mathrm{gradient}(V)＝\left(\frac{dV}{dx}\vec{i}+\frac{dV}{dy}\vec{j}+\frac{dV}{dz}\vec{k}\right)$$

其中，$\vec{i}$、$\vec{j}$、$\vec{k}$ 分别为 x、y、z 三个方向的单位向量。

　　MATLAB 中设有 gradient 函数，它是靠数值微分的，因此空间观测点应取得密一些，以获得较高的精度。

◆ MATLAB 程序
　　V＝input('：'，'s')；　　　％读入字符串，例如 log(x.^2 ＋ y.^2)
　　xMax＝5；NGrid＝20；　　％绘图区从 x＝-xMax 到 x＝xMax，网格线数
　　xPlot＝linspace(-xMax，xMax，NGrid)；　　％绘图取 x 值
　　[x，y]＝meshgrid(xPlot)；　　　　　　　％x、y 取同样范围，生成二维网格
　　VPlot＝eval(V)；　　　　　　％执行输入的字符串 V(MATLAB 语句)
　　[ExPlot，EyPlot]＝gradient(-VPlot)；　　％电场等于电位的负梯度
　　clf；subplot(1，2，1)，meshc(VPlot)；　　％画含等高线的三维曲面
　　xlabel('x')；ylabel('y')；zlabel('电位')；
　　％规定等高线图的范围及比例
　　subplot(1，2，2)，axis([-xMax　xMax　-xMax　xMax])；％建立第二个子图
　　cs＝contour(x，y，VPlot)；　　　　　　％画等高线，cs 是等高线值
　　clabel(cs)；hold on；　　　　　　　　％在等高线图上加上编号
　　％在等高线图上加上电场方向

　　quiver(x, y, ExPlot，EyPlot)；　　　　　　　％画电场 E 的箭头图

　　xlabel('x')；ylabel('y')；hold off；

◆ 程序运行结果

　　在输入电位方程 V(x, y)＝log(x.^2 ＋ y.^2)时，得出图 6 - 9(a)所示的电位分布曲面和图 6 - 9(b)所示的电场分布向量图。

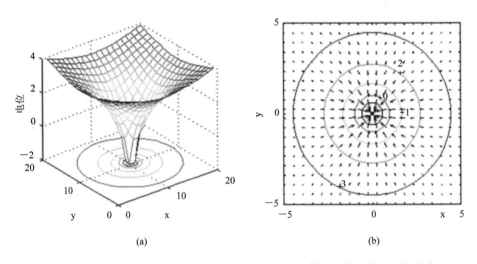

(a)　　　　　　　　　　　　　　　　(b)

图 6 - 9　V(x, y) ＝ log(x.^2 ＋ y.^2)的电位三维立体图和等位线及电场分布图

(a) 电位三维立体图；(b) 等位线及电场分布图

6.5　恒　稳　磁　场

　　【例 6 - 5 - 1】　用毕奥 - 萨伐定律计算位于 y - z 平面上的电流环在 x - y 平面上产生的磁场分布。

　　解：

◆ 建模

　　载流导线产生磁场的基本规律为：任一电流元 $I\vec{dl}$ 在空间任一点 P 处所产生的磁感应强度 $\vec{dB}$ 为下列向量的叉乘积，即

$$\vec{dB}=\frac{\mu_0}{4\pi}\cdot\frac{I\,\vec{dl}\times\vec{r}}{r^3}$$

$\vec{r}$ 为电流元到 P 点的矢径，$\vec{dl}$ 为导线元的长度矢量。P 点的总磁场可沿载流导体全长积分各段产生的磁场来求得。

　　设环在 y - z 平面上，其轴线为 x 轴，故环上各点的 x 坐标均为零，环半径 Rh＝2。先将圆环分为 Nh 个小段，计算各元电流对 P 点产生的磁场在 x、y 方向的分量，再叠加起来。

◆ MATLAB 程序

　　<u>初始化，输入环半径 Rh，环电流 I0，真空导磁率 mu0 ＝ 4 ∗ pi ∗ 1e−7 等的语句略</u>

　　x＝linspace(−3，3，20)；y＝x；　　％确定观测点的 x、y 坐标数组

```
Nh＝20；                          %电流环分段数
  %计算每段的端点，中点，电流元向量的各个分量
  theta0＝linspace(0，2 * pi，Nh＋1)；   %环的圆周角分段
  theta1＝theta0(1：Nh)；
  y1＝Rh * cos(theta1)；             %环各段向量的起点坐标 y1，z1
  z1＝Rh * sin(theta1)；
  theta2＝theta0(2：Nh＋1)；          %theta1 指起点，theta2 指终点
  y2＝Rh * cos(theta2)；             %环各段向量的终点坐标 y2，z2
  z2＝Rh * sin(theta2)；
  dlx＝0；dly＝y2－y1；dlz＝z2－z1；    %环各段向量 dl 的三个长度分量
  xc＝0；yc＝(y2＋y1)/2；zc＝(z2＋z1)/2；%环各段向量中点的三个坐标分量
%循环计算各网格点上的 B(x，y)值
  for i＝1：NGy
   for j＝1：NGx
  %对 yz 平面内的电流环分段作元素群运算，先算环上某段与观测点之间的向量 r
  rx＝x(j)－xc；ry＝y(i)－yc；rz＝0－zc；     %观测点在 z＝0 平面上
   r3＝sqrt(rx.^2 ＋ ry.^2 ＋ rz.^2).^3；    %计算 r^3
   dlXr_ x＝dly. * rz － dlz. * ry；         %计算叉乘积 dlXr 的 x 和 y 分量
   dlXr_ y＝dlz. * rx － dlx. * rz；
   Bx(i，j)＝sum(C0 * dlXr_ x. /r3)；        %把环各段产生的磁场分量累加
   By(i，j)＝sum(C0 * dlXr_ y. /r3)；
  end
 end
%用 quiver 画磁场向量图
clf；quiver(x，y，Bx，By)；
```

图形标注语句及在图上画出圆环位置的语句略

◆ 程序运行结果

运行此程序所得结果如图 6 - 10 所示，其中，
A 及 A′处为线圈与 x - y 平面的两个交点，A 点电
流方向垂直纸面向里，A′点电流方向垂直纸面向
外。读者可改变电流环的直径来分析其影响，也可
加上显示各点磁场强度的语句来分析其强度的
分布。

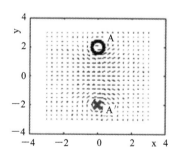

图 6 - 10　电流环产生的磁场分布图

【例 6 - 5 - 2】　两个平行电流环之间截面上磁
场分布的计算——亥姆霍兹线圈的验证。

一对相同的共轴载流圆线圈，当它们的间距正
好等于线圈半径时，称之为亥姆霍兹线圈。计算表明，亥姆霍兹线圈轴线附近的磁场的大
小十分均匀，而且都沿 x 方向。本题要求对这一论断进行验证。

解：

◆ 建模

本题的计算模型与上例相同，只是把观测区域取在两线圈之间的小范围内。B 线圈左边的磁场就等于 A 线圈左边的磁场，因此，A、B 两线圈在中间部分的合成磁场等于 A 线圈右边的磁场与其左边的磁场平移 Rh 后所得磁场的和，因此，只要观测 A 线圈的左右区间 x＝[－Rh，Rh] 内的磁场就够了，如图 6－11 所示。

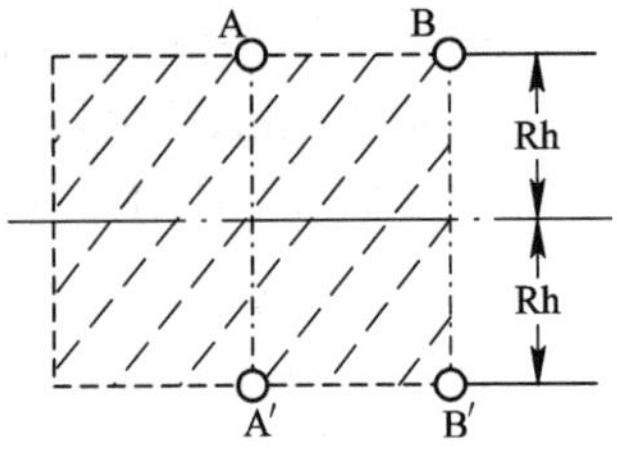

图 6－11　亥姆霍兹线圈观测区

◆ MATLAB 程序

```
clear all；      %初始化(给定环半径、电流、图形)
mu0＝4 * pi * 1e－7；      %真空导磁率(T * m/A)
I0＝5.0；Rh＝1；      %这两个常数不影响结果
C0＝mu0/(4 * pi) * I0；  %归并常数
%下面三行输入语句与上题不同，观测范围 x 取[－Rh，Rh]，即线圈的左右都取，
%因为以后要把 A 线圈右边的磁场和 B 线圈左边的磁场相加
NGx＝1；NGy ＝ 21；      %设定观测点网格数
x＝linspace(－Rh，Rh，NGx)；      %设定观测点范围及数组
y＝linspace(－Rh，Rh，NGy)；      %y 也取[－Rh，Rh]
```

主程序段同例 6－5－1(从 Nh＝20 到最后一个 end)

```
Bax＝Bx(：,11：21)＋Bx(：,1：11)；%x＜0 区域的磁场平移叠加到 x＞0 区域
Bay＝By(：,11：21)＋By(：,1：11)；
subplot(1，2，1)，
mesh(x(11：21)，y，Bax)；xlabel('x')；ylabel('y')；      %画出其 Bx 分布三维图
subplot(1，2，2)，
plot(y，Bax)，grid，xlabel('y')；ylabel('Bx')；
```

◆ 运行结果

运行结果如图 6－12 所示。可以看出，在亥姆霍兹线圈的两个线圈之间的轴线附近相当大的一个区域内，x 方向的磁场强度 Bx 是非常均匀的。用相仿的语句也不难得知，该区域内的 y 方向的磁场强度 By 近似为零，这留给读者自行证明。为了看出这个区域的大小和形状，可以用多种方法，这里用最简单的一种非图形方法，键入

```
[q]＝abs((Bax－Bax(11,6))/Bax(11,6))＜0.02      %磁场相对误差＜2%的点
q ＝ 0  0  0  0  0  0  0  0  0  0  0
      0  0  0  0  0  0  0  0  0  0  0
      0  0  0  0  0  0  0  0  0  0  0
      0  0  0  0  0  0  0  0  0  0  0
      0  0  0  1  0  0  0  0  0  0  0
      0  0  0  1  0  0  0  1  0  0  0
      0  0  0  1  1  1  1  1  0  0  0
      1  1  1  1  1  1  1  1  1  1  1
```

```
0  1  1  1  1  1  1  1  1  1  0
0  1  1  1  1  1  1  1  1  1  0
0  0  1  1  1  1  1  1  1  0  0    →x 轴线
0  1  1  1  1  1  1  1  1  1  0
0  1  1  1  1  1  1  1  1  1  0
1  1  1  1  1  1  1  1  1  1  1
0  0  0  1  1  1  1  1  0  0  0
0  0  0  1  0  0  0  1  0  0  0
0  0  0  1  0  0  0  1  0  0  0
0  0  0  0  0  0  0  0  0  0  0
0  0  0  0  0  0  0  0  0  0  0
0  0  0  0  0  0  0  0  0  0  0
0  0  0  0  0  0  0  0  0  0  0
```

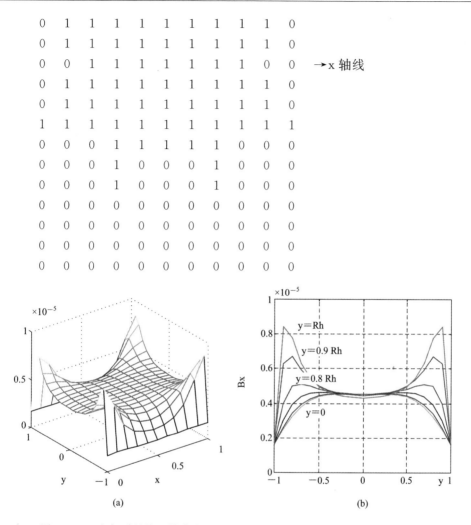

图 6 - 12　亥姆霍兹线圈轴线附近 Bx 按 x、y 的网格曲面和沿 y 向的分布图

(a) Bx 按 x、y 的网格曲面；(b) Bx 沿 y 向的分布图

在图 6 - 12 中各行和各列的间距都是 0.05Rh，21 行 11 列分别表示了两个线圈间的 xy 截面，q＝1 处表明该点满足上述磁场均匀性条件。应该注意，满足磁场均匀性条件的空间区域应该是以 x 为轴线的回转体。

同样键入 p＝abs((Bay)/Bax(11,6))＜0.02，可找到 Bay 小于中心点 Bax(11,6)的 2％的区域。

用 format＋显示 q 和 p 能得到更紧凑的打印格式，用图形方法能得到更美观的表现，例如，可用[j,k]＝find(g)；plot(j, k, ' * ')语句实现。

6.6　振　动　与　波

【例 6 - 6 - 1】　振动的合成及拍频现象。

分别输入两个正弦波的振幅、相位及频率，观察其合成的结果，特别是观察当两个信号的频率接近时产生的拍频现象。

解：

◆ 建模

两个同方向的振动 $y_1 = a_1\sin(\omega_1 t + \varphi_1)$ 和 $y_2 = a_2\sin(\omega_2 t + \varphi_2)$ 相加，得

$$y = y_1 + y_2 = a_1\sin(\omega_1 t + \varphi_1) + a_2\sin(\omega_2 t + \varphi_2)$$

用三角函数关系，可求出

$$y = (a_1 + a_2)\sin\left(\frac{\omega_1 + \omega_2}{2}t + \frac{\varphi_1 + \varphi_2}{2}\right)\cos\left(\frac{\omega_1 - \omega_2}{2}t + \frac{\varphi_1 - \varphi_2}{2}\right)$$

$$+ (a_1 - a_2)\sin\left(\frac{\omega_1 - \omega_2}{2}t + \frac{\varphi_1 - \varphi_2}{2}\right)\cos\left(\frac{\omega_1 + \omega_2}{2}t + \frac{\varphi_1 + \varphi_2}{2}\right)$$

当 ω_1 和 ω_2 很接近时，$\dfrac{\omega_1 - \omega_2}{2}$ 成为一个很低的频率，称为拍频，从用 MATLAB 程序得到的图形和声音中可以很清楚地观察拍频现象。

◆ MATLAB 程序

```
t=0：0.001：10；        %给出时间轴上 10 s，分 10 000 个点
%输入两组信号的振幅和频率
a1=input('振幅 1=')；w1=input('频率 1=')；
a2=input('振幅 2=')；w2=input('频率 2=')；
y1=a1*sin(w1*t)；      %生成两个正弦波
y2=a2*sin(w2*t)；
y=y1+y2；             %将两个波叠加
subplot(3，1，1)，plot(t，y1)，ylabel('y1')    %画出曲线
subplot(3，1，2)，plot(t，y2)，ylabel('y2')
subplot(3，1，3)，plot(t，y)，ylabel('y')，xlabel('t')
pause，sound(y1)；pause(2)，      %产生声音
sound(y2)；pause(2)，sound(y)，pause
subplot(1，1，1)            %绘图复原
```

◆ 程序运行结果

键入

  a1=1.2；w1=300

  a2=1.8；w2=310

运行的结果如图 6 - 13 所示。由于这两个频率非常接近，因此产生了差拍频率。如有声卡和音箱，也能听到这个拍频。

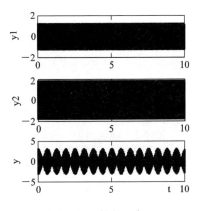

图 6 - 13 拍频现象

【例 6 - 6 - 2】 多普勒效应的验证。设声源从 500 m 外以 50 m/s 的速度向听者直线驶来，其轨迹与听者的最小垂直距离为 $y_0 = 20$ m，参看图 6 - 14，声源的角频率为 1000 rad/s，试求听者接收到的信号波形方程并生成其相应的声音。

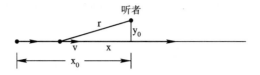

图 6 - 14　声源运动的几何关系

解：

◆ 建模

设声源发出的信号为 f(t)，传到听者处，被听者接收的信号经历了声音传播的延迟，延迟时间为

$$\Delta t = \frac{r}{c}$$

其中，c 为音速，r 为声源与听者之间的距离，故接收的信号形式为（不考虑声波的传输衰减）

$$f_1(t) = f(t - \frac{r}{c})$$

只要给出 f(t) 及 r 随 t 变化的关系，即可求得 $f_1(t)$ 并将它恢复为声音信号。

◆ MATLAB 程序

```
x0＝500；v＝60；y0＝30；              %设定声源运动参数
c＝330；w＝1000；                    %音速和频率
t＝0：0.001：30；                    %设定时间数组
r＝sqrt((x0－v＊t).^2＋y0.^2)；       %计算声源与听者的距离
t1＝t－r/c；                         %经距离迟延后的等效时间
u＝sin(w＊t)＋sin(1.1＊w＊t)；        %声源发出的信号设为两种频率的合成
u1＝sin(w＊t1)＋sin(1.1＊w＊t1)；     %听者接收到的信号
sound(u)；pause(5)；sound(u1)；      %将原信号和接收到的信号恢复为声音
```

◆ 程序运行结果

打开计算机的声音系统，运行此程序将会听到类似于火车汽笛的声音。第一声是火车静止时的汽笛声，第二声是本题中静止的听者听到的运动火车的汽笛声，它的频率先高于原来的汽笛声，后低于原来的汽笛声。程序中两个 sound 语句之间的 pause（暂停）语句是不可少的，而且暂停的时间要足够长，以便再打开声音系统，这个量与计算机硬件有关，在作者的计算机上，这个数至少要取 5。

6.7　光　　　学

【例 6 - 7 - 1】 两点（双缝）光干涉图案。

单色光通过两个窄缝射向屏幕，相当于位置不同的两个同频同相光源向屏幕照射的叠合，由于到达屏幕各点的距离（光程）不同引起相位差，如图 6 - 15 所示，叠合的结果是在有的点加强，在有的点抵消，造成干涉现象。纯粹的单色光不易获得，通常都有一定的光谱宽度，这种光的非单色性对光的干涉会产生何种效应，要求用 MATLAB 计算并仿真这一问题。

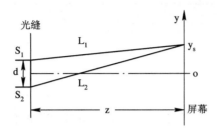

图 6 - 15　双缝干涉的示意图

解：

◆ 建模

考虑两个离中心点距离各为 d/2 的相干光源 S_1 和 S_2 到屏幕上任意点的距离差引起的相位差，先分析光程差：

$$L_1 = \sqrt{(y_s - \frac{d}{2})^2 + z^2}, \qquad L_2 = \sqrt{(y_s + \frac{d}{2})^2 + z^2}$$

则光程差为

$$\Delta L = L_1 - L_2$$

将 ΔL 除以波长 λ，并乘以 2π，得到相位差 $\phi = 2\pi \cdot \frac{\Delta L}{\lambda}$。设两束相干光在屏幕上产生的幅度相同，均为 A_0，则夹角为 ϕ 的两个向量合成向量的幅度为

$$A = 2A_0 \cos \frac{\phi}{2}$$

光强 B 正比于振幅 A 的平方，令 $B = kA^2$，$B_0 = kA_0^2$，故有

$$B = 4B_0 \cos^2 \frac{\phi}{2}$$

根据这些关系式，可以编写出计算屏幕上各点光强的程序，本书中为 exn671。

考虑到光的非单色性对干涉条纹的影响，将使问题更为复杂，此时波长将不是常数，因此必须对不同波长的光作分类处理再叠加起来。假定光源的光谱宽度为中心波长的 $\pm 10\%$，并且在该区域内均匀分布。在 $(0.9 \sim 1.1)\lambda$ 之间，按均等间距近似取 11 根谱线，其波长分别为

$$\lambda_k = (0.9 + \frac{1.1 - 0.9}{10}) \times k - 1 \qquad k = 1, 2, \cdots, 11$$

相位差的计算式求出的将是 11 根不同谱线的 11 个不同相位。计算光强时应把这 11 根谱线产生的光强叠加并取平均值，即

$$\phi_k = 2\pi \frac{\Delta L}{\lambda_k}$$

$$B = \sum_{k=1}^{11} \frac{4 \cos^2 \left(\frac{\phi_k}{2} \right)}{11} \cdot B_0$$

◆ MATLAB 程序（在本书程序集中将分成两个程序 exn671 和 exn671a）

输入波长 Lambda＝500 nm，光缝距离 d＝2 mm，光栅到屏幕距离 z＝1 m

```
yMax＝5 * Lambda * Z/d；xs＝yMax；      %设定图案的 y、x 向范围
Ny＝101；ys＝linspace(−yMax，yMax，Ny)；      %y 方向分成 101 点
for i＝1：Ny              %对屏上全部点进行循环计算
    %计算第一个和第二个光源到屏上各点的距离
    L1＝sqrt((ys(i)−d/2).^2 + z^2 )；
    L2＝sqrt((ys(i)+d/2).^2 + z^2 )；
    Phi＝2 * pi * (L2−L1)/Lambda；              %从距离差计算相位差
    B(i，：)＝4 * cos(Phi/2).^2；              %计算该点光强(设两束光强相同)
    %若考虑光谱的非单色性，把前两句改为后四句(可在前两句前加"%"号，
    %而取消后四句前的"%"号)，由此构成程序 exn671a
    %Nl＝11；dL＝linspace(−0.1，0.1，Nl)；      %设光谱相对宽度±10%
    %Lambda1＝Lambda * (1+dL′)；              %分 11 根谱线，波长为一个数组
    %Phi1＝2 * pi * (L2−L1)./Lambda1；      %从距离差计算各波长的相位差
    %B(i，：)＝sum(4 * cos(Phi1/2).^2)/Nl；      %叠加各波长影响计算光强
end
clf；figure(gcf)；              %清图形窗，将它移到前面，准备绘图
NCLevels＝255；              %确定用的灰度等级为 255 级
%定标：使最大光强(4.0)对应于最大灰度级(白色)
Br＝(B/4.0) * NCLevels；
subplot(1，2，1)，image(xs，ys，Br)；              %画图像
colormap(gray(NCLevels))；              %用灰度级颜色图
subplot(1，2，2)，plot(B(：)，ys)              %画出沿 y 向的光强变化曲线
```

◆ 程序运行结果

分别运行 exn671 和 exn671a 两个程序所得的屏幕光强图像见图 6－16，可以看出，光的非单色性导致干涉现象的减弱。光谱很宽的光将不能形成干涉。

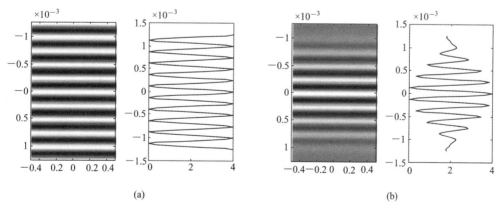

(a)　　　　　　　　　　　　　　　　(b)

图 6－16　双缝干涉条纹及光强分布

(a) 严格单色光时的结果；(b) 非单色光△Lambda＝±0.1 * Lambda 时的结果

【例 6 - 7 - 2】 用 MATLAB 程序来计算演示光的单缝衍射现象。

解：

◆ 模型

把单色平行光通过的光缝当做 N 点干涉来计算，单缝衍射的几何关系如图 6 - 17 所示，其中 a 为缝宽，它应该是很小的，这里为了能标注清楚，特意夸大了。

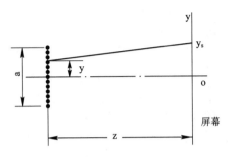

图 6 - 17 单缝衍射几何关系

把单缝看做一排由 N 个点组成的等间隔光源，分布在 $(-a/2)\sim(+a/2)$ 区间内。若屏幕离光源的距离为 z，取屏幕上一点 y_s，该处的光强应为这 N 个光源照射结果的合成。

设光源的坐标为 y，它是一个数组，其长度为 N，起点为 $-a/2$，终点为 $a/2$，用 MATLAB 语句可表为 yPoint＝linspace($-a/2$, $a/2$, NPoints)，则它到屏幕点 y_s 的路程 L 也是一个同样长度的数组，其计算公式为

$$L = \sqrt{(y_s - y)^2 + z^2}$$

以光源的中心到屏幕中心的距离 z 为基准，则其光程差为 $L-z$，对应的光相位差为 $\varphi = 2\pi(L-z)/\lambda$，它应该是 y_s 和 y 的函数。在计算时，先取定屏幕上一点 y_s，让 y 取所有的值，把得到的 φ 相加起来，就算出了屏幕上这点的光强。然后再换另一个屏幕点 y_s，再作循环。这样的双重循环，计算量是很大的，比如把光源数和屏幕点数都取 51，则进行的循环将为 2500 次以上。用手工计算是很难想象的。

下面就是按此思路写出的程序。

◆ MATLAB 程序

<u>按提示从键盘输入波长 λ、缝宽 a 和距离 z 的输入语句从略</u>

```
…
    ymax＝3 * Lambda * z/a;              ％屏幕范围（沿 y 向）
    Ny＝51;                              ％屏幕上的点数（沿 y 向）
    ys＝linspace(－ymax, ymax, Ny);
    NPoints＝51;                         ％缝上的点数（沿 y 向）
    yPoint＝linspace(－a/2, a/2, NPoints);％把缝上的点数设成数组
    for j＝1：Ny                         ％对屏幕上 y 向各点作循环
    ％对光缝中各点作循环，计算缝到屏幕位置的距离
        L＝sqrt((ys(j)－yPoint).^2 + z^2);    ％L 是一个数组
        Phi＝2 * pi. * (L－z)./Lambda;    ％对于屏幕中心的相位差，也是一个数组
        ％求每个分量的累加和，假定各光源在 ys 处产生的光强相同，只是相位不同
```

　　　SumCos＝sum(cos(Phi))；　　　　　%数组求和

　　　SumSin＝sum(sin(Phi))；

　　%求屏幕上的归一化光强；

　　B(j)＝(SumCos^2＋SumSin^2)/NPoints^2；

　　end

　clf, plot(ys, B, ′*′, ys, B)；grid；　　　%屏幕上光强与位置的关系曲线

　图形标注语句

◆ 程序运行结果

　　依次输入波长 Lambda＝500 nm，距离 z＝1 m，缝宽为 0.2 mm、1 mm 和 2 mm 三种情况，程序运行结果如图 6－18 所示。三种情况统称费涅耳衍射，只有图 6－18(a)的情况符合夫琅和费衍射的条件(也称远场条件)，即

$$\frac{\pi a^2}{4\lambda z} \ll 1$$

这个现象也适用于研究电磁波的发射。天线的设计和测量都要用这个概念。天线探测目标时通常符合夫琅和费衍射的条件，形成天线的远场波瓣，但在天线测量时却希望在近处测量，这时就不符合远场的条件，于是要建立远场和近场之间的转换关系，MATLAB 程序可以发挥作用。

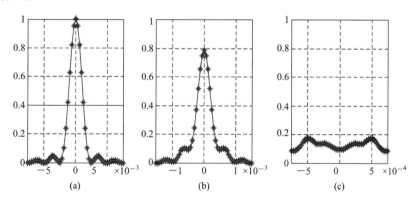

图 6－18　缝宽 a 为 0.2 mm、1 mm 和 2 mm 三种情况所得衍射光强曲线

(a) a＝0.2 mm；(b) a＝1 mm；(c) a＝2 mm

第7章　MATLAB 在力学、机械中的应用举例

7.1　理　论　力　学

【例 7 - 1 - 1】　给定由 N 个力 $\vec{F}_i$(i=1, 2, …, N)组成的平面任意力系,求其合力。

解:

◆ 建模

本程序可用来对平面任意力系作简化,得出一个合力。求合力的过程可分成两步。

第一步:向任意给定点 o 简化,得到一个主矢 $\vec{F}_o$ 和一个主矩 M_o,即

$$\vec{F}_o = \sum_{i=1}^{N} \vec{F}_i [F_{ox}, F_{oy}]$$

$$M_o = \sum_{i=1}^{N} (\vec{r}_i - \vec{r}_o) \times \vec{F}_i = \sum_{i=1}^{N} (x_i - x_o)F_{yi} - (y_i - y_o)F_{xi}$$

式中,$\vec{r}_i$ 是 $\vec{F}_i$ 作用点的矢径;$\vec{r}_o$ 是 o 点的矢径。

第二步:将此主矢和主矩向 t 点转移,使其力矩 M_t 为零,成为一个合力 F_t。令

$$M_t = (\vec{r}_o - \vec{r}_t) \times \vec{F}_o + M_o = 0$$

注意向量可以用数组表示,用 1×2 数组来表示平面向量,此式可化为

$$[r_o - r_t] \cdot \begin{bmatrix} F_{oy} \\ F_{ox} \end{bmatrix} = -M_o$$

用 MATLAB 的右除符号,可以得到合力作用点 t 的坐标 r_t 为

$$r_t = M_o / \begin{bmatrix} F_{oy} \\ F_{ox} \end{bmatrix} + r_o$$

式中,r_t 和 r_o 都是 1×2 的数组,可由此式解出 r_t。

◆ MATLAB 程序

```
clear, N=input('输入力的数目 N=')        %输入力系中各力的数据
for i=1:N
  i, F(i, :)=input('力 F(i)的 x, y 两个分量[Fx(i), Fy(i)] = ');
  r(i, :)=input('力 F(i)的一个作用点的坐标 r(i)=[rx, ry] = ');
end
ro=input('简化中心 ro 的坐标 ro=[xo, yo] = ');    %输入简化中心的数据
Fo=sum(F),                              %求主矢 Fo=[Fox, Foy]
for i=1:N                               %计算各力对 ro 点的力矩
```

$$M(i) = F(i, 2) * (r(i, 1) - ro(1)) - F(i, 1) * (r(i, 2) - ro(2));$$

end

Mo = sum(M)　　　　　　　　　　%相加求主矩

rt = Mo/[Fo(2); −Fo(1)] + ro　　　%求合力作用点的坐标

◆ 程序运行结果

最后一条语句从一个方程要求出两个未知数 rt(1) 和 rt(2)，这是一个欠定方程，事实上合力作用线将通过平面上的无数点，程序中用矩阵右除的方法只能给出无数个解中的一个解，即 rt−ro 中有一个分量是零的那个解。

运行此程序，输入

N=3, F(1, :)=[2, 3], r(1, :)=[−1, 0],

F(2, :)=[−4, 7], r(2, :)=[1, −2],

F(3, :)=[3, −4], r(3, :)=[1, 2],

又设简化中心的坐标 ro=[−1, −1]，答案为

Fo=[1　6], Mo=−9(即 x 方向分力为 1, y 方向分力为 6)

rt=[−2.5000　−1.0000](合力作用线通过的某一点坐标)

【例 7 − 1 − 2】　求图 7 − 1(a)所示杆系的支撑反力 N_a、N_b、N_c。

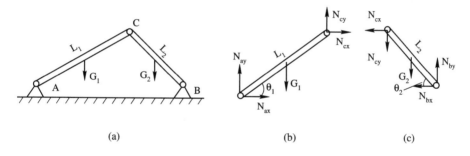

(a)　　　　　　　　　(b)　　　　　　　　　(c)

图 7 − 1　杆系结构及受力图

设已知：$G_1 = 200$；$G_2 = 100$；$L_1 = 2$；$L_2 = \sqrt{2}$；$\theta_1 = 30°$；$\theta_2 = 45°$。

解：

◆ 建模

画出杆 1 和杆 2 的受力图(如图 7 − 1(b)、(c)所示)，列出方程。

对杆 1：

$$\sum X = 0 \qquad N_{ax} + N_{cx} = 0$$

$$\sum Y = 0 \qquad N_{ay} + N_{cy} - G_1 = 0$$

$$\sum M_a = 0 \qquad N_{cy}L_1 \cos\theta_1 + N_{cx}L_1 \sin\theta_1 - G_1 \frac{L_1}{2} \cos\theta_1 = 0$$

对杆 2：

$$\sum X = 0 \qquad -N_{bx} - N_{cx} = 0$$

$$\sum Y = 0 \qquad N_{by} - N_{cy} - G_2 = 0$$

$$\sum M_b = 0 \qquad N_{cy} L_2 \ cos\theta_2 + N_{cx} L_2 \ sin\theta_2 + \frac{1}{2} G_2 L_2 \ cos\theta_2 = 0$$

这是包含六个未知数 N_{ax}、N_{ay}、N_{bx}、N_{by}、N_{cx} 和 N_{cy} 的六个线性代数方程，要解这个方程组，通常是要寻找简化的步骤，但用了 MATLAB 工具，也可以不简化，把方程组写成矩阵形式 AX＝B，用矩阵除法 X＝A\B 直接来解。在本题中，X 和 B 都是 6×1 列向量，而 A 是 6×6 阶方阵。

在编写程序时，尽量用文字变量，先输入已知条件，在程序开始处给它们赋值，这样得出的程序具有一定的普遍性，若要修改参数，则只需修改头几行的数据即可。

◆ MATLAB 程序

```
G1＝200；G2＝100；L1＝2；L2＝sqrt（2）；      %给原始参数赋值
theta1＝30 * pi/180；theta2＝45 * pi/180；      %将度化为弧度
%设 X＝[ Nax；Nay；Nbx；Nby；Ncx；Ncy ]，则系数矩阵 A、B 可写成下式
A＝[1,0,0,0,1,0;0,1,0,0,0,1;0,0,0,0,－sin(theta1),cos(theta1);...
    0,0,1,0,－1,0;0,0,0,1,0,－1;0,0,0,0,sin(theta2),cos(theta2)]
B＝[0; G1; G1/2 * cos(theta1); 0; G2; －G2/2 * cos(theta2)]
X＝A\B；                  %用左除求解线性方程组
disp('Nax, Nay, Nbx, Nby, Ncx, Ncy')          %显示结果
disp(X')
```

◆ 程序运行结果

```
A = 1.0000         0         0         0    1.0000         0
         0    1.0000         0         0         0    1.0000
         0         0         0         0   -0.5000    0.8660
         0         0    1.0000         0   -1.0000         0
         0         0         0    1.0000         0   -1.0000
         0         0         0         0    0.7071    0.7071
```

$$B = [\ 0 \quad 200.0000 \quad 86.6025 \quad 0 \quad 100.0000 \quad -35.3553 \ ]'$$

Nax	Nay	Nbx	Nby	Ncx	Ncy
95.0962	154.9038	−95.0962	145.0962	−95.0962	45.0962

【例 7－1－3】 设导弹 M 速度分别为 $v_m＝$ 1000 m/s 和 800 m/s，其速度向量始终对准速度为 $v_t＝500$ m/s 的直线飞行目标 T，发射点在目标运动方向的左（4000 m）前（3000 m）方，如图 7－2 所示，试求导弹轨迹及其加速度。

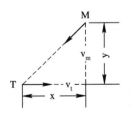

图 7－2　导弹攻击目标的运动

解：

◆ 建模

在与目标固连的等速直线运动坐标（惯性坐标系）中列写动点 M 的方程。因动点坐标与目标 T 固连，牵连速度 $\vec{v_e}＝\vec{v_t}$，动点为 M，所以它的绝对速度 $\vec{v_a}＝\vec{v_m}$。由速度合成定理

得相对速度 $\vec{v}_r = \vec{v}_a - \vec{v}_e = \vec{v}_m - \vec{v}_t$，列出其在 x、y 两方向的投影方程，得

$$v_{rx} = \frac{dx}{dt} = -v_m\frac{x}{\sqrt{x^2+y^2}} - v_t$$

$$v_{ry} = \frac{dy}{dt} = -v_m\frac{y}{\sqrt{x^2+y^2}}$$

求其积分，即可求得其轨迹 x＝x(t)，y＝y(t)。

◆ MATLAB 程序

MATLAB 数值积分要求把导数方程单独列写为一个函数程序，故其 MATLAB 程序由主程序和一个求导数的函数程序构成。由于数值积分的步长是 MATLAB 按精度自动选取的，其间隔可变，因此 dt 要用数组表示。

主程序 exn713：

```
vt＝input('vt＝')；vm＝input('vm＝')；      ％输入主程序及函数程序共用的参数
z0＝input('[x0；y0]＝')；                  ％输入数值积分函数需要的参数
tspan＝input('tspan＝[t0，tfinal]＝')；    ％输入数值积分函数需要的参数
[t，z]＝ode23('exn713f'，tspan，z0)；      ％进行数值积分
plot(z(：，1)，z(：，2))；                 ％绘图
％在惯性坐标中，M 点位置的导数是相对速度，而其二次导数则为绝对加速度
dt＝diff(t)；Ldt＝length(dt)；            ％为了求导数，先求各时刻处 t 的增量
x＝z(：，1)；y＝z(：，2)；                 ％把 z 写成 x、y 两个分量形式
vx＝diff(z(：，1))./dt；vy＝diff(z(：，2))./dt；％注意每差分一次序列长度减 1
wx＝diff(vx)./dt(1：Ldt－1)；wy＝diff(vy)./dt(1：Ldt－1)；  ％求二次导数
[t(2：Ldt)，x(2：Ldt)，y(2：Ldt)，wx，wy]    ％显示数据
```

下面是函数程序，写成矩阵方程，存成一个文件 exn713f。

```
function zprime＝exn713f(t，z，vt，vm)
global vt vm
r＝sqrt(z(1)^2＋z(2)^2)；
zprime＝[－vt－vm＊z(1)/r；－vm＊z(2)/r]
```

◆ 程序运行结果

把上面两个程序均存到 MATLAB 的搜索路径上。运行主程序并输入以下参数：

```
vt＝500；vm＝1000
[x0；y0]＝[3000；4000]
tspan＝[t0，tfinal]＝[0，4.5]
```

得出图形如图 7 - 3 所示，数据如表 7 - 1 所示，为节省篇幅，表中省略了一些数据。

注意：在给定 tfinal 时，必须使它小于遭遇点的值，否则数字积分会进入死循环而得不出结果。读者可以思考，能否修改程序，使它能自动寻找到 tfinal，并避免进入死循环。不过这就不能用现成的 ode23 函数，而要自己编写数值积分子程序才行。

将 vm 换成 800 m/s，并相应地把 tfinal 换成 6，得到的轨迹位于图 7 - 3 中原轨迹的左上方。

表 7 - 1　导弹轨迹及其加速度

t/s	x/m	y/m	wx/m·s^{-2}	wy/m·s^{-2}
0	3000.0	4000.0		
0.2	2761.6	3824.3	110.2	−78.3
1.1	1816.8	3072.9	104.4	−61.4
2.0	958.2	2271.7	173.7	−72.3
2.9	245.0	1413.0	246.1	−46.7
3.6	−121.3	713.5	721.3	128.6
4.1	−190.0	268.7	874.5	603.7
4.4	−104.5	47.7	731.2	1588.6
4.5	−80.7	27.1		

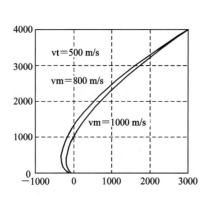

图 7 - 3　导弹跟踪目标时的相对轨迹

【例 7 - 1 - 4】　四连杆机构如图 7 - 4 所示，输入杆 L_1 的转角 $\theta_1 = \omega_1 t$，$\omega_1 = 100$ rad/s，求输出杆 L_3 的转角 θ_3 随时间的变化规律，并求其角速度和角加速度。

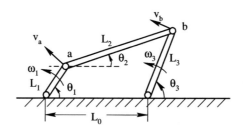

图 7 - 4　四连杆机构的几何关系

解：

◆ 建模

四连杆机构的运动方程由 X 和 Y 方向的长度关系确定为

$$L_1 \cos\theta_1 + L_2 \cos\theta_2 - L_3 \cos\theta_3 - L_0 = 0 \tag{7-1}$$

$$L_1 \sin\theta_1 + L_2 \sin\theta_2 - L_3 \sin\theta_3 = 0 \tag{7-2}$$

从上述两个方程中消去 θ_2，便可化成一个只包括 θ_1 和 θ_3 的方程，给定 θ_1，可求出满足此方程的 θ_3。

由式(7 - 2)得

$$\sin\theta_2 = (L_3 \sin\theta_3 - L_1 \sin\theta_1)/L_2 \tag{7-3}$$

将(7 - 1)式中的 $\cos\theta_2$ 代以 $\sqrt{1-\sin^2\theta_2}$，得出

$$f(\theta_1,\theta_3)=L_1\cos\theta_1+L_2\sqrt{1-\left(\frac{L_3\sin\theta_3-L_1\sin\theta_1}{L_2}\right)^2}-L_3\cos\theta_3-L_0=0 \qquad (7-4)$$

在 θ_1 给定时，求能使 $f(\theta_3)=0$ 的 θ_3 值，然后，θ_2 就可由式(7 - 3)求得。

为了求能使 $f(\theta_3)=0$ 的 θ_3 值，可调用 MATLAB 中的 fzero 函数。为此，要把 $f=f(\theta_3)$ 单独定义为一个 MATLAB 函数 exn714f，在主程序中要调用它。为了把长度参数传给子程序，在主程序和子程序中都加了全局变量语句(global)，但全局变量容易造成程序的混乱，要特别小心，在复杂的程序中应尽量避免使用。

求得 θ_1、θ_2 和 θ_3 后，就不难根据杆 1 的角速度求出杆 3 的角速度，其方法有以下两种：

（1）求瞬时速度，这是通常理论力学的解法，其依据就是杆 2 两端点 a 和 b 的速度沿杆长方向的分量相等，通过三角关系，有

$$L_1\omega_1\cos\left(\frac{\pi}{2}-\theta_1+\theta_2\right)=L_3\omega_3\cos\left(\theta_3-\frac{\pi}{2}-\theta_2\right)$$

从而

$$\omega_3=\frac{L_1\omega_1\cos\left(\dfrac{\pi}{2}-\theta_1+\theta_2\right)}{L_3\cos\left(\theta_3-\dfrac{\pi}{2}-\theta_2\right)}$$

由杆 2 两端点 a 和 b 的速度沿杆长垂直方向的分量之差，可以求出杆 2 的角速度

$$\omega_2=\frac{1}{L_2}\left(-L_3\sin\left(\theta_3-\frac{\pi}{2}-\theta_2\right)-L_1\omega_1\sin\left(\frac{\pi}{2}-\theta_1+\theta_2\right)\right)$$

（2）求运动全过程的角位置、角速度和角加速度曲线，这只有借助于计算工具才能做到，因为用手工算一个点就不胜其烦，算几十个点更是很难想象。而由 MATLAB 编程调用 fzero 函数时，要求给出一个近似猜测值，若连续算几十点，前一个解就可作为后一个解的猜测值，从而带来了方便。

本书将提供 exn714a 和 exn714b 两个程序来分别表述这两种方法，它们所要调用的函数程序命名为 exn714f。

◆ MATLAB 程序

1. 主程序 exn714a

```
global L0 L1 L2 L3 th1
L0＝20；L1＝8；L2＝25；L3＝20；    ％输入基线及三根杆的长度 L1、L2、L3
theta1＝input('当前角 theta1＝ ');
theta3＝input('对应于 theta1 的 theta3 近似值＝ ');
th1＝theta1；theta3＝fzero('exn714f',theta3)；    ％求当前输出角 theta3
theta2 ＝ asin((L3 * sin(theta3)－L1 * sin(theta1))/L2)；
w1＝input('w1＝ ');
w3 ＝ L1 * w1 * cos(pi/2－theta1＋theta2)/(L3 * cos(theta3－pi/2－theta2))
```

2. 主程序 exn714b

```
global L0 L1 L2 L3 th1
```

　　　　L0＝20；L1＝8；L2＝25；L3＝20；　　％输入基线及三根杆的长度 L1、L2、L3

　　　　w1＝input('杆 1 角速度 w1＝')；

　　　　theta1＝linspace(0，2＊pi，181)；　　％把杆 1 每圈分为 180 份，间隔 2°

　　　　theta3＝input('对应于 theta1 最小值处的 theta3(近似估计值)＝')；

　　　　dt ＝ 2＊pi/180/w；　　％杆 1 转 2°对应的时间增量

　　　　th1＝theta1(1)；theta3(1)＝fzero('exn714f'，theta3)；　　％求初始输出 theta3

　　　　for i＝2：181

　　　　　　th1＝theta1(i)；

　　　　　　theta3(i)＝fzero('exn714f'，theta3(i−1))；％调用 fzero 函数逐次求 theta3

　　　　end

　　　　subplot(1，2，1)，plot(theta1，theta3)，ylabel('theta3')，grid　　％画曲线

　　　　w3 ＝ diff(theta3)/dt；　　％求杆 3 的角速度，注意求导数后数组长度小于 1

　　　　subplot(1，2，2)，plot(theta1(2：length(theta1))，w3)；grid ％画角速度曲线

3. **子程序(函数程序)exn714f**

　　　　function y＝exn714f(x)

　　　　global L0 L1 L2 L3 th1

　　　　y＝L1.＊cos(th1)＋L2＊sqrt(1−(L3＊sin(x)−L1＊sin(th1)).^2/L2/L2)…

　　　　　　−L3＊cos(x)−L0；

　　在上述程序中注意 th1 是一个标量，而 theta1 在 exn714b 中是一个数组，因为函数 exn714f 中用到的是特定点的角度，是一个标量，所以不能用 theta1，引入了 th1 作为其当前值。

　　◆ 程序运行结果

　　在 L0＝20，L1＝8，L2＝25，L3＝20(或 15)的条件下运行 exn714b，根据提问，输入 w$_1$＝100，在 theta1＝0 处，设 theta3 的近似初值为 1 弧度，所得的曲线如图 7－5(a)所示，相应的角速度变化规律如图 7－5(b)所示。若运行 exn714a，其单点的数据与图7－5一致，请读者自行检验。

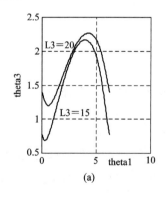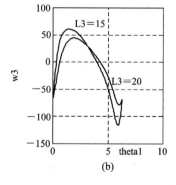

图 7－5　四连杆机构的输入输出角位置关系和输出角速度

(a) 输入输出角位置关系；(b) 输出角速度

利用 MATLAB，可以用动画来显示四连杆的运动，运行程序集中的 exn714d 就可以看到它的结果。有兴趣的读者可以打开此程序并读懂它的原理，它并不难懂。

【例 7 - 1 - 5】　对于抛射体，设空气阻力的方向与抛射体质心，速度向量相反，大小与抛射体质心速度的平方成正比。抛射体受力图如图7 - 6 所示。考虑空气阻力，计算抛射体飞行的轨迹和距离。

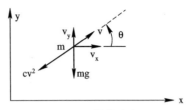

图 7 - 6　抛射体受力图

解：

◆ 建模

在例 6 - 2 - 1 中，研究过不计空气阻力的抛射体飞行轨迹，考虑空气阻力后，程序要复杂一些，因为 x 和 y 两个方向的方程会通过空气阻力互相耦合，必须联立起来求解。根据受力图7 - 6 可列写其运动方程为

$$\frac{dx}{dt} = v_x, \ \frac{dy}{dt} = v_y$$

$$m\frac{dv_x}{dt} = -cv^2\cos\theta = -cv^2\frac{v_x}{v} = -cvv_x$$

$$m\frac{dv_y}{dt} = -cv^2\sin\theta - mg = -cvv_y - mg$$

式中 c 为抛射体的空气阻力系数。

本来可以把两个速度导数的方程分别联立起来求解，先求出速度，再积分而求出位置。但在 MATLAB 中，阶次高并不造成困难，分成两步反而增加编程的工作量，所以往往选择一次解出这个四阶方程。这里设了一个四维列向量

$$r = \begin{bmatrix} x \\ y \\ v_x \\ v_y \end{bmatrix}$$

来表示四个变量，方程组可写成矩阵形式：

$$r' = \begin{bmatrix} x' \\ y' \\ v_x' \\ v_y' \end{bmatrix} = \begin{bmatrix} v_x \\ v_y \\ -cvv_x/m \\ -cvv_y/m - g \end{bmatrix} = \begin{bmatrix} r(3) \\ r(4) \\ -cvr(3)/m \\ -cvr(3)/m - g \end{bmatrix}$$

为了调用 MATLAB 的数值积分法函数，要把其运动方程组写成一个函数文件，取文件名为 exn715f。该运动方程组是一个四行的向量方程组，表明系统为四阶。

◆ MATLAB 程序

1. 函数程序 exn715f

```
function rdot=exn715f(t, r)
c = 0.01; g = 9.81; m=1;          %给出空气阻力系数及重力加速度 (m/s^2)
vm = sqrt(r(3)^2+r(4)^2);          %速度大小
```

rdot ＝ [r(3)；r(4)；－c＊vm＊r(3)/m；－c＊vm＊r(4)/m－ g]；%运动方程

2. 主程序 exn715

```
clear；y0 = 0；x0 = 0；        %初始位置
vMag = input('输入初始速度（m/s）：')；        %输入初始速度
vDir = input('输入初速方向（度）：')；
tf = input('输入飞行时间（s）：')；            %输入飞行时间
vx0 = vMag * cos(vDir * (pi/180))；          %计算 x，y 方向的初始速度
vy0 = vMag * sin(vDir * (pi/180))；
r0 = [0；0；vx0；vy0]；
[t，r] = ode45('exn715f'，[0，tf]，r0)，    %数值积分（调用函数程序 exn715f）
plot(r(：，1)，r(：，2))，hold on            %计算轨迹
%ode45 规定返回的结果中：t 是列向量，各时刻的 r 成为四列向量
%注意下一语句的意义：找 y<0 的下标所对应的 x 的最小值，以粗略计算射程
xmax = min(r(find(r(：，2)<0)，1))
plot([0，150]，[0，0])                      %画出 x 坐标线
```

◆ 程序运行结果

输入初始速度（m/s）：60

输入初速方向（度）：45

输入飞行时间（s）：6.2

t	x	y	vx	vy
0	0	0	42.4264	42.4264
0.3002	11.7236	11.3046	36.0492	33.3239
1.1646	37.8640	32.1793	25.7857	16.5362
⋯	⋯	⋯	⋯	⋯
5.6509	111.8578	4.5714	10.0477	－22.1716
6.2000	117.0149	－8.2190	8.7531	－24.3438

xmax ＝ 117.0149

换新的参数：

输入初始速度（m/s）：60

输入初速方向（度）：35

输入飞行时间（s）：6

得到近似射程 xmax＝123.1946。

其轨迹如图 7－7 所示。读者可思考如何能求出射程的精确值。

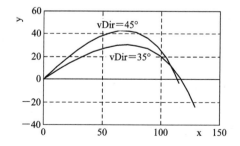

图 7－7　考虑空气阻力后的抛射体轨迹

【例 7－1－6】　给定半径 r＝0.1 m、重量 Q＝2 kg 的均质保龄球，球的初始速度 v_0＝3 m/s，初始角速度 ω_0＝0，地面的摩擦系数 f＝0.05，问经过多少时间后，球将无滑动地滚动，求此时球心的速度。

解：

◆ 建模

保龄球受力情况如图 7 - 8 所示，接触面之间打滑时，摩擦力使圆柱质心减速，而使其转动加速。当圆柱触地点 C 的线速度达到 0，即 $v = \omega * r$ 时，进入纯滚动状态。

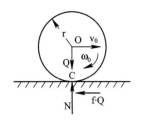

图 7 - 8　圆柱运动受力图

已知球的质量为 $\dfrac{Q}{g}$，转动惯量为 $J = \dfrac{2}{5} Q r^2$，可列出动力学方程

$$\sum Y = 0, \ N = Q$$

$$\sum X = m \frac{dv}{dt}, \quad \frac{Q}{g} \frac{dv}{dt} = - f \cdot Q, \ \text{整理得}$$

$$\frac{dv}{dt} = - 5g \qquad\qquad (7 - 5)$$

$$\sum M_0 = J \frac{d\omega}{dt}, \ J \frac{d\omega}{dt} = fQr, \ \text{整理得}$$

$$\frac{d\omega}{dt} = \frac{5}{2} fg \qquad\qquad (7 - 6)$$

积分可得

$$v = v_0 - fgt \qquad\qquad (7 - 7)$$

$$\omega = \omega_0 + \frac{2fg}{r} t \qquad\qquad (7 - 8)$$

将式(7 - 7)和式(7 - 8)联立，可求得满足 $v = r\omega$ 的时刻为 $t_1 = \dfrac{v_0 - \omega_0 r}{fg}$。

◆ MATLAB 程序

```
r＝0.1；Q＝2；g＝9.81；            %输入常数
f＝0.05；v0＝3；w0＝0；
J＝Q＊r^2/2.5/g；F＝f＊Q；           %要计算的常数
wdot＝F＊r/J；                      %绕质心转动加速度方程
vdot＝－F/(Q/g)；                   %质心线加速度方程
t1＝(v0－w0＊r)/(wdot＊r－vdot)      %求 t1 的方程
v＝v0 ＋ vdot＊t1                    %求 v 的方程
```

◆ 程序运行结果

运行此程序的结果为

　　　　t1＝0.8737，　　v＝2.1429

即经过 0.8737 s 后，保龄球进入纯滚动状态，此时质心速度为 2.1429 m/s。

7.2　材 料 力 学

【例 7 - 2 - 1】　拉压杆系的静不定问题。由 n 根杆组成的桁架结构如图 7 - 9 所示，受力 P 的作用，各杆截面面积分别为 A_i，材料弹性模量为 E，求各杆的轴力 N_i 及节点 A 的位移。

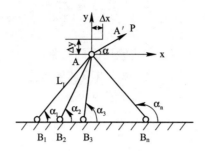

图 7 - 9　任意静不定杆系受力图

解：

◆ 建模

先列写具有普遍意义的方程，设各杆均受拉力，A 点因各杆变形而引起的 x 方向位移为 Δx，y 方向位移为 Δy，由几何关系得变形方程

$$\Delta L_i = \frac{N_i L_i}{EA_i} = \Delta x\, \cos\alpha_i + \Delta y\, \sin\alpha_i$$

即

$$\frac{N_i}{K_i} - \Delta x\, \cos\alpha_i - \Delta y\, \sin\alpha_i = 0 \qquad (i = 1, \cdots, n)$$

其中，$K_i = \dfrac{EA_i}{L_i}$ 为杆 i 的刚度系数。

再加上两个力平衡方程

$$\sum X = 0, \qquad \sum_{i=1}^{n} N_i \cos\alpha_i = P \cos\alpha$$

$$\sum Y = 0, \qquad \sum_{i=1}^{n} N_i \sin\alpha_i = P \sin\alpha$$

共有 n＋2 个方程，其中包含 n 个未知力和两个待求位移 Δx 和 Δy，方程组可解。因为这又是一个线性方程组，可写成 D * X = B 的标准形式，所以可由 MATLAB 的矩阵除法 X=D\B 解出。

算例：设三根杆组成的桁架如图 7 - 10 所示，挂一重物 P=3000 N，设 L=2 m，各杆的截面积分别为 $A_1 = 200 \times 10^{-6}$ m²，$A_2 = 300 \times 10^{-6}$ m²，$A_3 = 400 \times 10^{-6}$ m²，材料的弹性模量 $E = 200 \times 10^9$ N/m²，求各杆受力的大小。

此时应有五个方程如下：

力平衡：

$$-N_1 \cos\alpha_1 - N_2 - N_3 \cos\alpha_3 = 0$$

$$N_1 \sin\alpha_1 - N_3 \sin\alpha_3 = 0$$

位移协调：

$$N_1 / K_1 = \Delta x\, \cos\alpha_1 + \Delta y\, \sin\alpha_1$$

$$N_2 / K_2 = \Delta y$$

$$N_3 / K_3 = \Delta x\, \cos\alpha_3 - \Delta y\, \sin\alpha_3$$

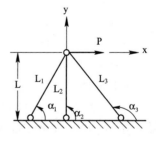

图 7 - 10　静不定三杆受力图

设 $X = [N_1；N_2；N_3；\Delta x；\Delta y]$，把上述五个线性方程组列成 $D*X=B$ 的矩阵形式。

◆ MATLAB 程序

P＝3000；E＝200e9；L＝2

A1＝200e－6；A2＝300e－6；A3＝400e－6；

a＝pi/3；a2 ＝ pi/2；a3＝3 * pi/4；

L1＝L/sin(a1)；L2＝L/sin(a2)；L3＝L/sin(a3)；　　　　%计算杆长

K1＝E * A1/L1；K2＝E * A2/L2；K3＝E * A3/L3；　　　%计算刚度系数

%为避免语句太长，给系数矩阵按行赋值

D(1，：) ＝ [cos(a1), cos(a2), cos(a3), 0, 0]；

D(2，：) ＝ [sin(a1), sin(a2), sin(a3), 0, 0]；

D(3，：) ＝ [1/K1, 0, 0, －cos(a1), －sin(a1)]；

D(4，：) ＝ [0, 1/K2, 0, －cos(a2), －sin(a2)]；

D(5，：) ＝ [0, 0, 1/K3, －cos(a3), －sin(a3)]；

B ＝ [P; 0; 0; 0; 0]；

format long，X ＝ D\B　　　%求解线性方程组，用长格式显示结果

◆ 程序执行结果

执行此程序，用 format long 显示的结果为

$$X = \begin{bmatrix} N1 \\ N2 \\ N3 \\ \Delta x \\ \Delta y \end{bmatrix} = \begin{bmatrix} 1763.40607065591 \\ 591.14251029634 \\ -2995.72429657297 \\ 0.00016949097 \\ 0.00001970475 \end{bmatrix}$$

若用普通格式显示，将得出 $\Delta y=0.0000$，实际上 Δy 不是零，这可从 N2 不等于零推知。在程序中用一个矩阵显示数值相差很大的元素时，就得采用 format long，以免丢失小的量。也可要求系统单独显示此元素的值，例如键入 x(5)，系统将给出 ans＝1.970475034321116e－005。读者还可改变几根杆的刚度系数，看它们如何影响各杆受力的分布。

【例 7 - 2 - 2】　长为 L 的悬臂梁如图 7 - 11 所示，左端固定，在离固定端 L_1 处施加力 P，求它的转角和挠度。已知梁的弹性模量 $E=200\times10^9$ N/m^2 和截面惯性矩 $I=2\times10^{-5}$ m^4。

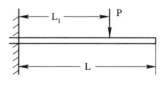

图 7 - 11　悬臂梁受力图

解：

◆ 建模

材料力学中从弯矩求转角要经过一次积分，而从转角求挠度又要经过一次积分，这不仅很麻烦而且容易出错。在 MATLAB 中，可用 cumsum 函数或更精确的 cumtrapz 函数作近似的不定积分，只要 x 取得足够密，其结果是相当精确的，且程序非常简单。本题采用 cumsum 函数。解题的关键还在于正确地列写弯矩方程，请读者注意程序中的这部分。

本题的弯矩方程为

$$M = \begin{cases} -P(L_1-x) & (0\leqslant x\leqslant L_1) \\ 0 & (L_1\leqslant x\leqslant L) \end{cases}$$

转角　　　　　　　　　　$A = \int_0^x \dfrac{M}{EJ} \, dx$

挠度　　　　　　　　　　$Y = \int_0^x A \, dx$

◆ MATLAB 程序

```
clear
L=2；P=2000；L1=1.5；          %给出已知常数
E=200e9；I=2e-5；
x=linspace(0, L, 101)；dx=L/100；      %将 x 分成 100 段，步长为 L/100
n1=L1/dx+1；                    %确定 x=L1 处对应的下标
M1=-P*(L1-x(1: n1))；          %第一段弯矩赋值
M2=zeros(1, 101-n1)；          %第二段弯矩赋值(全为零)
M=[M1, M2]；                   %全梁的弯矩
A=cumsum(M)*dx/(E*I)；         %对弯矩积分求转角
Y=cumsum(A)*dx；              %对转角积分求挠度
subplot(3, 1, 1), plot(x, M), grid      %绘弯矩图
subplot(3, 1, 2), plot(x, A), grid      %绘弯矩图
subplot(3, 1, 3), plot(x, Y), grid      %绘弯矩图
```

◆ 程序运行结果

运行程序所得的结果如图 7-12 所示。注意几根曲线之间的积分关系。本题之所以简单，是因为在 x=0 处，转角和挠度都为零，因此两次积分的积分常数恰好都为零。如果它们不为零，那么程序中就得有确定积分常数的语句，这可在例 7-2-3 中看到。

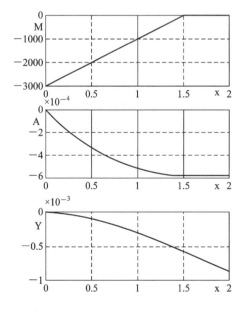

图 7-12　悬臂梁弯矩(M)、转角(A)和挠度(Y)曲线

【例 7-2-3】　简支梁左半部分受均匀分布载荷 q 作用，右边 L/4 处受集中力偶 M_0 作用（如图 7-13 所示），求其弯矩、转角和挠度。设 L＝2 m，q＝1000 N/m，M_0＝900 N·m，E＝200×10^9 N/m²，I＝2×10^{-6} m⁴。

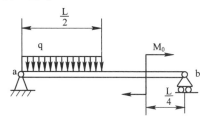

图 7-13　简支梁受力图

解：

◆ 建模

此题解法基本上与例 7-2-2 相同，主要差别是要处理积分常数问题。

支撑反力 N_a 和 N_b 可由平衡方程求得，设 $Q = \dfrac{qL}{2}$，则

$$N_a = \left(Q \cdot \frac{3}{4} L + M \right) / L, \quad N_b = Q - N_a$$

各段弯矩方程为

$$M_1 = N_a x - \frac{Q}{0.5L} \cdot \frac{x^2}{2} = N_a - \frac{Q}{L} \cdot x^2 \quad \left(0 \leqslant x < \frac{L}{2} \right)$$

$$M_2 = N_b (L - x) + M_0 \qquad \left(\frac{L}{2} \leqslant x < \frac{3}{4} L \right)$$

$$M_3 = N_b (L - x) \qquad \left(\frac{3}{4} L \leqslant x \leqslant L \right)$$

对 M/EI 作积分，得转角 A，再作一次积分，得到挠度 Y，每次积分都要出现一个待定积分常数

$$A = \int_0^x \frac{M}{EI} \cdot dx + C_a = A_0(x) + C_a$$

此处设 $A_0(x) = \mathrm{cumtrapz}(M) * dx / EI$。

$$Y = \int_0^x A \, dx + C_y = \int_0^x A_0(x) \, dx + C_a x + C_y = Y_0(x) + C_a x + C_y$$

此处设 $Y_0(x) = \mathrm{cumtrapz}(A_0) * dx$。

两个待定积分常数 C_a 和 C_y 可由边界条件 $Y(0)=0$ 及 $Y(L)=0$ 确定：

$$Y(0) = Y_0(0) + C_y = 0$$
$$Y(L) = Y_0(L) + C_a \cdot L + C_y = 0$$

于是可得

$$\begin{bmatrix} 0 & 1 \\ L & 1 \end{bmatrix} \cdot \begin{bmatrix} C_a \\ C_y \end{bmatrix} = \begin{bmatrix} -Y_0(0) \\ -Y_0(L) \end{bmatrix}$$

即

$$\begin{bmatrix} C_a \\ C_y \end{bmatrix} = \begin{bmatrix} 0 & 1 \\ L & 1 \end{bmatrix} \backslash \begin{bmatrix} -Y_0(0) \\ -Y_0(L) \end{bmatrix}$$

◆ MATLAB 程序

```
%输入已知参数 L，q，M₀，E，I 后，先求两铰链的支撑反力 Na 和 Nb
L=2；q=1000；M0=900；E=200e9；I=2e-6；
Na=(3*q*L^2/8-M0)/L；Nb=(q*L^2/8+M0)/L；%求支撑反力
x=linspace(0，L，101)；dx=L/100；           %将 x 分为 100 小段
M1=Na*x(1：51)-q*x(1：51).^2/2；        %分三段用数组列出 M 的表达式
M2=Nb*(L-x(52：76))-M0；
M3=Nb*(L-x(77：101))；M=[M1，M2，M3]；   %列写完整的 M 数组
A0=cumtrapz(M)*dx/(E*J)；        %由 M 积分求转角（未计积分常数）
Y0=cumtrapz(A0)*dx；                %由转角积分求挠度（未计积分常数）
C=[0，1；L，1]\[-Y0(1)；-Y0(101)]；%由边界条件求积分常数 Ca，Cy
Ca=C(1)，Cy=C(2)，
A=A0+Ca；Y=Y0+Ca*x+Cy；    %求出转角与挠度的完整值
subplot(3，1，1)，plot(x，M)，grid   %绘图
subplot(3，1，2)，plot(x，A)，grid
subplot(3，1，3)，plot(x，Y)，grid
```

◆ 程序运行结果

执行本程序的结果如图 7-14 所示。

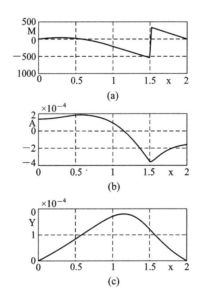

图 7-14 例 7-2-3 的弯矩、转角和挠度曲线
(a)弯矩曲线；(b)转角曲线；(c)挠度曲线

梯形积分累加函数 cumtrapz 与定积分函数 trapz 的不同在于 cumtrapz 类似于不定积分，逐点给出积分的值，因而得出一个数列，而 trapz 只给出积分到终点的一个值。这些函数都假定步长为 1，因此累加的值必须乘以 dx 才与积分等价。

用 A=cumtrapz(M)来求面积，长度 M 为 101，只能形成 100 个 A。而 cumsum 则是

把 101 个点逐个相加，相当于多算了一个点。准确地说，可以推导出

　　cumtrapz(M) ＝cumsum(M) － M(1)/2 －M/2

实际上只要点取得足够多，直接用 cumsum(M)代替 cumtrapz(M)，在工程上也是可以接受的。

【例 7－2－4】　拉弯合成部件的截面设计。这一设计计算将归结为解一个三次代数方程，过去要用试凑法反复运算，本例显示了用 MATLAB 求解的简洁。钻床立柱如图 7－15 所示。设P＝15 kN，许用拉应力 [σ]＝35 MPa，钻头轴与立柱轴距离为 0.4 m，试求立柱直径。

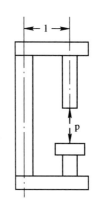

图 7－15　钻床受力图

　　解：

　　◆ 建模

立柱受到拉力 P 和弯矩 Pl 作用，两者产生的拉应力之和为最大拉应力，令它小于[σ]，即

$$\sigma=\frac{P}{F}+\frac{Pl}{W}\leqslant[\sigma]$$

把 $F=\frac{\pi d^2}{4}$，$W=\frac{\pi d^3}{32}$ 代入上式后，得到求直径 d 的方程

$$\frac{[\sigma]\pi}{32}d^3-\frac{P}{8}d-Pl\geqslant0$$

这个三次代数方程可用 MATLAB 多项式求根的 roots 函数求解。

　　◆ MATLAB 程序

```
P=input('P='), l=input('l='),          %输入力和偏心距
asigma=input('[σ]='),                   %输入许用拉应力
a=[asigma*pi/32, 0, -P/8, -P*l];        %求三次代数方程的系数向量
r=roots(a);                             %求代数方程的根
d=r(find(imag(r)==0))                   %只取实根
```

　　◆ 程序运行结果

运行此程序，按提示输入以下条件

　　P=15000，l=0.4，[σ]=35e6

得到的解为

　　d=0.1219 m

7.3　机　械　振　动

【例 7－3－1】　分析单自由度阻尼系统的阻尼系数对其固有振动模态的影响。

　　解：

　　◆ 建模

单自由度阻尼系统振动方程为

$$m \frac{d^2 x}{dt^2} + c \frac{dx}{dt} + kx = f \quad\quad\quad (7-9)$$

其中 m 为物体质量，k 为弹簧刚度，c 为阻尼常数，f 为所加的外力。为了研究它的固有振动，设外加力 f＝0。将方程整理后写成

$$\frac{d^2 x}{dt^2} + 2\zeta\omega_n \frac{dx}{dt} + \omega_n^2 x = 0 \quad\quad\quad (7-10)$$

式中，$\omega_n = \sqrt{\frac{k}{m}}$ 为固有频率，$\zeta = \frac{c}{2}\sqrt{\frac{1}{mk}} = \frac{c}{2\sqrt{mk}}$ 为阻尼系数。现取 $\zeta = 0.1 \sim 1$，$\omega_n = 10$，初始条件分别为 $x_0 = 1$、$v_0 = 0$ 及 $x_0 = 0$、$v_0 = 1$，进行讨论。

根据微分方程理论，这样一个常系数二阶方程，其通解的形式为 $x = C_1 e^{p_1 t} + C_2 e^{p_2 t}$，将它代入方程，得知 p_1、p_2 是特征方程 $p^2 + 2\zeta\omega_n p + \omega_n^2 = 0$ 的两个根，而 C_1、C_2 则由初始条件决定。

很多教材都用传统的解析法解这个题目，在 $\zeta < 1$ 时，p_1、p_2 是一对共轭复根，$p_1 = -\zeta\omega_n + j\omega_d$，$p_2 = -\zeta\omega_n - j\omega_d$，其中 $\omega_d = \omega_n \sqrt{1-\zeta^2}$，此时，解就可写成正余弦函数的形式，常数 C_1、C_2 就转化为 A 和 φ：

$$x(t) = A e^{-\zeta\omega_n t} \sin(\omega_d t + \varphi)$$

其中，$A = \sqrt{\dfrac{(v_0 + \zeta\omega_0 x_0)^2 + (x_0 \omega_d)^2}{\omega_d^2}}$，$\varphi = \arctan\left(\dfrac{x_0 \omega_d}{v_0 + \zeta\omega_0 x_0}\right)$。

用 MATLAB 作为计算工具对这些公式进行计算和绘图，比用手工计算和绘图方便得多。先设 $x_0 = 1$，$v_0 = 1$，时间区间为 $t = 0 \sim 2$ s，ζ 按步长 0.1 由 0 增加到 1，可以得到如下的 MATLAB 程序：

◆ MATLAB 程序(exn731a)

```
clear, wn=10; tf=2; x0=1; v0=0;
for j=1:10
    zeta(j)=0.1*j;          %设定不同的 ζ
    wd(j)=wn*sqrt(1-zeta(j)^2);      %求 ωd
    a=sqrt((wn*x0*zeta(j)+v0)^2+(x0*wd(j))^2)/wd(j); %求振幅 A
    phi=atan2(wd(j)*x0,v0+zeta(j)*wn*x0); %用 atan2 是为了求四象限相角
    t=0:tf/1000:tf;           %设定自变量数组
    x(j,:)=a*exp(-zata(j)*wn*t).*sin(wd(j)*t+phi);      %求过渡过程
end
plot(t,x(1,:),t,x(2,:),t,x(3,:),t,x(4,:),t,x(5,:),       %绘图
t,x(6,:),t,x(7,:),t,x(8,:),t,x(9,:),t,x(10,:))
grid, figure, mesh(x)    %画出三维图形
```

◆ 程序运行结果

执行此程序即可得到图 7－16 所示结果。改变初始条件为 $x_0 = 0$，$v_0 = 1$(程序 exn731b)，可得到图 7－17 所示结果。实际上后一组曲线就是系统的脉冲过渡函数。因为脉冲函数的幅度是无穷大，而持续时间却是无限小，其面积为一个单位，所以脉冲激励的最后效果(在 $t = +\text{eps}$ 处)可形成一个单位的初速 v_0，由它产生的波形就是脉冲过渡函数的波形。

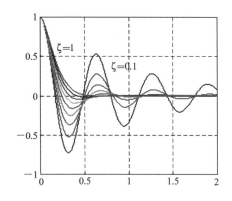

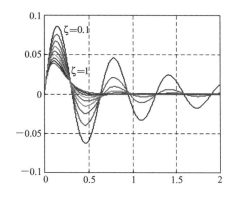

图 7 - 16　初值 $x_0 = 1$、$v_0 = 0$ 时的振动波形　　图 7 - 17　初值 $x_0 = 0$、$v_0 = 1$ 时的振动波形

键入 mesh(t，zeta，x)，可以得到以 ζ 为参数的脉冲响应。

三维图形如图 7 - 18 所示，从中可以更形象地看出 ζ 对固有振动模态的影响，因为没有彩色，所以视觉效果要差一些，读者在计算机屏幕上看要好得多，并且可以再键入 rotate3d 命令，以便用鼠标拖动三维图形旋转，获得更清晰的概念。

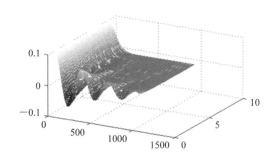

图 7 - 18　不同 ζ 对固有振动模态影响的三维图

上述公式之所以繁琐，是因为要避免复数运算。而 MATLAB 本身就具备复数运算的功能，可使求解变得更为简单。设原始微分方程为

$$a_2 \frac{d^2 x}{dt^2} + a_1 \frac{d^2 x}{dt^2} + x = 0$$

先用 roots 函数求 p_1、p_2，语句为：$p = roots([a2, a1, 1])$，然后不必管它们是否为复数，把 $x = C_1 e^{p_1 t} + C_2 e^{p_2 t}$ 对 t 求导，得

$$v = \frac{dx}{dt} = C_1 p_1 e^{p_1 t} + C_2 p_2 e^{p_2 t}$$

代入初始条件可得

$$x_0 = C_1 + C_2, \qquad v_0 = C_1 p_1 + C_2 p_2$$

将这两个线性方程联立，解出 C_1、C_2。

$$\begin{bmatrix} C_1 \\ C_2 \end{bmatrix} = \begin{bmatrix} 1 & 1 \\ p_1 & p_2 \end{bmatrix}^{-1} \begin{bmatrix} x_0 \\ v_0 \end{bmatrix}$$

这样，p_1、p_2 和 C_1、C_2 都已求出，只要给出 t 数组，就求出了 x。

要注意的是：虽然我们知道，在系统的实际运动中，x 必然是实数，但在复数运算中，

由于计算的误差，难免会出现微小的虚部，使 x 变成复数。这会使绘图语句无法执行，因此要用 real 语句取出实部，才能绘图。假如其他参数不变，要求出 $\zeta=0.3$ 的情况下此系统的脉冲响应，则可编出程序 exn731c 如下，其核心语句只有中间的三句，语句简单多了。

```
wn＝10;tf＝2;x0＝1;v0＝0;zeta＝0.3;t＝0：tf/1000：tf；    %输入参数和自变量数组
p＝roots([1, 2 * zeta * wn, wn^2])            %求特征方程的根
C＝inv([1, 1; p(1), p(2)]) * [x0; v0]         %求各暂态分量常数
x＝real(C(1) * exp(p(1) * t)＋C(2) * exp(p(2) * t));   %用 real 消除虚数
plot(t, x), grid on                          %绘图
```

【例 7 - 3 - 2】　设单自由度阻尼系统的质量 m＝1 kg，弹簧刚度系数 K＝100 N/m，速度阻尼系数 c＝4 N·s/m，求它在如下外力作用下的强迫振动，并画出 t≤1.2 s 的波形。

$$f=\begin{cases} t/0.015 & (0 \leqslant t \leqslant 0.15\ \text{s}) \\ 10 & (0.15 < t \leqslant 1.2\ \text{s}) \end{cases}$$

解：

◆ 建模

首先求出系统的脉冲过渡函数 h(t)，则强迫振动的波形就等于 h(t) 和外加力 f(t) 作卷积的结果，即

$$x(t) = \int_0^t h(t-\tau) \cdot f(\tau) d\tau$$

在 MATLAB 中，h(t) 和 f(t) 都可用数组 h 和 f 表示，其取样间隔 dt 应相同，便有

$$x = \text{conv}(h, f) * dt$$

卷积计算很繁琐，通常讲振动时只讨论一些标准的有解析表达式的激励信号，如方波、正弦波等，而用了 MATLAB 就不必受限制。在本题中脉冲过渡函数用极点留数函数 residue 求得，然后用卷积函数 conv 根据输入函数和脉冲过渡函数求输出。

极点留数法是以拉普拉斯变换为基础的，设 m＝1，对振动方程(7 - 9)的两端作拉氏变换，得

$$(s^2 + cs + k)X(s) = F(s) \Rightarrow X(s) = \frac{F(s)}{s^2 + cs + k}$$

设输入为单位脉冲，其拉普拉斯变换 F(s)＝1，把 X(s) 用极点留数表示，有

$$X(s) = \frac{1}{ms^2 + cs + k} = \frac{r_1}{s - p_1} + \frac{r_2}{s - p_2}$$

p_1、p_2 是 X 的两个极点，r_1、r_2 则是对应的留数，X(s) 的拉普拉斯反变换为

$$x(t) = r_1 e^{p_1 t} + r_2 e^{p_2 t}$$

除了将 C 换成了 r，这个公式和上题完全相仿。好处是 MATLAB 中有专门的函数来同时求出 p 和 r，其调用方式为

$$[r, p] = \text{residue}(b, a)$$

其中 b、a 分别是 X(s) 分子、分母多项式的系数向量。于是可编出本题的程序 exn732。

◆ MATLAB 程序

```
m=1; c=4; K=100; dt=0.015;          %输入给定的参数
w0=sqrt(K/m);                       %求系统固有频率
```

```
zeta＝c/sqrt(m * K)/2;                    %求系统固有阻尼系数
a＝[1, 2 * zeta * w0, w0^2]; b＝1;        %求分母、分子的系数
[r, p]＝residue(b, a);                    %求极点、留数
t＝0：dt:1.2;
h＝r(1) * exp(p(1) * t)＋r(2) * exp(p(2) * t);      %求出系统的脉冲响应
f＝[1：10, 10 * ones(1, 70)];            %给出外加力的采样值
x＝conv(h, f) * dt;          %把脉冲响应和外加力作卷积
plot(t(1：80), x(1：80))                  %绘图
v1＝diff(x)/dt;        %求导得出速度, 注意求导后数组长度少 1
[t(1：80)', f(1：80)', x(1：80)', [0, v1(1：79)]']   %列出结果
```

◆ 程序运行结果

执行此程序的结果如图 7 – 19 所示。其大量的数值结果予以删略。读者不妨把程序中的 h 改用例 7 – 3 – 1 的方法在 $v_0＝1$ 条件下求出，其所得结果应该完全相同。

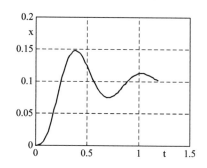

图 7 – 19　单自由度阻尼系统的强迫振动

【**例 7 – 3 – 3**】　二自由度可解耦系统的振动模态分析。

图 7 – 20 表示一个由两个物块和两个弹簧及阻尼器构成的二自由度振动系统, 现要在给定两个物块的初始位置和初始速度的情况下求系统的运动。

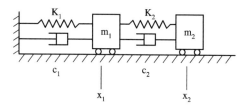

图 7 – 20　二自由度振动模型

解：

◆ 建模

设 x_1 和 x_2 分别表示两个物块关于它们的平衡位置的偏差值, 则此二自由度振动系统的一般方程为

$$\left.\begin{array}{l} m_1\ddot{x}_1＋(c_1＋c_2)\dot{x}_1－c_2\dot{x}_2＋(k_1＋k_2)x_1－k_2 x_2＝0 \\ m_2\ddot{x}_2＋c_2(\dot{x}_2－\dot{x}_1)＋k_2(x_2－x_1)＝0 \end{array}\right\} \qquad (7－11)$$

可写成矩阵形式

$$M\ddot{X} + C\dot{X} + KX = 0 \tag{7-12}$$

其中

$$M = \begin{bmatrix} m_1 & 0 \\ 0 & m_2 \end{bmatrix}, \; C = \begin{bmatrix} c_1 + c_2 & -c_2 \\ -c_2 & c_2 \end{bmatrix}, \; K = \begin{bmatrix} k_1 + k_2 & -k_2 \\ -k_2 & k_2 \end{bmatrix}, \; X = \begin{bmatrix} x_1 \\ x_2 \end{bmatrix} \tag{7-13}$$

这是一个四阶常微分方程组。给出它的初始条件(初始位置 X_0 和初始速度 X_{d0}):

$$X_0 = \begin{bmatrix} X_{10} \\ X_{20} \end{bmatrix}, \; X_{d0} = \dot{X}_0 = \begin{bmatrix} \dot{x}_{10} \\ \dot{x}_{20} \end{bmatrix} = \begin{bmatrix} x_{d10} \\ x_{d20} \end{bmatrix} \tag{7-14}$$

可以求出它的解。但用解析方法求解非常麻烦,如果 $C = 0$,即在无阻尼情况下,系统可解耦为两种独立的振动模态,通常书上只给出作解耦简化后的解。

有了 MATLAB 工具,根本无需设 $C = 0$,也无需解耦,就可以用很简单的程序求出其数值解。其基本思路是把原始方程化成典型的四个一阶方程构成的状态方程组

$$\dot{Y} = AY \tag{7-15}$$

此方程在初始条件 $Y = Y_0$ 下的解为 $Y = Y_0 e^{At}$,用 MATLAB 表示为 $Y = \text{expm}(A * t) * Y0$。其中 expm 表示把 $(A * t)$ 看成矩阵来求其指数。在例 5-5-9 中给出了求矩阵指数的方法。MATLAB 还直接提供了 expm、expm1 等多种函数供用户调用。所以,我们只要把 Y、Y0 和 A 找到就行。

先把方程(2)写成两个一阶矩阵方程

$$\left. \begin{array}{l} \dot{X} = X_d \\ \dot{X}_d = \ddot{X} = -M\backslash C\dot{X} - M\backslash KX \end{array} \right\} \rightarrow \begin{bmatrix} \dot{X} \\ \dot{X}_d \end{bmatrix} = \begin{bmatrix} O & I \\ -M\backslash K & -M\backslash C \end{bmatrix} \begin{bmatrix} X \\ X_d \end{bmatrix} \tag{7-16}$$

于是

$$Y = \begin{bmatrix} X \\ X_d \end{bmatrix}, \; Y_0 = \begin{bmatrix} X_0 \\ X_{d0} \end{bmatrix}, \; A = \begin{bmatrix} O & I \\ -M\backslash K & -M\backslash C \end{bmatrix} \tag{7-17}$$

对于本题的二自由度系统,$X = \begin{bmatrix} x_1 \\ x_2 \end{bmatrix}$,$X_d = \begin{bmatrix} x_{d1} \\ x_{d2} \end{bmatrix}$,所以 Y 和 Y_0 都是 4×1 的单列数组;由于 A 中的四个元素都是 2×2 方阵,因此 A 是 4×4 方阵。对于更多自由度的系统,式(7-17)也是正确的。只要改变 O、I、M、K、C、Y、Y_0 的阶数即可。

下面给出二自由度系统的一个数值例,设 m1=1;m2=9;k1=4;k2=2;cl 和 c2 可由用户输入。求在初始条件 x0=[1;0] 和 xd0=[0;-1]时,系统的输出 x1,x2 曲线。

◆ MATLAB 程序

根据上面的模型可以写出程序 exn733 如下。

```
m1=1;m2=9;k1=4;k2=2;        %输入各原始参数
c1=input('c1=');c2=input('c2=');        %输入阻尼系数
x0=[1;0];xd0=[0;-1];tf=50;dt=0.1;        %给出初始条件及时间向量
M=[m1,0;0,m2];K=[k1+k2,-k2;-k2,k2];        %构成二阶参数矩阵
C=[c1+c2,-c2;-c2,c2];
A=[zeros(2,2),eye(2);-M\K,-M\C];        %构成四阶参数矩阵
y0=[x0;xd0];        %四元变量的初始条件
for i=1:round(tf/dt)+1        %设定计算点,作循环计算
```

```
    t(i)=dt*(i-1);
    y(:,i)=expm(A*t(i))*y0;          %循环计算矩阵指数
end
subplot(2,1,1), plot(t, y(1,:)), grid       %按两个分图绘制 x1、x2 曲线
subplot(2,1,2), plot(t, y(2, :)), grid
```

◆ 程序运行结果

运行此程序，输入 $c_1=0.2$，$c_2=0.5$ 所得的结果如图 7-21 所示。从中可清楚地看到振动的两种模态。特别是 x1 的运动反映了两种模态的叠合。给出不同的初始条件，各模态的幅度也会变化。输入 $c_1=0$、$c_2=0$ 所得的结果如图 7-22 所示，为了弄清两种振动模态的参数，可以对矩阵 A 进行特征值分析，在上述的程序运行后，继续键入

$$[p, D]=eig(A)$$

得到

$$p=\begin{bmatrix} -0.0000-0.3757i & -0.0000+0.3757i & -0.3020-0.0000i & -0.3020+0.0000i \\ 0.0000+0.0143i & 0.0000-0.0143i & -0.8838 & -0.8838 \\ 0.9260 & 0.9260 & -0.0000-0.1155i & -0.0000+0.1155i \\ -0.0352-0.0000i & -0.0352+0.0000i & 0.0000+0.3381i & 0.0000-0.3381i \end{bmatrix}$$

$$D=\begin{bmatrix} -0.0000+2.4649i & 0 & 0 & 0 \\ 0 & -0.0000-2.4649i & 0 & 0 \\ 0 & 0 & 0.0000+0.3825i & 0 \\ 0 & 0 & 0 & 0.0000-0.3825i \end{bmatrix}$$

这些特征值两两互成共轭，而且实部均为零，表明了它们是两种不同频率的无阻尼振动，其角频率就是这些特征值的虚部。在输入其他 c_1、c_2 的情况下，可用同样的语句进行计算，得出的将是有阻尼的振动。可以看出，用计算机解题时，问题和数据的复杂性对解题的过程毫无影响。通常我们选择比较简单且有解析解的数据作为检验程序之用。一旦确定程序正确，它就可以用在很复杂的情况下。例如，作者就曾把 exn733 的核心语句用在一个具有五个自由度的系统上，解一个 10 阶的线性方程组，同样可得出满意的结果。

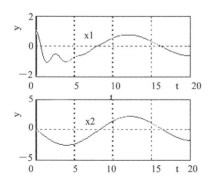

图 7-21　二自由度振动的输出波形
（$c_1=0.2$, $c_2=0.5$）

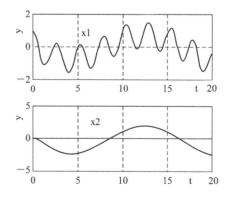

图 7-22　二自由度振动的输出波形
（$c_1=c_2=0$）

第8章　MATLAB 在电工和电子线路中的应用举例

8.1　电 工 原 理

【例 8 - 1 - 1】　梯形直流电路如图 8 - 1 所示，问：

(1) 如 $U_S = 10$ V，求 U_{bc}，I_7，U_{de}；

(2) 如 $U_{de} = 4$ V，求 U_{bc}，I_7，U_S。

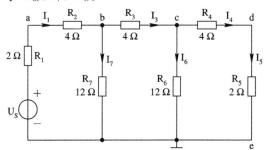

图 8 - 1　例 8 - 1 - 1 的电路图

解：

◆ 建模

此电路中设节点电压为变量，共有 U_a、U_b、U_c、U_d 等四个。

各支路电流均用这些电压来表示

$$I_1 = \frac{U_S - U_b}{R_1 + R_2} \qquad I_3 = \frac{U_b - U_c}{R_3} \qquad I_7 = \frac{U_b}{R_7}$$

$$I_4 = I_5 = \frac{U_c}{R_4 + R_5} \qquad I_6 = \frac{U_c}{R_6}$$

对 b 点和 c 点列出节点电流方程：$I_1 = I_3 + I_7$，$I_3 = I_4 + I_6$，将上述各值代入化简，得

$$\left(\frac{1}{R_3} + \frac{1}{R_1 + R_2} + \frac{1}{R_7}\right)U_b - \frac{1}{R_3}U_c = \frac{U_S}{R_1 + R_2} \tag{8-1}$$

$$\frac{U_b}{R_3} - \left(\frac{1}{R_3} + \frac{1}{R_4 + R_5} + \frac{1}{R_6}\right)U_c = 0 \tag{8-2}$$

当问题(1)给出 U_S 时，这两个方程中只有两个未知数 U_b 和 U_c，可写成矩阵方程

$$A_1 \cdot \begin{bmatrix} U_b \\ U_c \end{bmatrix} = \begin{bmatrix} a_{11} & a_{12} \\ a_{21} & a_{22} \end{bmatrix}\begin{bmatrix} U_b \\ U_c \end{bmatrix} = \begin{bmatrix} \dfrac{U_S}{R_1 + R_2} \\ 0 \end{bmatrix} = \begin{bmatrix} a_{13} \\ a_{23} \end{bmatrix}U_S$$

读者可从方程(1)、(2)中找到 a_{11}、a_{12}、a_{21}、a_{22} 及 a_{13}、a_{23} 的表达式，并用矩阵左除解出 U_b、U_c。

由 $U_{bc}=U_b-U_c$，$U_{de}=\dfrac{R_5}{R_4+R_5}U_c$，$I_7=\dfrac{U_b}{R_7}$，即可解出问题(1)。

对于问题(2)，可以推出类似的矩阵表达式，只是输入输出量不同，请读者自行推导，并与下面的 MATLAB 程序对照。由于同一系统的系数矩阵有许多相同的项，因此编程时可以利用这个特点来简化其赋值过程。

◆ MATLAB 程序

```
r1=2；r2=4；r3=4；r4=4；r5=2；r6=12；r7=12；     %为元件赋值
a11=1/(r1+r2)+1/r3+1/r7；a12=-1/r3；a13=1/(r₁+r₂)     %对各系数赋值
a21=1/r3；a22=-1/r3-1/(r4+r5)-1/r6；a23=0
us=input('us=')；          %输入问题(1)的已知条件
A1=[a11，a12；a21，a22]    %列出系数矩阵 A1
u=A1\[a13*us；'0]          %u=[ub；uc]
ubc=u(1)-u(2)，ude=u(2)*r5/(r4+r5)，i=u(1)/r7     %解问题(1)
ude=input('ude=')，       %输入问题(2)的已知条件
A2=[A1，-[a13；a23]；0，r5/(r4+r5)，0]         %列出系数矩阵 A2
u=A2\[0；0；ude]，                      %u=[ub；uc；us]
ubc=u(1)-u(2)，i=u(1)/r7，
us=(r1+r2)*(u(1)*a11+u(2)*a12)              %解问题(2)
```

◆ 程序运行结果

(1) 输入 us=10 时，得到 ubc=2.2222，ude=0.7407，i7=0.3704；

(2) 输入 ude=4 时，得到 ubc=12.0000，i7=2.0000，us=54.0000。

【例 8 - 1 - 2】 如图 8 - 2 所示电路，在 t<0 时，开关 S 位于"1"，电路已处于稳态，t=0 时，开关 S 闭合到"2"，求 U_C 和 I_{R_2} 的响应，并画出它们的波形。

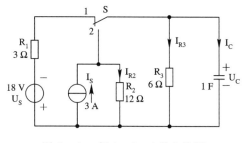

图 8 - 2 例 8 - 1 - 2 的电路图

解：

◆ 建模

这是一个分析暂态过程的问题，先要找到其初值和终值。

在 t=0₋ 时 $U_C(0_-)=-12\text{ V}$，$I_C(0_-)=0$，由于 R_2 是电流源 I_S 唯一的外部通路，故 $I_{R_2}(0_-)=I_S=3$；当 t=0₊ 时，因为电容器端电压不可能突变，仍有 $U_C(0_+)=U_C(0_-)=-12\text{ V}$，电流源向两个电阻和一个电容的并联系统供电，两个电阻的电流应等于电容电压除以电阻，即

$$I_{R2}(0_+)=\frac{U_C(0_+)}{R_2}=-1\text{ A}$$

$$I_{R3}(0_+) = \frac{U_C(0_+)}{R_3} = -2 \text{ A}$$

电容的充电电流为电流源总电流减去电阻电流，故

$$I_C(0_+) = I_S - I_{R2}(0_+) - I_{R3}(0_+) = 3 - (-1) - (-2) = 6 \text{ A}$$

再分析终值，达到稳态后，电容中将无电流，电流源的全部电流将在两个电阻之间分配，其端电压应相同，它也就是电容上的终电压，结果应为 $U_{Cf} = 12$ V，$I_{R2f} = 1$ A。

初值和终值之间的过渡波形 u(t) 按三要素法计算。所谓三要素是指初值 u_0、终值 u_f 和该段的充放电时间常数 T，表示式为

$$u(t) = u_f + (u_0 - u_f)e^{-(t-t_0)/T}$$

MATLAB 语句可写成 u=uf+(u0-uf)*exp(-(t-t0)/T)。在求多段波形时，每段的初始时刻 t_0 可能不同，需要注意。

◆ MATLAB 程序

```
r1=3；us=18；is=3；r2=12；r3=6；C=1；          %给出原始数据
uc0=-12；ir20=uc0/r2；ir30=uc0/r3；            %算出初值
ic0=is-ir20-ir30；
ir2f=is*r3/(r2+r3)；                          %算出终值
ir3f=is*r2/(r2+r3)；
ucf=ir2f*r2；icf=0；
t=[[-2:0]-eps, 0:15]；       %注意时间数组的设置，在 t=0 附近设两个点
uc(1:3)=-12；ir2(1:3)=3；                      %t<0 时的值
T=r2*r3/(r2+r3)*C；                           %求充电时常数
uc(4:19)=ucf+(uc0-ucf)*exp(-t(4:19)/T)；
ir2(4:19)=ir2f+(ir20-ir2f)*exp(-t(4:19)/T)；  %用三要素法求输出
subplot(2,1,1)；h1=plot(t, uc)，              %绘电压 uc 波形
subplot(2,1,2)，h2=plot(t, ir2)；             %绘电流 ir2 波形
```

◆ 程序运行结果

执行此程序的结果如图 8-3 所示。

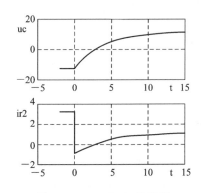

图 8-3 U_C 和 I_{R2} 的波形

【例 8-1-3】 如图 8-4 所示电路，已知 R=5 Ω，ωL=3 Ω，$\dfrac{1}{\omega C}$=5 Ω，$\dot{U}_C$=10∠0°，

求 $\dot{I}_R$、$\dot{I}_C$、$\dot{I}$、$\dot{U}_L$ 及 $\dot{U}_S$，并画出其相量图。

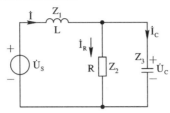

图 8 - 4　例 8 - 1 - 3 电路图

解：

◆ 建模

这是普通的交流稳态电路问题，设 $Z_1 = j\omega L$，$Z_2 = R$，$Z_3 = 1/j\omega C$。

R 与 C 并联后的阻抗为

$$Z_{23} = \frac{Z_3 Z_2}{Z_2 + Z_3}$$

总阻抗为　　　　　　　　　　　$Z = Z_1 + Z_{23}$

总电流为总电压除以总阻抗，即

$$\dot{I} = \frac{\dot{U}_S}{Z}$$

而总电压将在这两段阻抗之间分压：

$$\dot{U}_L = \dot{I} \cdot Z_1，\quad \dot{U}_C = \dot{I} \cdot Z_{23}$$

$\dot{I}_R$ 及 $\dot{I}_C$ 可由 $\dot{U}_C$ 分别除以 Z_2 及 Z_3 得到

$$\dot{I}_R = \frac{\dot{U}_C}{Z_2}，\quad \dot{I}_C = \frac{\dot{U}_C}{Z_3}$$

在 MATLAB 中，任何一个变量的元素都可以是复数，它可以代表电压和电流相量，也可以表示复数阻抗，无需特别注明，所以程序中没有（也不允许有）字母上的点号，以后不再向读者说明。

◆ MATLAB 程序（注意它的复数运算）

```
z1＝3 * j；z2＝5；z3＝5/j；uc＝10；
z23＝z2 * z3/(z2＋z3)；z＝z1＋z23；
Ic＝uc/z3，Ir＝uc/z2，I＝Ic＋Ir，ul＝I * z1，us＝I * z
disp(′  Ir    Ic    I    ul    us ′)
disp(′幅值′)，disp(abs([Ir，Ic，I，ul，us]))
disp(′相角′)，disp(angle([Ir，Ic，I，ul，us]) * 180/pi)
%compass 是 MATLAB 中绘制复数相量图的命令，用它画相量图特别方便
ha＝compass([Ir,Ic,I,ul,us])；%ha 是本图的图柄，如不需改变线宽，可省去它
set(ha，′linewidth′，2)；    %把向量线条加粗至 2 mm
```

◆ 程序运行结果

	Ir	Ic	I	ul	us
幅值	2.0000	2.0000	2.8284	8.4853	7.2111
相角	0	90.0000	45.0000	135.0000	56.3099

画出的相量图如图 8－5 所示。

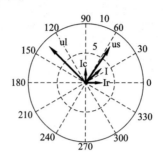

图 8－5　例 8－1－3 所得的相量图

【例 8－1－4】　如图 8－6 所示电路，已知 $\dot{U}_S(t)=10+10\cos t$，$\dot{I}_S(t)=5+5\cos 2t$，求 $\dot{U}(t)$。

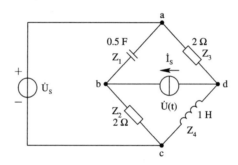

图 8－6　例 8－1－4 的电路图

解：

◆ 建模

这是一个含三个频率分量的稳态交流电路问题，可以按每个频率成分分别计算，再叠加起来。但是，更高明的办法是利用 MATLAB 的元素群计算特性，把多个频率分量及相应的电压、电流、阻抗等都看做多元素的数组，每一个元素对应一种频率分量的值。因为它们服从同样的方程，所以程序就特别简洁。

（1）先看 $\dot{U}_S$ 对 b、d 点产生的等效电压 $\dot{U}_{OC}$，假定电流源开路，由图 8－6 可得

$$\dot{U}_{OC}=\left[\frac{Z_2}{Z_1+Z_2}-\frac{Z_4}{Z_3+Z_4}\right]\cdot\dot{U}_S$$

（2）根据戴维南定理，U_S 的等效电流源的内阻应计算如下：设 U_S 短路，求由 b、d 向网络方向的阻抗，其等效电路如图 8－7 所示。

$$Z_{eq}=\frac{Z_3Z_4}{Z_3+Z_4}+\frac{Z_1Z_2}{Z_1+Z_2}$$

电流源在 b、d 间产生的电压为 $I_S Z_{eq}$。

（3）根据叠加原理

$$\dot{U}=\dot{I}_S Z_{eq}+\dot{U}_{OC}$$

◆ MATLAB 程序

clear, format compact

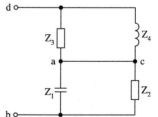

图 8－7　求等效内阻的图

w＝[eps，1，2]；us＝[10，10，0]；Is＝[5，0，5]；％按三种频率设定输入信号数组

z1＝1./(0.5 * w * j);z4＝1 * w * j;　　　%电抗分量是频率的函数,故自动成为数组

z2＝[2, 2, 2]; z3＝[2, 2, 2];　　　　%对电阻分量也列写成常数数组

uoc＝(z2/(z1＋z2)－z4/(z3＋z4)). * us;　　%列出电路的复数方程

zeq＝z3. * z4./(z3＋z4)＋z1. * z2./(z1＋z2);　　%列出等效阻抗

u＝Is. * zeq＋uoc;　　　　　　　%求解

disp('　　w　　um　　　phi ')　　　%显示

disp([w', abs(u'), angle(u') * 180/pi])

◆ 程序运行结果

w	um	phi
0.0000	10.0000	0
1.0000	3.1623	−18.4349
2.0000	7.0711	−8.1301

由此我们可以写出 u 的表达式为

$$u＝10＋3.1623 \cos(t＋18.4349°)＋7.0711 \cos(2t＋8.1301°)$$

思考题:

(1) 对直流分量,我们不用零作为其频率而用 eps(相对精度),是什么原因?

(2) 如果输入电压为 us＝10＋10 sin(t),该程序应如何改变?

(3) 注意比较本程序中最后两个 disp 语句的不同。

【例 8 - 1 - 5】　如图 8 - 8(a)所示电路,设

$$R_1＝2\ \Omega, R_2＝3\ \Omega, R_3＝4\ \Omega$$

$$jX_L＝j2, -jX_{C1}＝-j3, -jX_{C2}＝-j5$$

$$\dot{U}_{S1}＝8\angle0\ V, \dot{U}_{S2}＝6\angle0\ V, \dot{U}_{S3}＝8\angle0\ V, \dot{U}_{S4}＝15\angle0\ V$$

求各支路的电流相量和电压相量。

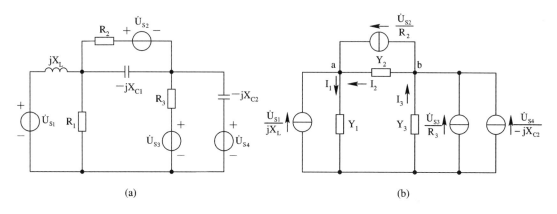

图 8 - 8　例 8 - 1 - 5 的电路图

解:

◆ 建模

先把原图中的电压源换成等效的电流源,如图 8 - 8(b)所示,则导纳

$$Y_1＝\frac{1}{R_1}＋\frac{1}{jX_L}, \quad Y_2＝\frac{1}{R_2}－\frac{1}{jX_{C1}}, \quad Y_3＝\frac{1}{R_3}－\frac{1}{jX_{C2}}$$

均为两并联元件导纳之和，按图示电源方向，其电流为

$$\dot{I}_1 = \dot{U}_a Y_1, \quad I_2 = (\dot{U}_b - \dot{U}_a) Y_2, \quad I_3 = -\dot{U}_b Y_3$$

列出 a、b 两点的电流方程

$$Y_1 \dot{U}_a - Y_2 (\dot{U}_b - \dot{U}_a) = \frac{\dot{U}_{S1}}{jX_L} + \frac{U_{S2}}{R_1}$$

$$Y_2 (\dot{U}_b - \dot{U}_a) + Y_3 \dot{U}_b = \frac{\dot{U}_{S3}}{R_3} - \frac{\dot{U}_{S4}}{jX_{C2}} - \frac{\dot{U}_{S2}}{R_2}$$

这个联立方程组可写成矩阵形式：

$$\begin{bmatrix} Y_1 + Y_2 & -Y_2 \\ -Y_2 & Y_2 + Y_3 \end{bmatrix} \begin{bmatrix} U_a \\ U_b \end{bmatrix} = \begin{bmatrix} \dfrac{U_{S1}}{jX_L} + \dfrac{U_{S2}}{R_1} \\ \dfrac{U_{S3}}{R_3} - \dfrac{U_{S4}}{jX_L} - \dfrac{U_{S2}}{R_2} \end{bmatrix}$$

◆ MATLAB 程序

```
R1=2；R2=3；R3=4；XL=2；XC1=3；XC2=5；        %给出原始数据
us1=8，us2=6；us3=8；us4=15；                 %给出原始数据
Y1=1/R1+1/(j*XL)；                           %用复数表示各支路导纳
Y2=1/R2-1/(j*XC1)；
Y3=1/R3-1/(j*XC2)；
A=[Y1+Y2，-Y2；-Y2，Y2+Y3]；    %按线性方程组列出 ua、ub 的系数矩阵
%列出线性方程组右端
B=[us1/(j*XL)+us2/R1；us3/R3+us4/(-j*XC2)-us2/R2]；
U=A\B；ua=U(1)，ub=U(2)                      %求 ua、ub
I1=ua*Y1，I2=(ub-ua)*Y2，I3=ub*Y3，          %求各支路的 I
I1R=ua/R1，I1L=ua/(j*XL)，
I2R=(ub-ua)/R2，I2C=(ub-ua)/(-j*XC1)，
I3R=ub/R3，I3C=ub/(-j*XC2)，
H=compass([ua，ub，I1，I2，I3])；            %画相量图，设定此图的图柄为 H
set(H，'linewidth'，2)                       %改变相量图线宽
```

◆ 程序运行结果

```
ua=4.8845-0.5981i
ub=5.4874+2.5752i
I1=2.1432-2.7413i
I2=-0.8568+1.2587i
I3=0.8568+1.7413i
I1R=2.4422-0.2990i
I1L=-0.2990-2.4422i
I2R=0.2010+1.0578i
I2C=-1.0578+0.2010i
I3R=1.3718+0.6438i
I3C=-0.5150+1.0975i
```

其相量图如图 8 - 9 所示。

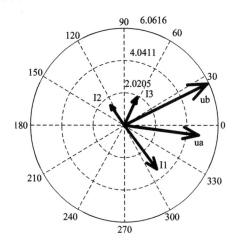

图 8 - 9　例 8 - 1 - 5 的相量图

【**例 8 - 1 - 6**】　图 8 - 10(a)所示为一个双电感并联单调谐网络，求回路的通频带 B 及满足回路阻抗大于 50 kΩ 的频率范围。

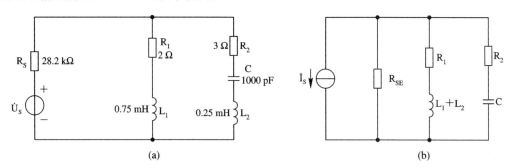

图 8 - 10　例 8 - 1 - 6 的电路图及等效电路

解：

◆ 建模

先把回路变换为一个等效单电感谐振回路，把信号源的内阻 R_S 变为并接在该单电感回路上的等效内阻 R_{SE}，如图 8 - 10(b)所示。按照这个等效电路可写出如下方程。

设 $m = \dfrac{L_1}{L_1 + L_2}$，则

$$R_{SE} = \frac{R_S}{m^2}, \quad \dot{I}_S = m \frac{\dot{U}_S}{R_S}$$

其他两支路的等效阻抗分别为(设 s 为拉普拉斯算子)

$$Z_{1E} = R_1 + s(L_1 + L_2), \quad Z_{2E} = R_2 + \frac{1}{sC}$$

总阻抗是这三个支路阻抗的并联

$$Z_E = \left(\frac{1}{R_{SE}} + \frac{1}{Z_{1E}} + \frac{1}{Z_{2E}} \right)^{-1}$$

其谐振曲线可按 Z_E 的绝对值直接画出。

◆ MATLAB 程序

```
r1＝2；r2＝3；L1＝0.75e－3；L2＝0.25e－3；C＝1000e－12；rs＝28200；
L＝L1＋L2；r＝r1＋r2；rse＝rs * (L/L1)^2；      %折算内阻
f0＝1/(2 * pi * sqrt(C * L))          %谐振频率
Q0＝sqrt(L/C)/r，r0＝L/C/r；    %空载（即不接信号源时）的回路 Q0 值
re＝r0 * rse/(r0＋rse)，      %折算内阻与回路电阻的并联
Q＝Q0 * re/r0，B＝f0/Q，    %实际 Q 值和通带
s＝log10(f0)；f＝logspace(s－.1，s＋.1，501)；
w＝2 * pi * f                      %设定计算的频率范围及数组
z1e＝r1＋j * w * L；z2e＝r2＋1./(j * w * C)；    %等效单回路中两电抗支路的阻抗
ze＝1./(1./z1e＋1./z2e＋1./rse)；    %等效单回路中三个支路的并联阻抗
subplot(2，1，1)，loglog(w，abs(ze))，grid    %画对数幅频特性
axis([min(w)，max(w)，0.9 * min(abs(ze))，1.1 * max(abs(ze))])
subplot(2，1，2)，semilogx(w，angle(ze) * 180/pi)    %画相频特性
axis([min(w)，max(w)，－100，100])，grid
fh＝w(find(abs(1./(1./z1e＋1./z2e))>5e4))/2/pi；%幅特性大于 50 kΩ 的频带
fhmin＝min(fh)，fhmax＝max(fh)，
```

◆ 程序运行结果

执行此程序所得结果为

谐振频率 f0＝159.15 kHz

空载品质因数 Q0＝200

等效信号源内阻 rse＝5.0133e＋004

考虑内阻后的品质因数 Q＝40.0853

通频带 B＝3.9704e＋003

回路阻抗大于 50 kΩ 的频率范围

fhmin＝157.7 kHz

fhmax＝160.63 kHz

谐振频率附近的幅频和相频特性曲线如图 8－11 所示。

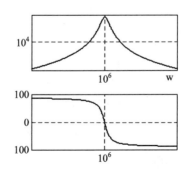

图 8－11 谐振频率处的幅频和相频特性

【例 8-1-7】 图 8-12 所示电路中，$R_1＝1\ \Omega$，$R_2＝2\ \Omega$，$C_2＝0.5\ F$，$L＝1\ H$，求分

别以 $\dot{U}_L$ 与 $\dot{U}_{C2}$ 为输出时的频率响应。如把 L 换成容量为 0.25 F 的电容，也求上述特性。

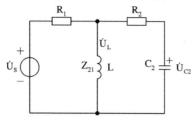

图 8-12　例 8-1-7 的电路图

解：

◆ 建模

MATLAB 的一个优点是对同样结构的网络可以用统一的程序，如果只改变几个元件的参数，则可以通过输入语句来实现，我们就按这个办法来编本题的程序。

先列出方程，设 Z_{21}、Z_{C2} 分别为 L、C_2 的电抗；Z_{22} 为 R_2 与 C_2 串联的阻抗；Z_2 为 Z_{21} 与 Z_{22} 并联的阻抗。则可写出

$$\dot{U}_L = \frac{Z_2}{R_1 + Z_2} \cdot \dot{U}_S$$

$$\dot{U}_{C2} = \frac{Z_{C2}}{R_2 + Z_{C2}} \cdot \dot{U}_L = \frac{Z_{C2}}{Z_{22}} \cdot \dot{U}_L$$

在分析频率响应时，要假设输入信号有很多频率成分，即 ω 或 f 是一个数组，因此 MATLAB 程序中的所有与 ω 有关的量（例如 Z，$\dot{U}$，$\dot{I}$）都应采用元素群运算的运算符。在下面的程序中，第 6 句之前是输入参数的语句，第 10 句以后是绘图语句，需要读者仔细消化的核心语句只有第 7～9 句。

◆ MATLAB 程序

```
clear, dw=0.1; w=[.2:dw:20]; s=j*w; us=1;
r1=1; r2=2; C2=0.5; L=1; z21=s*L;
e=input('输入元件类型：电感，键入 1；电容，键入 2');
if e==1   L=input('输入电感量（H）'); z21=s*L;
elseif e==2   C1=input('输入电容量（F）'); z21=1./(s*C1);
   else disp('元件类型错误，程序结束'), break, end
zC2=(1./s*C2); z22=r2+zC2; z2=z21.*z22./(z21+z22)    %串并联计算
uL=us.*z2./(r1+z2);                     %分压计算电感上的电压
uC2=uL.*zC2./z22;                       %再分压计算电容上的电压
subplot(2,2,1), loglog(w, abs(uL)), grid    %绘图，注意 subplot 用法
subplot(2,2,3), semilogx(w, angle(uL)), grid
subplot(2,2,2), loglog(w, abs(uC2)), grid
subplot(2,2,4), semilogx(w, angle(uC2)), grid
```

◆ 程序运行结果

执行此程序，输入电感为 1 H，得出如图 8-13 所示的 uL 和 uC2 的频率响应曲线。输入换成电容后，将得到另外的结果。

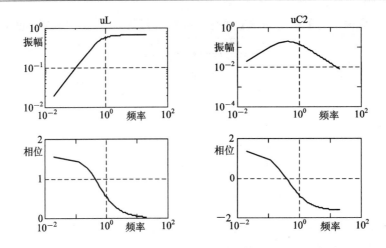

图 8-13　例 8-1-7 所示网络的频率响应

【例 8-1-8】　关于网络参数的计算。双口网络的计算公式本身并不复杂，只是公式多，其中的系数可以是复数，变量可以是相量，因此用 MATLAB 的复数矩阵计算可以带来方便，并避免出错。一个很好的办法是把这些公式列写出来，便于编程时直接拷贝调用。

解：

◆ 建模

1. 关于 Z，Y，A，B，H，G 等六种网络参数之间的转换关系

这里本来应该有 30 种变换关系，用 MATLAB 表示时，可以简化为三类：

(1) Z＝inv(Y)，Y＝inv(Z)；B＝inv(A)，A＝inv(B)；H＝inv(G)，G＝inv(H)。这三对关系是从它们的定义得到的。

(2) A＝[Z(1, 1), det(Z)；1, Z(2, 2)] / Z(2, 1)；

　　　Z＝[A(1, 1), det(A)；1, A(2, 2)] / A(2, 1)。

(3) H＝[det(Z), Z(1, 2)；－Z(2, 1), 1] / Z(2, 2)；

　　　Z＝[det(H), H(1, 2)；－H(2, 1), 1] / H(2, 2)。

有了这三组关系，这六种参数中任何两者之间就都能变换了。例如已知 Y 阵，要求 G 阵，可用 Z＝inv(Y)；G＝inv([det(Z), Z(1, 2)；－Z(2, 1), 1] / Z(2, 2))两个语句求得。

2. 关于网络的实验和影像参数公式

　　Zinf＝A(1, 1)/A(2, 1)；　　　　　　%Zinf——负载阻抗为∞时的输入阻抗

　　Zin0＝A(1, 2)/A(2, 2)；　　　　　　%Zin0——负载阻抗为 0 时的输入阻抗

　　Zoutf＝A(2, 2)/A(2, 1)；　　　　　 %Zoutf——信号源阻抗为∞时的输出阻抗

　　Zout0＝A(1, 2)/A(1, 1)；　　　　　 %Zout0——信号源阻抗为 0 时的输出阻抗

　　Zc＝sqrt(Zinf * Zin0)；Zc＝sqrt(Zoutf * Zout0)　　%Zc——特性阻抗

　　gamma＝20 * log10((sqrt(Zinf)＋sqrt(Zin0))/ (sqrt(Zoutf)－sqrt(Zout0)))

　　%gamma＝u＋jv 为传输常数，其实部 u 和虚部 v 分别为衰减常数(分贝)和相移

　　%常数(弧度)。它们都已包含在这个复数公式中，不必分别列写公式了

现在来看一个简单的数字题，图 8-14 所示为双口网络，R＝100 Ω，L＝0.02 H，C＝0.01 F，角频率 ω＝300 1/s，求其 Y 参数及 H 参数。

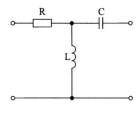

图 8-14 一个双口网络图

◆ MATLAB 程序

Z 参数可以直接写出，然后求逆即可得 Y，程序为

R＝100；L＝0.02；C＝0.01；w＝300；

z1＝r；z2＝j * w * L；z3＝1/(j * w * C)；

Z(1, 1)＝z1＋z2；Z(1, 2)＝z2；Z(2, 1)＝z2；Z(2, 2)＝z2＋z3；

Y＝inv(Z)，H＝[det(Z)，Z(1, 2)；－Z(2, 1)，1] / Z(2, 2)，

◆ 程序运行结果

用 format long 显示为(只取小数点后 10 位)

Y＝0.0099998754＋0.0000352937i   －0.0105881034－0.0000373698i

　　　－0.0105881034－0.0000373698i   0.0112109330－0.1764310202i

H＝100.00000000－0.3529411765i   1.058 8235294

　　　1.0588235294   0   －0.1764705882i

8.2 晶体管放大电路

晶体管放大电路是一门重要的课程，但是将 MATLAB 应用于这门课的国外书籍却比较少，其主要原因是：(1) MATLAB 比较适合于分析单级电路，但晶体管单级电路又与晶体管的型号及参数有关，所以包含型号库的专用的电路分析软件(例如 pspice)更为方便。(2) 现在电路分析的重点已放在集成电路方面，已经开发了大量高水平的 CAD 软件，可以用来进行大规模的电路设计和仿真，MATLAB 就更少用武之地了。不过我们觉得，读者如果能用一种数学软件来解决大学多门课程的问题，是很有意义的，所以还是举了几个例题。

【例 8-2-1】 设将一个二极管与一电阻 R_f 串接，在此电路的两端加上正向直流电压 U_0，如图 8-15 所示，试求出此电路中的电流 I_{dx} 和电压 U_{dx}。

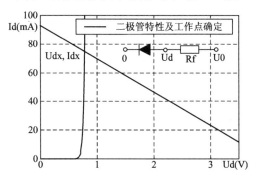

图 8-15 二极管特性和工作点的确定特性

解：

◆ 建模

二极管正向电流与电压的关系由下式确定：

$$I_d = I_s \left[\exp\left(\frac{U_d q}{KT} - 1 \right) \right]$$

其中，I_s——漏电流，设为 10^{-12}A；

　　　K——玻尔兹曼常数，1.38×10^{-23}；

　　　T——绝对温度；

　　　q——电子电荷 1.6×10^{-19} C。

负载电阻 R_f 中的电流 I_{d1} 随 U_d 变化的关系为

$$I_{d1} = \frac{U_0 - U_d}{R_f}$$

U_d-I_d 曲线为二极管特性曲线，U_d-I_{d1} 曲线称为负载线，两者的交点 U_{dx}、I_{dx} 确定了二极管的工作点。

◆ MATLAB 程序

```
%二极管特性的计算和绘制
K=1.38e-23；T=300；q=1.6e-19；        %给定常数
KT=K*T/q；
Is=10e-12；Ud=0：0.01：3.5；          %给定输入电压数组
Id=Is*(exp(Ud/KT)-1)；               %求特性曲线上对应电流
plot(Ud,Id)，grid on
axis([0,max(Ud),0,100])，hold on     %规定绘图范围，去除太大的电流
%线路图的绘制
line([1.5,1.8],[79,76])
fill([1.8,2,2,1.8],[76,72,80,76],'K')   %画二极管
line([1.8,1.8],[72,80],'linewidth',2)
line([2,2.5],[76,76])
line([2.5,2.8,2.8,2.5,2.5],[74,74,78,78,74],'line width',2)  %画电阻
line([2.8,3.1],[76,76])
plot([1.5,2.2,3.1],[76,76,76],'o')
text(1.4,70,'o')，text(2.1,70,'Ud')，    %标字符
text(2.6,68,'Rf')，text(3,70,'U0')
%负载线的绘制
U0=input('U0=[伏]')，
Rf=input('Rf=[欧姆]')
Id1=1000*(U0-Ud)./Rf；        %用负载线方程求 Id1[毫安]
plot(Ud,[Id；Id1])，grid on
%寻找两曲线差为最小的点作为交点，即工作点
[di,nI]=min(abs(Id-Id1))；%找 Id 与 Id1 数组中差为最小的元素值 dI 及序号 nI
```

Udx＝Ud(nI)；Idx＝Id1(nI)；

dsip('Udx, Idx＝'), [Udx, Idx], hold off

legend('二极管特性及工作点确定')   ％画图中标题

◆ 程序运行结果

运行上述程序，输入 U0＝4 V，Rf＝51 Ω，所得图形如图 8－15 所示。

工作点数据为

Udx＝0.7600 V Idx＝63.529 4 mA

可以用鼠标来求出交点的坐标，键入 ginput(1)，将鼠标游标移到图中，会出现一个十字线，将它尽可能准确地对准交点，按下鼠标左键，在命令窗中会返回该点的 Udx、Idx 值。ginput 后的参数，说明待求的点数，本例中只找一个交点，故取为 1。如果不给参数，只键入 ginput，则可以在很多点上按鼠标左键求坐标，但并不立即显示，直到按下回车键，才一起显示结果。

【例 8 - 2 - 2】 典型放大器低频等效电路如图 8 - 16 所示，其元件参数为

$C_1＝10~\mu F$，$R_S＝100~\Omega$，$R_b＝10~k\Omega$，

$h_{ie}＝1000~\Omega$，$h_{fe}＝100$，

$R_e＝200~\Omega$，$C_e＝100~\mu F$，

$R_c＝1000~\Omega$，$C_2＝10~\mu F$，$R_L＝2000~\Omega$

要求编写其频率响应计算程序，并探讨 C_2、C_e 对幅频特性的影响。

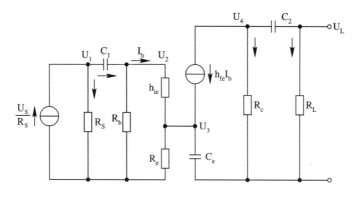

图 8 - 16 放大器低频等效电路

解：

◆ 建模

先用节点电位法列写其方程，设 U_1、U_2、U_3，U_4 如图 8 - 16 所示，这四个 KCL 方程如下：

$$\frac{U_S}{R_S}＝\frac{U_1}{R_S}+(U_1-U_2)sC_1 \tag{8-3}$$

$$(U_1-U_2)sC_1＝\frac{U_2}{R_b}+\frac{(U_2-U_3)}{h_{ie}} \tag{8-4}$$

$$\frac{(U_2-U_3)}{h_{ie}}+\frac{h_{fe}(U_2-U_3)}{h_{ie}}＝U_3\left(\frac{1}{R_e}+sC_e\right) \tag{8-5}$$

$$\frac{h_{fe}(U_2-U_3)}{h_{ie}}-\frac{U_4}{R_c}-\frac{U_4sC_2}{(R_LC_2s+1)}＝0 \tag{8-6}$$

整理成矩阵形式(注意其中 s 为拉普拉斯算子)，则有

$$
\begin{bmatrix}
\dfrac{1}{R_s}+sC_1 & -sC_1 & 0 & 0 \\[2mm]
-sC_1 & sC_1+\dfrac{1}{R_b}+\dfrac{1}{h_{ie}} & -\dfrac{1}{h_{ie}} & 0 \\[2mm]
0 & \dfrac{1+h_{fe}}{h_{ie}} & -\left(\dfrac{1+h_{fe}}{h_{ie}}+\dfrac{1}{R_e}+sC_e\right) & 0 \\[2mm]
0 & \dfrac{h_{fe}}{h_{ie}} & -\dfrac{h_{fe}}{h_{ie}} & -\left(\dfrac{1}{R_c}+\dfrac{sC_2}{R_LC_2s+1}\right)
\end{bmatrix}
\begin{bmatrix} U_1 \\ U_2 \\ U_3 \\ U_4 \end{bmatrix}
=
\begin{bmatrix} \dfrac{U_s}{R_s} \\ 0 \\ 0 \\ 0 \end{bmatrix}
$$

写成　　　　　　　　　　　　　$a * U = b$

故　　　　　　　　　　　　　　$U = a\backslash b$

给定输入 $U_s=1$ 和一个频率 ω，从这个方程组就可解得该频率输出的复数解 x，它的四个分量分别为该频率条件下的 U_1、U_2、U_3、U_4，对于规定的频率数组作循环，即可求得其频率响应，包括振幅特性和相位特性。为了探讨 C_2 和 C_e 的影响，可在上述程序的外面，再加两个改变 C_2 和 C_e 的循环，由此编成程序如下：

◆ MATLAB 程序

```
w＝logspace(0,3);      ％规定频率范围及数组值(从 100～103，按等比取 50 点)
C1＝1e-5；rs＝100；rb＝1e4；    ％给元件赋值
hie＝1000；hfe＝100；us＝1；
re＝200；rc＝1000；C2＝1e-5；rL＝2000；
    for C2＝[C2，10 * C2]      ％对 C2 及 10 * C2 分别循环计算
    Ce＝1e-4；
    for Ce＝[Ce，10 * Ce]      ％对 Ce 及 10 * Ce 分别循环计算
    for i＝1：length(w)       ％对各个频率计算各点输出
     s＝j * w(i)；
     a11＝1/rs＋s * C1；a12＝-s * C1；      ％给 a 矩阵元素赋值
     a21＝-s * C1；a22＝s * C1＋1/rb＋1/hie；a23＝-1/hie；
     a32＝(1＋hfe)/hie；a33＝-((1＋hfe)/hie＋1/re＋s * Ce)；
     a42＝hfe/hie；a43＝-hfe/hie；a44＝-(1/rc＋s * C2. /(rL * C2 * s＋1))；
     a＝[a11，a12，0，0；a21，a22，a23，0；0，a32，a33，0；0，a42，a43，a44]；
     b＝[us/rs；0；0；0]；      ％给 b 矩阵元素赋值
     x＝a\b；u(：，i)＝x；      ％求与第 i 个频率对应的四个输出电压
    end
    s1＝j * w；uL＝u(4，：). * rL. /(rL＋1. /(C2 * s1))；    ％求负载电压
    loglog(w，abs(uL))，grid，hold on      ％绘对数幅频特性图
  end
 end
 hold off
```

◆ 程序运行结果

执行此程序所得的结果如图 8 - 17 所示，可以看出，在所给的参数下，把 C2 加大 10 倍可把低频区低端的幅频特性提高将近 10 倍，把 Ce 加大 10 倍可能在低频区的高端提高其幅频特性。

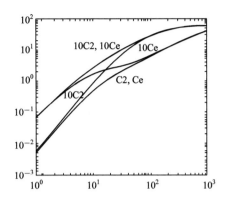

图 8 - 17　C2 及 Ce 对放大器低频幅频特性的影响

【例 8 - 2 - 3】　运算放大器电路如图 8 - 18 所示，试分析放大器开环增益和频率响应对整个电路闭环频率响应的影响，并绘出曲线。

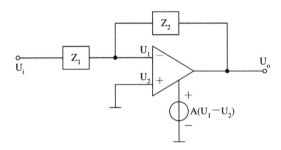

图 8 - 18　运算放大器等效电路

解：

◆ 建模

设运算放大器的开环增益为 A，它是频率的函数，则在图示的连接方法下，闭环输出与输入电压之比为

$$H = \frac{U_o}{U_i} = -\frac{Z_2/Z_1}{1+(1+Z_2/Z_1)/A} \tag{8-7}$$

在增益 A 很大时，分母上的第二项可以忽略不计，因而得出理想运放的闭环传递函数

$$H(s) = \frac{U_o(s)}{U_i(s)} = \frac{Z_2(s)}{Z_1(s)} \tag{8-8}$$

式中的 s 为拉普拉斯算子，将它换成 jω，就得出频率响应，所以这两个式子都是复数方程。根据题意，要考虑 $A = A(\omega)$ 对 $H(\omega)$ 的影响，计算将十分冗繁，利用 MATLAB 可以方便快速地解决这个问题，但必须给出具体数据求数值解。

通常，运算放大器的开环传递函数中包括三个实极点，即

$$A(s) = \frac{A_0}{\left(1+\frac{s}{\omega_1}\right)\left(1+\frac{s}{\omega_2}\right)\left(1+\frac{s}{\omega_3}\right)} = \frac{A_0\omega_1\omega_2\omega_3}{(s+\omega_1)(s+\omega_2)(s+\omega_3)} = \frac{b}{a(s)}$$

其中 $\omega_1 < \omega_2 < \omega_3$，取负号后为其三个极点，$A_0$ 为直流增益。

为了避免自激，通常使 ω_1 和 ω_2 差得很大，例如 $\omega_1 < 500\ 1/s$，$\omega_2 > 10^6\ 1/s$，而且 ω_2 和 ω_3 也要拉开。现设 $\omega_1 = 500$，$\omega_2 = 2 \times 10^6$，$\omega_3 = 5 \times 10^7$，并设 $Z_1 = 2\ k\Omega$，Z_2 取三种值：$20\ k\Omega$、$100\ k\Omega$ 和 $500\ k\Omega$，求 $H(\omega)$ 并绘出曲线。

◆ MATLAB 程序

```
%运算放大器有限增益和频率响应对电路特性的影响
Z2＝[20,100,500]＊1000;Z1＝2000;          %设定元件参数
A0＝2e6;w1＝500,w2＝2e6;w3＝5e7;
w＝logspace(2,8);                %设定频率数组
b＝A0＊w1＊w2＊w3;
a＝poly([-w1,-w2,-w3]);         %列出运算放大器分子分母系数向量
A＝polyval(b,j＊w)./polyval(a,j＊w);    %求放大器开环频率响应
for i＝1：3          %循环计算三种 Z2 的闭环响应
    Z12(i)＝Z2(i)/Z1;
    H(i,：)＝-Z12(i)./(1＋(1＋Z12(i))./A);     %放大器闭环响应
    semilogx(w,abs(H(i,：))),hold on   %画出频率－增益曲线
end
v＝axis;axis(v);               %保持 w 坐标
semilogx(w,abs(A))             %画出开环频率－增益响应
hold off
```

◆ 程序运算结果

运行这一程序得到如图 8 - 19 所示的曲线，其中虚线是开环频率响应，在低频段它趋向于无穷大；三条实线是 Z_2 分别取 $500\ k\Omega$、$100\ k\Omega$、$20\ k\Omega$ 时的闭环频率响应。可以看出，此运算放在低频区较宽的一个频带内具有平坦的增益 Z_2/Z_1，但在高频区却出现了谐振峰，这也就容易造成运算放大器的自激现象。

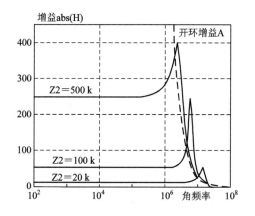

图 8 - 19　运算放大器的闭环频率响应

消除自激的方法，可以是减小 ω_1，或加大 ω_2、ω_3，因为 ω_2、ω_3 是由放大器型号的性能确定的，在放大器已经选定的情况下，通常只能用加消振电容的方法减小 ω_1，比如本题中

把 ω_1 由 500 减小为 50，其他参数不变，则所得的频率响应如图 8 - 20 所示。可见，它大大减小了自激的可能。

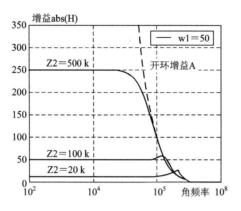

图 8 - 20　将 ω_1 减小 10 倍的 $H(\omega)$

8.3　电力电子和电机

【例 8 - 3 - 1】　一个可控硅全波整流器，要求找出负载上得到的有效值电压与点火角 $(1°\sim180°)$ 的函数关系，并画出曲线。

解：

◆ 建模

因为是全波整流，所以只要研究半个周波即可，其关键是如何用数组表示不连续波形。

周期为 T 的电压的有效值定义为

$$U \triangleq \sqrt{\frac{1}{T}\int_0^T u^2 \, dt}$$

这里用的周期是半波，即相角 $\varphi = \omega t$ 取 π 作为周期 T。将 π 分成 180 份，来表达可控硅负载电压波形，如图 8 - 21 所示。对应于程序中的 waveform 数组，它前一段为 0，后一段为正弦波，对该数组先进行元素群平方运算，相加平均，再做开方运算，便可得到有效值。

对不同的点火角进行循环计算，就可以画出有效值与点火角之间的关系。

◆ MATLAB 程序

```
clear
wt=[1：180] * pi/180;                  %把半个周波分割为 180 份
volts=220 * sqrt(2) * sin(wt);         %完整的半波波形
for ii=1：180                          %对不同点火角 ii 循环计算
    waveform=[zeros(1, ii-1), volts(ii：180)];   %求不同点火角 ii 时的波形
    if ii==45    waveform45=waveform; end        %记录点火角为 45°时的波形
    temp=sum(waveform.^2);             %计算各点波形的平方积分
    rms(ii)=sqrt(temp/180);           %计算积分的均方根
end
```

%画负载上的有效值电压与点火角关系曲线

plot([1：180]，rms，'linewidth'，2.0)；

%下一条语句中的"\bf"表示用粗体字

legend('\bf 负载电压有效值(v)')；

gtext('\bf 点火角(度)')；

grid on；pause

%画点火角为 45°时负载上的电压波形

figure(2)

plot(wt，waveform45，'linewidth'，2.0)；

%下一条语句中的\omega 和\itt 说明如何标注希腊字母 ω 和 t

gtext('\bf\omega\itt\rm 弧度')；

grid on；

◆ 程序运行结果

执行这个程序所得的结果如图 8 - 21 及图 8 - 22 所示。

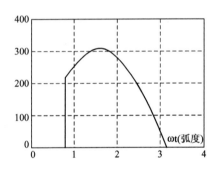

图 8 - 21　点火角为 45°时的电压波形

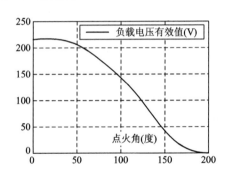

图 8 - 22　电压有效值与点火角关系

【例 8 - 3 - 2】　用 MATLAB 语言演示感应电动机三相定子磁场的合成。说明其磁场矢量如何合成为旋转磁场，程序具有一定的动画效果，读者可从中学习到编写动画程序的一些技巧。

解：

◆ 建模

感应电动机的定子由三组空间上相差 120°的绕组和磁极组成，如图 8 - 23 的 aa'、bb'、cc'所示。在三个绕组上依次加有 120°相位差的励磁电压，就可以形成一个在空间旋转的磁场。

利用 MATLAB 来演示这一过程特别有效：

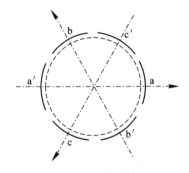

图 8 - 23　三相磁极

(1) 利用 MATLAB 的复数功能，描述三个磁极在空间不同方向产生的磁场。

(2) 利用时间数组来描述三个绕组中电流和磁场的相位变化。

(3) 把三个磁场作向量相加，即可求得合成磁场。

（4）利用 MATLAB 的绘图和动画功能显示磁场的运动。

根据这个思路来编写 MATLAB 程序较为容易。

◆ MATLAB 程序

```
clear, clf
I＝10；freq＝50；w＝2 * pi * freq；        %50 Hz 角频率(rad/s)
t＝0：1/5000：2/50；
%Ia、Ib、Ic 是相位差为 120°的三相电流
Ia＝I * sin(w * t)；Ib＝I * sin(w * t－2 * pi/3)；Ic＝I * sin(w * t＋2 * pi/3)；
%三个磁场分量在空间差为 120°时的表达式，用复数概念
kmag＝1/I；    %选适当的绕组常数，把最大磁场归一化为 1
Baa＝kmag * Ia * (cos(0)＋j * sin(0))；%a 磁场空间方向为 0°
Bbb＝kmag * Ib * (cos(2 * pi/3) ＋ j * sin(2 * pi/3))；%b 磁场方向为 pi/3
Bcc＝kmag * Ic * (cos(－2 * pi/3) ＋ j * sin(－2 * pi/3))；%c 磁场方向为－pi/3
Bnet＝Baa＋Bbb＋Bcc；        %计算合成磁场
%分别画出合成磁场 Bnet 和三相磁场 Baa、Bbb、Bcc 的矢量幅值和方向
%Bnet 为红色，Baa 为黑色，Bbb 为蓝色，Bcc 为品红色
for ii＝1：length(t)
    plot(Bnet，'k')；    %画出合成磁场向量端点的轨迹，它是一个圆
    hold on；
    %画出四个磁场相量，前三个方向固定，大小随时间变化，第四个为合成磁场
    plot([0 real(Baa(ii))]，[0 imag(Baa(ii))]，'k'，'LineWidth'，2)；
    plot([0 real(Bbb(ii))]，[0 imag(Bbb(ii))]，'b'，'LineWidth'，2)；
    plot([0 real(Bcc(ii))]，[0 imag(Bcc(ii))]，'m'，'LineWidth'，2)；
    plot([0 real(Bnet(ii))]，[0 imag(Bnet(ii))]，'r'，'LineWidth'，3)；
    axis square；axis([－2，2，－2，2])；drawnow；
    hold off；
end
```

◆ 程序运行结果

执行此程序，将得到一个演示旋转磁场的动画，图 8 - 24 给出了其中一个画面，Baa、Bbb、Bcc 表示三个方向固定、在空间上夹角为 120°的磁场，它们的大小和正负号按交流电流的正弦波变化，相位互差 120°，三者的向量和就形成了一个在空间旋转的磁场。

在程序中要注意 drawnow 的用法，通常 MATLAB 采用先计算、后画图的顺序，在程序中即使出现画图命令，它也只把数据存起来，作好画图准备，继续进行计算，直到程序暂停或结束时才统一画图。在显示动画时，这种做

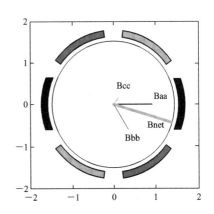

图 8 - 24　三相交变磁场合成旋转磁场
（三个方向相差 120°的磁场向量和为 Bnet）

法就不行了，必须算出后立即显示，故要加 drawnow 命令。但程序执行的速度将大大下降。在编动画程序时还要注意的是 hold on 和 hold off 命令放置的位置。实际程序中还应有能显示磁极位置的语句，没有在书中列出。

【例 8 - 3 - 3】　感应电动机机械特性曲线绘制。

解：

◆ 建模

感应电动机中任一相的等效电路如图 8 - 25(a)，其中 S 为转差率。再用戴文宁定理依次等效为图 8 - 25(b)和(c)，根据此图列写方程如下：

$$U_{ab} = \frac{U_{ph} \cdot Z_m}{(Z_1 + Z_m)}$$

$$Z_{ab} = \frac{Z_m Z_1}{(Z_1 + Z_m)}$$

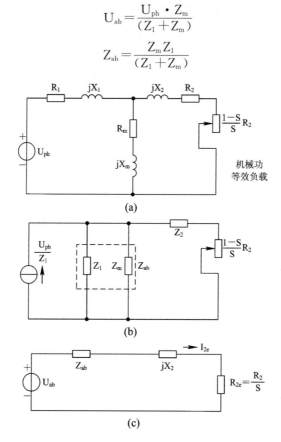

图 8 - 25　感应电动机等效电路

由最后的等效电路可得

$$R_{2e} = R_2 + \frac{1-S}{S}R_2 = \frac{1}{S}R_2$$

$$I_{2e} = \frac{U_{ab}}{(Z_{ab} + R_{2e} + jX_2)}$$

消耗在转子回路中的总功率（三相功率总和）为

$$P_{2e} = 3|I_{2e}|^2 \cdot R_{2e}$$

电磁转矩与同步角速度的乘积等于电磁场功率，故有

$$torque = P_{2e}/wsync$$

◆ MATLAB 程序

％程序中尽量直接用复数计算阻抗，并利用元素群计算以简化程序

```
clear，fvolt＝50；                              ％电源频率
r1＝0.641；x1＝1.106；z1＝r1＋j * x1；            ％定子相绕组电阻和电抗
r2＝0.332；x2＝0.464；z2＝r2＋j * x2；            ％转子等效电阻和电抗
rm＝2.5；xm＝26.3；zm＝rm＋j * xm；              ％磁化支路等效电阻和电抗
uph＝380/sqrt(3)；              ％相电压(u)
p＝2，nsync＝fvolt/p * 60；     ％同步转速(r/min)(p＝2，双极电机)
wsync＝nsync * 2 * pi/ 60；    ％同步角速度(rad/s)
％计算 A、B 两点之间电压 uab 和阻抗 zab
uab＝uph * zm/(z1＋zm)；
zab＝zm * z1/(z1＋zm)；
for r2＝[r2，2 * r2]     ％求给定内阻及内阻加倍两种电机转矩与转速关系
    s＝(eps：1：50)/50；                  ％转差率数组，第一点避开 0
    nm＝(1－s) * nsync；                  ％电机转速数组
    z2e＝r2./s＋j * x2；                  ％转子等效负载
    I2e＝uab./(zab＋z2e)；                ％转子等效电流
    P2e＝3 * abs(I2e.^2 * r2./s)；         ％三相电磁功率总和
    torque＝P2e/wsync；                    ％转矩等于电磁功率除以同步角速度
    ％画机械特性曲线
    plot(nm，torque，'LineWidth'，2.0)；
    hold on；
end
xlabel('转速')，ylabel('转矩')，
gtext('感应电机转矩转速特性')，
grid on；
```

◆ 程序运行结果

程序运行后，将得出如图 8－26 所示的转矩转速特性。

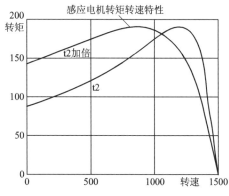

图 8 - 26　感应电机转矩转速特性

8.4　高　频　电　路

【例 8－4－1】　设无损耗同轴线内导体半径为 a，外导体内半径为 b，内外导体间的媒质参数为 (ε, μ)，求其特性阻抗及绘出它随 ε 变化的曲线。

解：

◆ 建模

根据电磁场理论，无损耗同轴线单位长度的电感和电容分别为

$$L=\frac{\mu}{2\pi}\ln\frac{b}{a}, \quad C=\frac{2\pi\varepsilon}{\ln\frac{b}{a}}$$

故其特性阻抗为

$$Z_0=\sqrt{\frac{L}{C}}=\frac{1}{2\pi}\sqrt{\frac{\mu}{\varepsilon}}\ln\frac{b}{a}$$

通常同轴线内外导体间的媒质为绝缘电介质（例如聚乙烯、聚四氟乙烯），其参数为 $\mu=\mu_0$，$\varepsilon=\varepsilon_0\varepsilon_r$，其中 ε_r 为相对介电常数，因为 $\mu_0/\varepsilon_0=1.42\times10^5$，故得

$$Z_0=\frac{60}{\sqrt{\varepsilon_r}}\ln\frac{b}{a}$$

◆ MATLAB 程序

```
％取常用于传输有线电视信号的同轴线为例，设 a＝0.5 mm，b＝4 mm
a＝0.5；b＝4；
％设定相对介质常数范围
er＝linspace(1, 20);
z0＝60 * log(4/0.5)./sqrt(er);
％特性阻抗
plot(er, z0);
grid
xlabel('相对介电常数');
legend('特性阻抗（欧姆）')
```

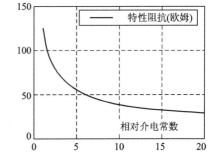

图 8－27　同轴电缆特性阻抗与
介质常数的关系

◆ 程序运行结果

程序运行的结果如图 8－27 所示。通常电视传输同轴线的特性阻抗标准为 50 Ω，由此可确定要求的介质常数。

【例 8－4－2】　用 MATLAB 语言画 Smith 图。

解：

◆ 建模

Smith 图是在高频工程中常常用到的。它建立了归一化阻抗 z 和复反射系数 γ 之间的图形关系。两者间的数学关系为

$$\gamma=\frac{(z-1)}{(z+1)}=u+iv$$

其中，z＝r+i * x。

绘图时的横坐标是 γ 的实部 u，纵坐标是它的虚部 v。指定参数 r＝常数及 x＝常数，得到圆的轨迹，即 Smith 图。由此图可以根据 γ 来求 r 及 x，也可由 r 及 x 求得反射系数 u 和 v。为了绘制这个图，可先把上面的复数方程化为两个实数方程，其结果为

$$v^2 + \left(u - \frac{r}{1+r}\right)^2 = \frac{1}{(1+r)^2} \qquad \text{固定 r、变化 x 时（消去 x）的轨迹}$$

$$\left(v \pm \frac{1}{x}\right)^2 + (u-1)^2 = \frac{1}{x^2} \qquad \text{固定 x、变化 r 时的轨迹}$$

这两个都是圆的方程，可找出其圆心及半径，以圆心角为参数画出圆。

◆ MATLAB 程序

```
plot([0 0], [-1.1 +1.1], 'r'), hold on, xlabel('u')    %画坐标轴系
plot([-1.1 +1.1], [0 0], 'r'), ylabel('v'),
axis equal, axis([-1.1, 1.1, -1.1, 1.1]), grid
tr=2 * pi * (0：.01：1);        %指定所要画的圆的圆周角分度数组
for r=[0, .2, .5, 1, 2, 5]                      %指定所要画的圆的参数 r
  rr=1/(r+1); cr=1-rr;
  plot(cr+rr * cos(tr), rr * sin(tr))           %画等 r 圆
end
for x=[.2, .5, 1, 2, 5]                         %指定所要画的圆的参数 x
  rx=1/x; cx=rx;
  tx=2 * atan(x) * (0：.01：1);                 %等 x 圆的分度数组
  plot(1-rx * sin(tx), cx-rx * cos(tx))         %画等 x 圆，x>0
  plot(1-rx * sin(tx), -cx+rx * cos(tx))        %画等 x 圆，x<0
end
```

◆ 程序运行结果

执行程序的结果如图 8 - 28 所示。其上的参数可用图形编辑器直接标注，免去确定坐标的麻烦。

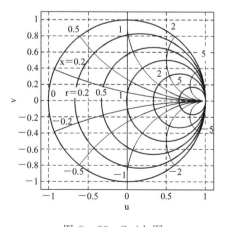

图 8 - 28　Smith 图

实际上，利用 MATLAB 的复数运算功能，也可以省去把复数方程化为实数方程的推导。直接用上述复数方程，分别设定参数 r 和 x 之一为常数，另一个为数组，按 γ 的实部和虚部绘图即可。此问题留给读者编程解决。

第 9 章　MATLAB 在信号和系统中的应用举例

9.1　连续信号和系统

【例 9 - 1 - 1】　列出单位脉冲、单位阶跃、复指数函数等连续信号的 MATLAB 表达式。

解：

◆ 建模

严格说来，MATLAB 是不能表示连续信号的，因为它给出的是各个样本点的数据，只有当样本点取得很密时才可看成连续信号。所谓"密"，是相对于信号变化的快慢而言，形象地说，在相邻样本点之间的数据变化必须非常小才能看成"密"，其严格的数学定义此处不予讨论。在编程中，先设定共同的时间坐标，然后分别列出生成三种信号的程序。

◆ MATLAB 程序

```
clear，t0＝0；tf＝5；dt＝0.05；t1＝1；t＝[t0：dt：tf]；
%(1) 单位脉冲信号
%在 t1(t0≤t1≤tf)处有一持续时间为 dt，面积为 1 的脉冲信号，其余时间均为零
   t＝[t0：dt：tf]；st＝length(t)；
   n1＝floor((t1-t0)/dt)；           %求 t1 对应的样本序号
   x1＝zeros(1，st)；                %把全部信号先初始化为零
   x1(n1)＝1/dt；                    %给出 t1 处幅度为 1/dt 的脉冲信号
   subplot(2，2，1)，stairs(t，x1)   %绘图，注意为何用 stairs 而不用 plot 命令
   axis([0，5，0，1.1/dt])          %为了使脉冲顶部避开图框，改变图框坐标
%(2) 单位阶跃信号
%信号从 t0 到 tf，在 t1(t0≤t1≤tf) 前为 0，到 t1 处有一跃变，以后为 1
   x2＝[zeros(1，n1-1)，ones(1，st-n1+1)]；   %产生阶跃信号
   subplot(2，2，3)，stairs(t，x2)            %绘图
   axis([0，5，0，1.1])    %为了使方波顶部避开图框，改变图框坐标
%(3) 复数指数信号
   u＝-0.5；w＝10；x3＝exp((u+j＊w)＊t)；
   subplot(2，2，2)，plot(t，real(x3))        %绘图
   subplot(2，2，4)，plot(t，imag(x3))        %绘图
```

◆ 程序运行结果

x1、x2、x3 的波形如图 9-1 所示。注意：若要显示连续信号波形中的不连续点，则用 stairs 命令；若要使波形光滑些，则用 plot 命令较好。复数指数信号 x3 可以分解为余弦和正弦信号，它们分别是复数信号的实部和虚部，右图中的两个衰减振荡信号就代表了这两个相位差 90°的分量。

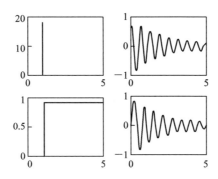

图 9-1　例 9-1-1 中 x1、x2、x3 对应的四种波形

【例 9-1-2】　编写求任意高阶连续常系数线性系统冲击响应的程序。

解：这个问题在第 4 章 4.3.5 节介绍多项式函数库时已经打下基础，在第 7 章机械振动的例 7-3-1 又讨论过二阶常系数线性微分方程的解法，读者可以先看懂那些例题的解法，再看本题。任意阶次的连续线性系统可用下列线性常微分方程表述：

$$a_1 \frac{d^n y}{dt^n} + a_2 \frac{d^{n-1} y}{dt^{n-1}} + \cdots + a_n \frac{dy}{dt} + a_{n+1} y = b_1 \frac{d^m u}{dt^m} + \cdots + b_m \frac{du}{dt} + b_{m+1} u$$

写成传递函数形式为

$$H(s) = \frac{Y(s)}{U(s)} = \frac{b_1 s^m + b_2 s^{m-1} + \cdots + b_m s + b_{m+1}}{a_1 s^n + a_2 s^{n-1} + \cdots + a_n s + a_{n+1}}$$

因此，其特性可以用系统传递函数的分子分母系数向量 b 和 a 来表示。向量 b 和 a 的长度分别为 m+1 和 n+1，对于一切物理上可实现的系统，必有 n≥m。系统的冲击响应等于传递函数的拉普拉斯反变换，问题归结为如何求出这个反变换。

如果分母系数多项式没有重根，则可以将两个多项式之比分解成 n 个一阶部分分式之和，即

$$H(s) = \frac{r_1}{s - p_1} + \frac{r_2}{s - p_2} + \cdots + \frac{r_n}{s - p_n}$$

其中 p_1，p_2，…，p_n 是分母多项式的 n 个根，而 r_1，r_2，…，r_n 则是对应于这 n 个根的留数。一阶分式的反变换可以查表得到，所以可得到冲击响应的公式：

$$h(t) = r_1 e^{p_1 t} + r_2 e^{p_2 t} + \cdots + r_n e^{p_n t}$$

可见只要求出根 p 和留数 r，线性方程的解就得到了。求根是代数问题，当阶次高时，没有解析解。可喜的是 MATLAB 提供了用数值方法求根和留数的 residue 函数，它的调用方法如下：

$$[r, p] = \text{residue}(b, a)$$

只要给出系数向量 b 和 a，就可以得出根 p 和留数 r，并得到系统的冲击响应，因此，本题的程序就可方便地编写如下：

◆ MATLAB 程序

```
a＝input('多项式分母系数向量 a＝ ')
b＝input('多项式分子系数向量 b＝ ')
[r, p] ＝ residue( b, a),    %求留数
disp('冲击响应的解析式为 h(t)＝Σr(i) * exp(p(i) * t)')
k＝input('是否要求波形？是，键入 1；否，键入 0 ');
if k＝＝1
    dt＝input('dt＝ '); tf＝input('tf＝ ');      %设定时间数组
    t＝0：dt：tf; h＝zeros(1, length(t));        %h 的初始化
    for i＝1：length(a)－1                     %根的数目等于 a 的长度减 1
        h ＝ h＋ r(i) * exp(p(i) * t);          %叠加各根分量
    end
    plot(t, h), grid
else,    end
```

◆ 程序运行结果

例如，给出系统传递函数为

$$H(s)＝\frac{s^2＋7s＋1}{s(s＋1)(s＋2)(s＋5)}$$

求冲击响应。

根据程序提问依次输入：

a＝poly([0, －1, －2, －5])

b＝[1, 7, 1]

dt＝0.05

tf＝5

得出的 h(t)如图 9－2 所示。

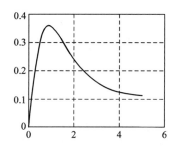

图 9－2 高阶系统的冲击响应

程序中要的是系数向量 a，而题中给出的是极点向量 p＝[0, －1, －2, －5]，因此这里用 poly 函数来作转换。

【例 9－1－3】 线性时不变系统的特性可用常系数线性微分方程表示为

$$a_1\frac{d^n y}{dt^n}＋a_2\frac{d^{n-1} y}{dt^{n-1}}＋\cdots＋a_n\frac{dy}{dt}＋a_{n+1}y＝b_1\frac{d^m u}{dt^m}＋\cdots＋b_m\frac{du}{dt}＋b_{m+1}u \qquad (n\geqslant m)$$

求输入 u 为 0 时，由初始状态决定的输出，即其零输入响应。

解：

◆ 建模

在零输入条件下，系统的响应取决于微分方程左端特征方程的根，与右端无关，其通解为

$$y = C_1 e^{p_1 t} + C_2 e^{p_2 t} + \cdots + C_n e^{p_n t}$$

其中，p_1、p_2、$\cdots$、p_n 是特征方程 $a_1 \lambda^n + a_2 \lambda^{n-1} + \cdots + a_n \lambda + a_{n+1} = 0$ 的根。每个分量的系数 C_1、C_2、$\cdots$、C_n 应由 y 及其各阶导数的初始条件来确定。

$$y|_{t=0} = C_1 + C_2 + \cdots + C_n = y_0$$
$$\dot{y}|_{t=0} = p_1 C_1 + p_2 C_2 + \cdots + p_n C_n = Dy_0 \quad (Dy_0 \text{ 表示 y 的导数的初始值})$$
$$\ddot{y}|_{t=0} = p_1^2 C_1 + p_2^2 C_2 + \cdots + p_n^2 C_n = D^2 y_0$$
$$\vdots$$

初始条件数应该和待定系数的数目相等，构成一个确定 $C_1, \cdots, C_n$ 的线性代数方程组，写成

$$V * C = Y_0$$

其解为

$$C = V^{-1} Y_0$$

其中

$$C = [C_1, C_2, \cdots, C_n]'; \quad Y_0 = [y_0, Dy_0, \cdots, D^n y_0]'$$

$$V = \begin{bmatrix} 1 & 1 & \cdots & 1 \\ p_1 & p_2 & \cdots & p_n \\ p_1^2 & p_2^2 & \cdots & p_n^2 \\ \vdots & \vdots & & \vdots \\ p_1^{n-1} & p_2^{n-1} & \cdots & p_n^{n-1} \end{bmatrix}$$

这种形式的矩阵称为范德蒙特矩阵。在 MATLAB 的特殊矩阵库中提供了专门的函数 vander，给出 p 向量，就可由 V＝vander(p) 生成范德蒙特矩阵。从 help vander 知道，需要将它旋转 90°，才与本题的形式相符。

◆ MATLAB 程序

```
a＝input('输入分母系数向量 a＝[a1, a2, ...]＝ ');
n＝length(a)－1;
Y0＝input('输入初始条件向量 Y0＝[y0, Dy0, D2y0, ...]＝ ');
p＝roots(a);V＝rot90(vander(p));        %求根，构成范德蒙特矩阵
C＝V\Y0';                              %求出 C
dt＝input('dt＝'); tf＝input('tf＝ ')
t＝0：dt：tf; y＝zeros(1, length(t));  %给出自变量数据组
for k＝1：n   y＝ y+c(k) * exp(p(k) * t); end   %求各分量的时间函数并叠加
plot(t, y), grid
```

下面利用这一程序来解一个三阶系统。

◆ 程序运行结果

运行此程序并输入：

```
a＝[1, 2, 9, 3];
dt＝0.1; tf＝5;
```

而初始值 Y0 分别取

　　　[1，0，0]；[0，1，0]；[0，0，1]

用 hold on 语句使三次运行生成的图形画在一幅图上，得到图 9 - 3。

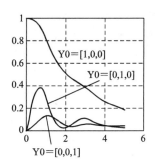

图 9 - 3　三阶系统零输入
　　　　　分量的解

【例 9 - 1 - 4】　n 级放大器，每级的转移函数均为 $\frac{\omega_n}{s+\omega_n}$，求阶跃输入下的过渡过程，画出 n 不同时的波形及对频率特性进行比较。

解：

◆ 建模

系统的转移函数为 $H(s)=\frac{\omega_n^n}{(s+\omega_n)^n}$，阶跃输入

的拉普拉斯变换为 $\frac{1}{s}$，因此输出为两者的乘积，即

$$Y(s)=\frac{\omega_n^n}{s(s+\omega_n)^n}$$

求 Y(s) 的拉普拉斯反变换，即可得到输出过渡过程 y(t)。

　　这里我们遇到了一个有多重极点 $-\omega_n$ 的 H(s) 求拉普拉斯反变换的问题。从原理上说，同样可以用 4.3 节中的留数极点分解法来求。只是在有 n 重根时，分解出的部分分式的分母将不再是一次极点，而有 $(s+\omega_n)$、…、$(s+\omega_n)^{n-1}$、$(s+\omega_n)^n$ 等项，而 $(s+\omega_n)^{-q}$ 的反变换可用如下解析式表示：

$$h(t)=L^{-1}\left[\left(\frac{\omega_n}{s+\omega_n}\right)^q\right]=\frac{1}{(q-1)!}t^{q-1}(e^{-\omega_n t}-1)$$

按照这个思路，应该先求出 Y(s) 的极点留数。注意分母中除了有 n 个重极点外，还有一个零极点（即 1/s），故共有 n+1 个极点。先用 poly 函数求出 Y(s) 分母多项式的系数向量，并求出极点及相应的留数：

　　　by＝wn^n；ay＝[poly(−ones(1，n)＊wn)，0]

　　　[r，p]＝residue(by，ay)；

再把各个分量叠加在一起。然而，实际上，这样编程不仅非常麻烦，而且难以得到正确的结果。其原因是在重极点处，MATLAB 的 residue 算法遇到了病态问题，数据中小小的舍入误差会使结果产生很大误差，即使 n 取 2 都得不出正确结果。

　　为了避开重极点问题，可以有意把极点拉开一些。例如，设 n 个极点散布在 $0.98\omega_n$～$1.02\omega_n$ 之间，那样就可以全部作为非重极点来列程序。这种处理在工程上是完全没有问题的，一般电阻的标称误差为 ±5％，电容则更大，在工程实践中，使用各个放大器时常数完全相同是不可能的，即便要把其误差控制到 ±2％ 以内也非易事，所以不必自找麻烦，干脆用非重极点的下列程序来求解。

◆ MATLAB 程序

```
clear，clf，N＝input('输入放大器级数 N＝')；
wn＝1000；dt＝1e−4；tf＝0.01；t = 0：dt：tf；
y＝zeros(N，length(t))；            %输出初始化
```

```
for n＝1：N
    p0＝－linspace(.95, 1.05, n)＊wn;     ％将 H(s)极点分散布置在±5％区间
    ay＝poly([p0, 0]);     ％由 Y(s)的极点(比 H(s)多一个零极点)求分母系数
    by＝prod(abs(p0));            ％求 Y(s)的分子系数
    [r, p]＝residue(by, ay);        ％求 Y(s)的留数极点
    for k＝1：n＋1               ％把各部分分式对应的时域分量相加
        y(n, ：)＝y(n, ：) ＋ r(k) ＊ exp(p(k) ＊ t);
    end
    figure(1), plot(t, y(n, ：)); grid, hold on     ％绘制过渡过程曲线
    ％下面这几条语句用来绘制波特图
    figure(2), bode(prod(abs(p0)), poly(p0)); hold on
    bh＝by; ah＝poly(p0);            ％求 H(s)的分子分母系数
    w＝logspace(2, 4);               ％给出频率范围和分度
    H＝polyval(bh, j＊w)./polyval(ah, j＊w);％求 H(s)在各频点的值 H(jw)
    aH＝unwrap(angle(H))＊180/pi;％求出以度为单位的连续相角
    fH＝20＊log10(abs(H));           ％求出以分贝为单位的振幅
    figure(2),
    subplot(2, 1, 1), semilogx(w, fH), grid on, hold on       ％绘幅频图
    subplot(2, 1, 2), semilogx(w, aH), grid on, hold on       ％绘相频图
end, hold off
```

◆ 程序运行结果

运行此程序，设 N＝4，可得 1 级到 4 级放大器的过渡过程如图 9 - 4 所示，从中看出输出信号达到 0.6 处所需的时间约为单级时常数乘以级数。此程序在 N＞4 时又会出现很大误差，读者可自己编写更好的程序。

为了画波特图，程序可按以下步骤进行：

（1）求频率特性。用多项式求值函数 polyval，并且用元素群运算，输入频率数组作为自变量，一次就求出全部的频率特性。注意频率特性是复数，通常关心的是它们的振幅和相角。

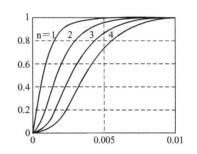

图 9 - 4　多级放大器的阶跃过渡过程

（2）振幅和相位特性横坐标都要用对数坐标并且上下对齐。

（3）振幅的纵坐标单位应化为分贝，这里用了20＊log10(abs(H))。

（4）相位的纵坐标单位应为度，并且应连续变化，不取主角，所以这里加了 unwrap 命令。

在控制系统工具箱中有一个 bode 命令可以直接完成这些功能，但本书遵循的原则是不用工具箱，以便让读者知道工具箱是怎么编程的。当然读者也应知道，工具箱中的 bode 函数，远不止这几条语句，作为商用软件库中的一个正式函数，它必须考虑自动确定频率区间，自动检查输入有无错误等，程序要复杂得多。

图 9 - 5 绘出了多级放大器的频率特性。其幅频特性显示了低通的特点，随级数的增加，通带减小；相频特性说明，随级数的增加，负相移成比例地增加。

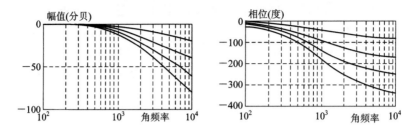

图 9 - 5 多级放大器的频率特性

【**例 9 - 1 - 5**】 设方波信号的宽度为 5 s，信号持续期为 10 s，试求其在 0～20 (1/s) 频段间的频谱特性。如只取 0～10(1/s) 的频谱分量（相当于通过了一个低通滤波器），求其输出波形。

解：

◆ 建模

设信号的时域波形为 f(t)，在 0～10 s 的区间外信号为 0，则其傅里叶变换为

$$F(j\omega) = \int_{-\infty}^{\infty} f(t)e^{-j\omega t}dt = \int_{0}^{10} f(t)e^{-j\omega t}dt$$

按 MATLAB 作数值计算的要求，必须把 t 分成 N 份，用相加来代替积分，对于任一给定的 ω，可写成

$$F(j\omega) = \sum_{i=1}^{N} f(t_n)e^{-j\omega t_n}\Delta t = [f(t_1), \cdots, f(t_N)] \cdot [e^{-j\omega t_1}, \cdots, e^{j\omega t_N}]' \Delta t$$

这说明求和的问题可以用 f(t) 行向量乘以 $e^{j\omega t}$ 列向量来实现。此处的 Δt 是 t 的增量，在程序中，将用 dt 来代替。

由于要求出一系列不同的 ω 处的 F 值都用同一公式，因此可以利用 MATLAB 中的元素群运算功能，把 ω 设成一个行数组，分别代入本公式左右端的 ω 中去，写成（程序中把 ω 写成 w）

$$F = f * exp(-j * t' * w) \cdot \Delta t$$

其中，F 是与 w 等长的行向量，exp 中的 t' 是列向量，w 是行向量，$t' * w$ 是一个矩阵，其行数与 t 相同，列数与 w 相同。这个矩阵乘式就完成了傅里叶变换。类似地可以得到傅里叶逆变换表示式。由此得到下面的傅里叶变换程序：

◆ MATLAB 程序

```
clear, tf=10; N=256;
t=linspace(0, tf, N);                       %给出时间分割
w1=linspace(eps, 20, N); dw=20/(N-1);
%dw=1/4/tf; w1 =[eps：dw：(N-1)/4/tf]; %给出频率分割
f=[ones(1, N/2), zeros(1, N/2)];            %给出信号(此处是方波)
F1=f * exp(-j * t' * w1) * tf/(N-1);        %求傅里叶变换
```

$$w=[-\mathrm{fliplr}(w1),\ w1(2:N)];$$ 　　　　　　　%补上负频率

$$F=[\mathrm{fliplr}(F1),\ F1(2:N)];$$ 　　　　　　　%补上负频率区的频谱

$$w2=w(N/2:3*N/2);$$ 　　　　　　　　　　%取出中段频率

$$F2=F(N/2:3*N/2);$$ 　　　　　　　　　　%取出中段频谱

$$\mathrm{subplot}(1,2,1),\ \mathrm{plot}(w,\ \mathrm{abs}(F),\ 'linewidth',\ 1.5),\ \mathrm{grid}$$

$$f1=F2*\exp(j*w2'*t)/pi*dw;$$ 　　　　　　%对中段频谱求傅里叶逆变换

$$\mathrm{subplot}(1,2,2),\ \mathrm{plot}(t,\ f,\ t,\ f1,\ 'linewidth',\ 1.5),\ \mathrm{grid}$$

◆ 程序运行结果

执行这个程序的结果如图 9 - 6 所示，因为方波含有很丰富的高频分量，所以要充分恢复其原来波形需要很宽的频带，实践中不可能完全做到。

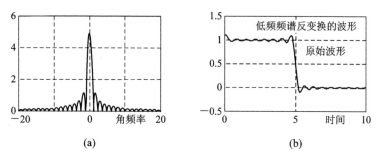

图 9 - 6　方波信号的频谱和取 $|\omega|<10$ 部分频谱的逆变换波形

(a) 方波信号的频谱；(b) 取 $|\omega|<10$ 部分频谱的逆变换波形

9.2　离散信号和系统

信号可以分为模拟信号和数字信号。模拟信号用 $x(t)$ 表示，其中变量 t 代表时间。离散信号用 $x(n)$ 表示，其中变量 n 为整数并代表时间的离散时刻，因此它也称为离散时间信号。离散信号是一个数字的序列，并可以表述为

$$x(n)=\{x(n)\}=\{\cdots,\ x(-1),\ x(0),\ x(1),\ \cdots\}$$

其中，向上的箭头表示在 $n=0$ 处的取样。

在 MATLAB 中，可以用一个向量 x 来表示一个有限长度的序列。然而这样一个向量并没有包含基准采样位置的信息，因此，完全地表示 $x(n)$ 要用 x 和 n 两个向量。例如序列 $x(n)=\{2,1,-1,5,1,4,3,7\}$（下面的箭头为第 0 个采样点），在 MATLAB 中表示为

　　$n=[-3,-2,-1,0,1,2,3,4]$, $x=[2,1,-1,5,1,4,3,7]$

当不需要采样位置信息时，可以只用 x 向量来表示。由于内存有限，因此 MATLAB 无法表示无限序列。

【例 9 - 2 - 1】　编写 MATLAB 程序来产生下列基本脉冲序列：

(1) 单位脉冲序列：起点 n_0，终点 n_f，在 n_s 处有一单位脉冲（$n_0 \leqslant n_s \leqslant n_f$）。

(2) 单位阶跃序列：起点 n_0，终点 n_f，在 n_s 前为 0，在 n_s 处及以后为 1（$n_0 \leqslant n_s \leqslant n_f$）。

(3) 实数指数序列：$x_3=(0.9)^n$。

（4）复数指数序列：$x_4 = e^{(-0.2+0.3j)n}$。

解：

◆ 建模

这些基本序列的表达式比较简明，编写程序也不难。对单位脉冲序列，我们提供了直接赋值和逻辑关系两种方法，其中用逻辑关系的编法比较简洁，读者从中可看到 MATLAB 编程的灵活性和技巧性。通常用 stem 语句来绘制离散序列。

◆ MATLAB 程序

```
clear，no=0；nf=10；ns=3；
n1=n0：nf；x1=[zeros(1，ns-n0)，1，zeros(1，nf-ns)]；
%n1 = n0：nf；x1=[(n1-ns)==0]；        %显然，用逻辑式是比较高明的方法
n2=n0：nf；x2=[zeros(1，ns-n0)，ones(1，nf-ns+1)]；
%也有类似的用逻辑比较语句产生单位阶跃序列的方法，留给读者思考
n3=n0：nf；x3=(0.9).^n3；              %实数指数序列
n4=n0：nf；x4=exp((-0.2+0.3j)*n3)；    %复数指数序列
subplot(2，2，1)，stem(n1，x1)；
subplot(2，2，2)，stem(n2，x2)；
subplot(2，2，3)，stem(n3，x3)；
subplot(4，2，6)，stem(n4，real(x4))；    %注意 subplot 的输入变元
subplot(4，2，8)，stem(n4，imag(x4))；
line([0，10]，[0，0])，                  %画横坐标
```

◆ 程序运行结果

程序运行结果如图 9 - 7 所示。

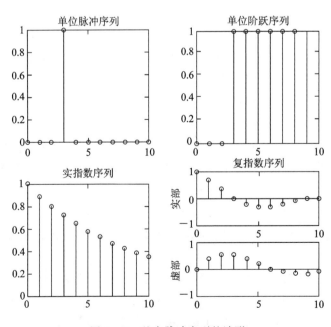

图 9 - 7　基本脉冲序列的波形

【例 9 - 2 - 2】　离散傅里叶变换的计算。

解：

◆ 建模

一个时间序列 x(n) 的离散时间傅里叶变换的定义为

$$X(e^{j\omega}) \triangleq F[x(n)] = \sum_{n=-\infty}^{\infty} x(n)e^{-j\omega n}$$

如果序列的长度是有限的，则可以把它看做是周期性无限序列中的一个周期，其长度为 N。对这个周期性序列可以用离散傅里叶变换（注意少了"时间"两字）进行研究，它的定义为

$$X(k) = \sum_{n=0}^{N-1} x(n)e^{-j\frac{2\pi}{N}nk} = \sum_{n=0}^{N-1} x(n)W_N^{nk}$$

其中

$$W_N = \exp\left(-\frac{j2\pi}{N}\right)$$

用例 9 - 1 - 4 中的方法，引入矩阵乘法来实现求和运算。用元素群算法来求不同 k 时的 X，把 n 和 k 都设成 1×N 的行数组，令 nk＝n′ * k，它就成为 N×N 的方阵，因而 W_N^{nk} 也是 N×N 方阵。由此得出离散傅里叶变换的算式为

$$X = x * W_N^{nk}$$

MATLAB 只能处理有限长度的序列，因此，适合于计算离散傅里叶变换及其逆变换。

◆ MATLAB 程序

设有限信号序列 xn(n) 的长度为 Nx，则按定义，求其 N 点傅里叶变换 Xk(k) 的程序为

```
xn＝input('x = '); Nx= length(xn); N=Nx      %取 N 为 x 的长度
tic, n=[0：1：N-1]; k = [0：1：N-1];          %设定 n 和 k 的行向量
WN＝exp(-j * 2 * pi/N);                        %WN 因子
nk＝n' * k;                    %产生一个含 nk 值的 N×N 维矩阵
WNnk＝WN .^ nk;                                %换算矩阵
Xk＝xn * WNnk; toc            %DFT 系数向量，即离散傅里叶变换的结果
plot(abs(Xk)), grid                           %绘幅频特性图
```

在 N 很大时，这个程序的运算速度比较低。程序中的 tic 和 toc 语句用来测试它们之间的程序运行时间。

实际上 MATLAB 已提供了快速离散傅里叶变换的函数 fft，可直接调用。其调用格式为

$$X = fft(x, N)$$

其中，x 是输入的时间序列，N 是傅里叶变换取的点数。若省略 N，则它自动把 x 的长度作为 N。当 N 取 2 的幂时，变换速度最快，所以要提高 fft 函数的运行速度，程序应编写如下：

```
xn＝input('x =      '); Nx=length(xn)
%取 N 为大于 Nx 而最接近于 Nx 的 2 的幂
N=pow2(nextpow2(Nx));
```

　　　　　tic，X＝fft(xn，N)；toc

　　Nx＜N，x 长度不足 N 的部分，程序会自动补 0。要注意 X 是一个长度为 N 的复数数组，可以分解出它的振幅和相位，分别绘图。

　　◆ 程序运行结果

　　按程序提示输入　x＝sin(0.1 * [1：700])＋randn(1，700)；

所得的 fft 的幅度特性是一样的，如图 9－8 所示，其中有效信号与噪声可明显区分。

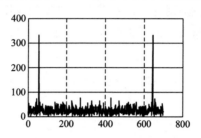

图 9－8　信号的 fft 的振幅频率特性

　　在作者的计算机上，前一程序的时间测试结果约为 8 s，后一程序为 0.05 s。

9.3　系　统　函　数

【例 9－3－1】　简单信号流图模型的矩阵解法[11]。

　　◆ 建模

　　信号流图是用来表示和分析复杂系统内的信号变换关系的工具。其基本概念如下：

　　(1) 系统中每个信号用图上的一个节点表示。如图中的 u、x_1、x_2。

　　(2) 系统部件对信号实施的变换关系用有向线段表示，箭尾为输入信号，箭头为输出信号，箭身标注对此信号进行变换的乘子。如图上的 G_1、G_2。如果乘子为 1，则可以不必标注。

　　(3) 每个节点信号的值等于所有指向此节点的箭头信号之和，每个节点信号可以向外输出给多个部件，其值相同。

　　根据这几个概念，可以列出图 9－9 的方程如下：

$$x_1＝u－G_2 x_2，\quad x_2＝G_1 x_1$$

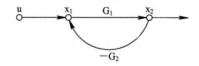

图 9－9　带反馈的简单信号流图

写成矩阵方程

$$\begin{bmatrix} x_1 \\ x_2 \end{bmatrix} = \begin{bmatrix} 0 & -G_2 \\ G_1 & 0 \end{bmatrix} \begin{bmatrix} x_1 \\ x_2 \end{bmatrix} + \begin{bmatrix} 1 \\ 0 \end{bmatrix} u$$

或 $$x = Qx + Pu$$

移项整理,可以得到求所有未知信号向量 x 的公式

$$\left(\begin{bmatrix} 1 & 0 \\ 0 & 1 \end{bmatrix} - \begin{bmatrix} 0 & -G_2 \\ G_1 & 0 \end{bmatrix}\right)\begin{bmatrix} x_1 \\ x_2 \end{bmatrix} = \begin{bmatrix} 1 & G_2 \\ -G_1 & 1 \end{bmatrix}\begin{bmatrix} x_1 \\ x_2 \end{bmatrix} = \begin{bmatrix} 1 \\ 0 \end{bmatrix}u$$

$$(I-Q)x = Pu$$

$$x = inv(I-Q) * Pu$$

定义系统的传递函数 W 为输出信号与输入信号之比 x/u,则 W 可按下式求得:

$$W = x/u = inv(I-Q) * P$$

因为

$$I-Q = \begin{bmatrix} 1 & 0 \\ 0 & 1 \end{bmatrix} - \begin{bmatrix} 0 & -G_2 \\ G_1 & 0 \end{bmatrix} = \begin{bmatrix} 1 & G_2 \\ -G_1 & 1 \end{bmatrix}$$

所以求这个二阶矩阵的逆可以直接用下面的公式:

若 $$A = \begin{bmatrix} a & b \\ c & d \end{bmatrix}$$

则 $$A^{-1} = \frac{1}{ad-bc} \cdot \begin{bmatrix} d & -b \\ -c & a \end{bmatrix}$$

所以 $$(I-Q)^{-1} = \frac{1}{1+G_1G_2}\begin{bmatrix} 1 & -G_2 \\ G_1 & 1 \end{bmatrix}$$

$$x/u = \begin{bmatrix} x_1/u \\ x_2/u \end{bmatrix} = (I-Q)^{-1}P = \frac{1}{1+G_1G_2}\begin{bmatrix} 1 & -G_2 \\ G_1 & 1 \end{bmatrix}\begin{bmatrix} 1 \\ 0 \end{bmatrix} = \frac{1}{1+G_1G_2}\begin{bmatrix} 1 \\ G_1 \end{bmatrix}$$

即 u 到 x_1 的传递函数为 $\frac{1}{1+G_1G_2}$,u 到 x_2 的传递函数为 $\frac{G_1}{1+G_1G_2}$。

对于阶次高的情况,求逆就必须用软件工具了。如果信号流图中有 G_1 那样的符号变量,那么它的求解要用符号运算工具箱。

◆ MATLAB 程序

```
syms G1 G2
Q=[0, -G2; G1, 0], P=[1; 0]
W=inv(eye(2)-Q) * P
```

◆ 程序运行结果

程序运行的结果是

$$W = \begin{bmatrix} 1/(1+G2*G1) \\ G1/(1+G2*G1) \end{bmatrix}$$

与前面的结果相同。

这是一个简单的问题,用一些其他的数学方法也能得到同样的结果,很出名的"梅森公式"就是用图形拓扑的方法得到信号流图的公式,但这个公式非常繁琐,而且无法机械化。到现在为止,我们还没有见过任何一本书籍用矩阵方法来推导这个公式。用矩阵代数方法的最大好处是可以向任意高的阶次、任意复杂的信号流图推广,实现复杂系统传递函数推导的自动化[11-12]。

【例 9 – 3 – 2】 较复杂信号流图模型的矩阵解法。

◆ 建模

图 9 – 10 是一个较复杂的信号流图。照上述方法列出它的方程如下：

$$x_1 = -G_4 x_3 + u$$

$$x_2 = G_1 x_1 - G_5 x_4$$

$$x_3 = G_2 x_2$$

$$x_4 = G_3 x_3$$

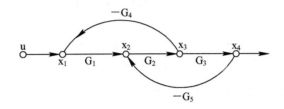

图 9 – 10 带双重反馈的信号流图

将其列为矩阵方程，得到

$$x = \begin{bmatrix} x_1 \\ x_2 \\ x_3 \\ x_4 \end{bmatrix} = \begin{bmatrix} 0 & 0 & -G_4 & 0 \\ G_1 & 0 & 0 & -G_5 \\ 0 & G_2 & 0 & 0 \\ 0 & 0 & G_3 & 0 \end{bmatrix} \begin{bmatrix} x_1 \\ x_2 \\ x_3 \\ x_4 \end{bmatrix} + \begin{bmatrix} 1 \\ 0 \\ 0 \\ 0 \end{bmatrix} u$$

公式 $W = x/u = inv(I-Q) \cdot P$ 同样是正确的，不过这里的 Q 和 P 分别为 4×4 和 4×1 矩阵，用手工求逆是很麻烦的。

◆ MATLAB 程序

syms G1 G2 G3 G4 G5

Q=[0, 0, −G4, 0; G1, 0, 0, −G5; 0, G2, 0, 0; 0, 0, G3, 0],

P=[1; 0; 0; 0]

W=inv(eye(4)−Q) * P

Pretty(W(4))

◆ 程序运行结果

程序运行的结果为

$$W = \begin{bmatrix} [(1+G2*G5*G3)/(1+G2*G5*G3+G1*G2*G4)] \\ [G1/(1+G2*G5*G3+G1*G2*G4)] \\ [G1*G2/(1+G2*G5*G3+G1*G2*G4)] \\ [G1*G2*G3/(1+G2*G5*G3+G1*G2*G4)] \end{bmatrix}$$

我们关心的输出通常是 x_4，也就是最后那个传递函数 $W(4) = x(4)/u$，其结果为

$$W(4) = \frac{x(4)}{u} = \frac{G1*G2*G3}{1+G2*G5*G3+G1*G2*G4}$$

由于系统内各个环节都是线性集总参数，因而它们的传递函数 G_i 都可以表示为 s 的多项式有理分式 $G_i(s) = \dfrac{b(s)}{a(s)}$，不管其阶次有多高，传递函数 W 都可以很容易地由计算机直接自动算出。这个方法还可以推广到离散系统，用来计算任意复杂的数字滤波器系统函数。

9.4　频谱及其几何意义

频谱分析是信号与系统课程中最重要的内容之一，很多读者在学习中感到这部分内容很抽象，往往只能从数学上了解时域信号与其频谱间的变换关系，而没有理解它的物理意义，而用 MATLAB 可以帮助读者建立形象的几何概念，真正掌握它。

首先来看欧拉公式，它以最简明的方式建立了信号频域与时域的关系：

$$\cos\Omega_0 t = \frac{1}{2}(e^{j\Omega_0 t} + e^{-j\Omega_0 t})$$

它说明一个最简单的实余弦信号可以由正、负两个 Ω_0 频率分量合成。在复平面上，正的 Ω_0 对应反时针旋转的向量，负的 Ω_0 对应顺时针旋转的向量，当这两个向量的幅度相同而相角符号相反时，就合成为一个在实轴上的向量。它的相角为零，大小按正弦变化，形成了实信号 $\cos\Omega_0 t$（如图 9-11 所示）。推而广之，任何实周期信号必然具有正、负两组频率的频谱成分，正、负频率频谱的幅度对称而相位反对称，或者说正、负频率的频谱是共轭的。

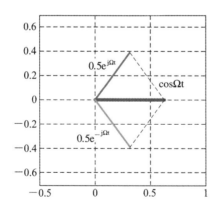

图 9-11　实序列由对称的正负频率合成

如果频谱不止这两项，而是有四项或更多，那么它们的合成仍然可以用几何动画来表示。可以把每个频谱看做一根长度等于频谱幅度、按频率 Ω 旋转的杆件，频谱的相加等价于多节杆件首尾相接，杆件末端的轨迹就描述了生成的时域波形。因为这个端点是在平面上运动，所以它将产生复信号，在实轴和虚轴上的投影分别为实信号和虚信号。

【例 9-4-1】　设计一个演示程序，要求它能把用户任意给定的四个集总频谱合成，并生成对应的时域信号。

　　解：◆ 建模

按上述多节杆合成模型来考虑这个问题。程序设计主要包括三部分：(1) 各频谱分量的输入，包括其幅度和频率(有正负号)；(2) 将各分量当做转动的杆件首尾相接；(3) 记录多节杆系末端的轨迹，并画出图形。

◆ MATLAB 程序

```
％ (1)给频谱向量赋值
N＝input('N(输入向量个数，限定 N 不大于 4)＝ ');
for i＝1:N
    i,a(i)＝input('振幅 a(i)＝ ');
    w(i)＝input('角频率 w(i)＝');
end
％ (2)将各个频谱向量相加合成并画图
％ 此处应该把各时刻的图形转为动画，在此省略转为动画的语句
t＝0:0.1:20;lt＝length(t);             ％ 给出时间数组
p＝a' * ones(1,lt). * exp(j*w'*t);    ％ 各频谱分量随时间变化的复数值
q＝cumsum(p);                         ％ 各频谱分量的累加(包括所有节点)
figure(1),plot(real(q(4,:)),imag(q(4,:))),grid on  ％ 画合成复信号的端点轨迹
％ (3)将此轨迹在实轴与虚轴两个方向的投影画成时间信号
figure(2),subplot(2,2,1),plot(real(q(4,:)),imag(q(4,:))),grid on
subplot(2,2,3),plot(real(q(4,:)),t),grid on       ％ 画出实信号的时间波形
subplot(2,2,2),plot(t,imag(q(4,:))),grid on       ％ 画出虚信号的时间波形
```

◆ 程序运行结果

运行程序并按提示输入数据，如果只取两个幅度相等而频率符号相反的集总频谱，那么将得到与图 9 - 11 相仿的结果。现取四个集总频谱，输入

a(1)＝1, w(1)＝－1;
a(2)＝1, w(2)＝－1;
a(3)＝0.5, w(3)＝3;
a(4)＝0.5, w(1)＝－4;

此处为了显示复信号，我们有意把输入频谱设成不对称的。于是读者将看到四节杆的运动动画，并得到杆系及其端点在复平面上的轨迹，如图 9 - 12 所示，改变了比例尺的轨迹见图 9 - 13(a)。将它在 x、y 两方向的投影与时间轴的关系分别画在图 9 - 13(b)和(c)中，我们就得到在"信号与系统"课程中常见的实信号曲线。

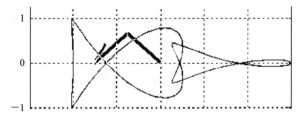

图 9 - 12　四个频谱向量组成的多节杆及其端点轨迹

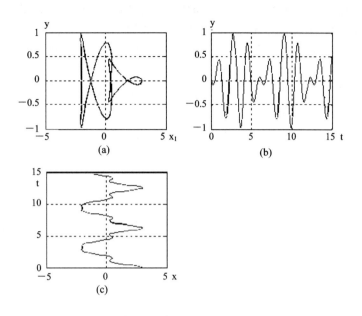

图 9 - 13　四个集总频谱生成的复信号及其实信号分量

（a）合成的复平面信号；（b）合成的虚部信号；（c）合成的实部信号

　　输入频谱的幅度可以是负数，也可以是虚数，甚至可以是复数，它不仅反映了频谱的大小，还反映了该向量的起始相位；频谱的频率则只能是可正可负的实数，正频率和负频率以及在该频率上频谱的意义在此不言自明。读者可以做各种各样的试验，例如当两组频率具有倍频关系时，得到的是周期信号；如果频率比是任意小数，那将得出非周期的信号。另外，这样的演示只适用于集总频谱，对于分布的频谱密度，就要把它想象为若干小的集总频谱的叠合。总之，有了这样的形象演示，便可以大大扩展时域信号与频域谱之间关系的思维空间。

　　可见，只有在复信号平面上，才能看到频率的正负。许多人往往看不到负频率频谱的意义，这是因为他们总是停留在实信号的范畴来思考问题。要想知道象有没有鼻子（负频率），必须去摸象头（复信号），只摸象腿（实信号）是得不到真切的认识（信号理论普遍而科学的规则）的。

9.5　场的计算和偏微分方程的数值解

　　现代科学和工程中大量遇到偏微分方程，这类方程通常用来表示分布在三维空间的场。它的解析解是很难求得的，特别是在复杂的边界条件和初始条件下，不太可能有解析解。实际工程上只要得到它的数值解就可以了。此时的一个重要手段就是把微分变为有限差分，把积分变为求和，从而把偏微分方程变为代数方程组。要得出比较准确的结果，差分必须取得很小，因而所得到的代数方程组的阶数可能很高，没有极高水平的计算机和算法，是无法得出有用的结果的。在 MATLAB 诞生的那个时候，乃至本书第一版出版的时候，都还达不到这个水平。但现在可以了，我们也就借本书再版的机会，给读者作一概要的介绍。

【例 9 - 5 - 1】　先看一个平板温度场的问题。已知该平板的周边温度如图 9 - 14 所示，现在要确定铁板中间四个点 a~d 处的温度。假定其热传导过程已经达到稳态，且该板上又没有热源，流入和流出任一点的热量相等，则在均匀的网格点上，各点的温度是其上、下、左、右四个点温度的平均值。

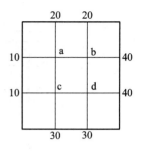

图 9 - 14　平板的温度分布

　　解　根据已知条件，可以对 a~d 这四个点列出如下方程组：

$$\begin{cases} T_a = (10 + 20 + T_b + T_c)/4 \\ T_b = (20 + 40 + T_a + T_d)/4 \\ T_c = (10 + 30 + T_a + T_d)/4 \\ T_d = (40 + 30 + T_b + T_c)/4 \end{cases}$$

移项整理为矩阵方程

$$\begin{bmatrix} 1 & -0.25 & -0.25 & 0 \\ -0.25 & 1 & 0 & -0.25 \\ -0.25 & 0 & 1 & -0.25 \\ 0 & -0.25 & -0.25 & 1 \end{bmatrix} \begin{bmatrix} T_a \\ T_b \\ T_c \\ T_d \end{bmatrix} = \begin{bmatrix} 7.5 \\ 15 \\ 10 \\ 17.5 \end{bmatrix} \Rightarrow AT = b \Rightarrow T = A\backslash b$$

　　MATLAB 求解程序 exn951 如下：

```
A=[1, -0.25, -0.25, 0; -0.25, 1, 0, -0.25; -0.25, 0, 1, -0.25;
    0, -0.25, -0.25, 1]
b=[7.5; 15; 10; 17.5], X=A\b
```

得到

$$X = [20.0000; 27.5000; 22.5000; 30.0000]$$

即　　　　　　　$T_a = 20$, $T = 27.5$, $T_c = 22.5$, $T_d = 30$

　　这是二维稳态温度场的一个最简单的模型，锅炉、汽车、飞行器及其他薄壁金属容器的蒙皮温度，通常采用此种模型。当要画出细密的温度场时，必须把点数取得较密，比如每个方向取 5 点，就有 25 个方程，系数矩阵 A 将有 625 个元素，方程的数目急剧增加，编程量和计算量也将大大增加。

　　【例 9 - 5 - 2】　将热传导的偏微分方程转变为差分方程。

　　二维热传导方程是具有下列形式的偏微分方程：

$$\frac{\partial T}{\partial t} = k^2 \left(\frac{\partial^2 T}{\partial x^2} + \frac{\partial^2 T}{\partial y^2} \right) + f(t, x, y) \tag{9 - 5 - 1}$$

其中，$T = T(t, x, y)$ 为平板上各点 (x, y) 在不同时刻 t 的温度，$f(t, x, y)$ 则是热源函数，如果板上无热源，则 $f = 0$。若热传导过程已达成稳态，$\frac{\partial T}{\partial t} = 0$，那么得到稳态热方程为

$$\frac{\partial^2 T}{\partial x^2} + \frac{\partial^2 T}{\partial y^2} = 0 \tag{9 - 5 - 2}$$

它被称为拉普拉斯方程。在简单的边界条件下可以求解析解。例如板是矩形的，宽 a 高 b，边界条件为

$$T(x, y) \mid_{x=0} = T_1, \quad T(x, y) \mid_{x=a} = T_r$$
$$T(x, y) \mid_{y=0} = T_b, \quad T(x, y) \mid_{y=b} = T_t \tag{9-5-3}$$

它的解析解可用级数表示。但如果形状复杂，材料多样，那就只能用有限差分法求其数值解。首先，将区域 D 划分为许多正方形网格，如图 9-15 所示。网格的边长 h 称为步长，两组平行线的交点称为网格的节点。取 h 为 1 时，x，y 两方向各有 $a+1$，$b+1$ 个节点(算上原点)，意味着两个方向各有 a 和 b 个网格。

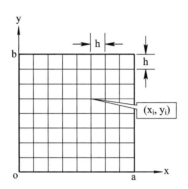

图 9-15　区域的网格划分

用 $T_{i, j}$ 表示节点(x_i, y_j)处的温度。可导出节点的温度所满足的差分方程。利用二元函数的泰勒展开式，可将与节点(x_i, y_j)直接相邻的节点的温度表示为

$$T_{i-1, j} = T(x_i - h, y_j) = T_{i, j} - h\left(\frac{\partial T}{\partial x}\right)_{i, j} + \frac{h^2}{2}\left(\frac{\partial^2 T}{\partial x^2}\right)_{i, j} - \cdots \tag{9-5-4}$$

$$T_{i+1, j} = T(x_i + h, y_j) = T_{i, j} + h\left(\frac{\partial T}{\partial x}\right)_{i, j} + \frac{h^2}{2}\left(\frac{\partial^2 T}{\partial x^2}\right)_{i, j} + \cdots \tag{9-5-5}$$

$$T_{i, j-1} = T(x_i, y_j - h) = T_{i, j} - h\left(\frac{\partial T}{\partial y}\right)_{i, j} + \frac{h^2}{2}\left(\frac{\partial^2 T}{\partial y^2}\right)_{i, j} - \cdots \tag{9-5-6}$$

$$T_{i, j+1} = T(x_i, y_j + h) = T_{i, j} + h\left(\frac{\partial T}{\partial y}\right)_{i, j} + \frac{h^2}{2}\left(\frac{\partial^2 T}{\partial y^2}\right)_{i, j} + \cdots \tag{9-5-7}$$

将式(9-5-3)～(9-5-6)相加，并忽略 h^3 以及更高阶项，可得到节点(x_i, y_j)处的有限差分方程

$$T_{i, j} = \frac{1}{4}(T_{i-1, j} + T_{i+1, j} + T_{i, j-1} + T_{i, j+1}) \tag{9-5-8}$$

这样，节点(x_i, y_j)的温度 $T_{i, j}$ 仅由周围四个相邻节点的温度决定，温度的 T 拉普拉斯方程近似地被差分方程所代替，原来的二阶偏导数运算转化为代数运算。它与例 9-5-1 的温度场具有相同的形态，可以用线性代数的方法来解，不过每个点有一个方程，所以其阶数往往很高。几十几百阶的方程用线性代数的公式求解没有问题，但列写其系数矩阵却是很麻烦的事。若是几千几万阶通常都用近似解法更快。最常用的方法是同步迭代法。首先，任意给定区域 D 内每一个节点上的数值作为温度的零次近似值 $T_{i, j}^{(0)}$，然后把这组值代入式(9-5-8)的右端得到

$$T_{i, j}^{(1)} = \frac{1}{4}\left[T_{i, j-1}^{(0)} + T_{i, j+1}^{(0)} + T_{i-1, j}^{(0)} + T_{i+1, j}^{(0)}\right] \tag{9-5-9}$$

将 $T_{i, j}^{(1)}$ 作为温度的一次近似值。在式(9-5-9)右端四个值中若涉及边界节点上的值

时，则均用相应的已知值 $f(x_i, y_j)$ 代入。再将 $T_{i,j}^{(1)}$ 代入式（9-5-8）的右端，又可得到温度的二次近似值 $T_{i,j}^{(2)}$。一般说来，在得到温度的第 k 次近似值 $T_{i,j}^{(k)}$ 后，由公式

$$T_{i,j}^{(k+1)} = \frac{1}{4} \left[T_{i,j-1}^{(k)} + T_{i,j+1}^{(k)} + T_{i-1,j}^{(k)} + T_{i+1,j}^{(k)} \right]$$

就得到温度的第 k+1 次近似值。照这样进行下去，直到相邻两次的迭代解 $T_{i,j}^{(k)}$ 与 $T_{i,j}^{(k+1)}$ 间的误差不超过允许范围时，就可结束迭代过程。

相应的 MATLAB 程序 exn952 如下：其中取 a=12，b=12，左、右、上、下边界上的温度值 Tl，Tr，Tt，Tb 应先设定。此处设为 0，0，50，0 度。任意取全板各处的初值 T1 为四个边界值的平均，以后就把每次计算出的 T2 作为下一次迭代的初值，迭代 500 次。相应的 MATLAB 程序 exn952 如下：

```
clear, a=12; b=12; Tl=0; Tr=0; Tb=0; Tt=50;
%置初值 T1－－－第一次先由 T1 迭代运算求 T2----
T1=ones(b+1, a+1) * (Tl+Tr+Tb+Tt)/4;
for k=1:500                          % 迭代次数 K 取为 500
  for i=1:b+1
    for j=1:a+1
      if i==b+1 T2(i, j)=Tt;         %上边界温度为 Tt
      elseif i==1 T2(i, j)=Tb;       %下边界温度为 Tb
      elseif j==1 T2(i, j)=Tl;       %左边界温度为 Tl
      elseif j==a+1 T2(i, j)=Tr;     %右边界温度为 Tr
      else                           %非边缘点按拉普拉斯方程计算
        T2(i, j)=(T1(i, j-1)+T1(i, j+1)+T1(i-1, j)+T1(i+1, j))/4;
      end
    end
  end
  T1=T2;         %---把本次迭代的结果 T2 作为下次迭代的初值 T1----
end
subplot(1, 2, 1), mesh(T2)                % 绘制三维温度分布图
axis([0, a+1, 0, b+1, 0, max([Tt, Tb, Tl, Tr])]), grid on
subplot(1, 2, 2), contour(T2), grid on    % 绘制等位线图
set(gcf, 'color', 'w')                    %将图形背景设为白色
```

程序运行得到结果见图 9-16。左立体图的底面表示平板，x，y 两个方向各有 12 格，以 z 轴方向的高度表示温度板各处温度的大小，（在 MATLAB 中下标从 1 开始，所以坐标的起点也为 1）。在 y=12 处，温度为 50，其余三边温度为零。右图则为温度的等高线，实际上是对左图用平行于底面 xy 的等高平面对电场图进行切割的结果。

【例 9-5-3】 用 COMSOL 场分析仿真软件对一个集成电路表面安装板的热分析结果示例。

由于集成电路和电路板安装密度的不断提高，电流产生的热量有可能烧坏芯片，所以热分析就成为设计中很重要的问题。图 9-17 中的电路板上装了两个集成电路，中间是主

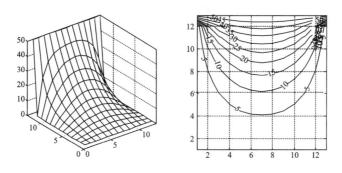

图 9-16　槽截面上的温度分布曲面(左)及等位线图(右)

电路,左下角是电源电路。两个集成电路都会产生较大的热量,因此在电源电路下方连接了一片金属散热片。主电路的芯片是在 16 脚封装中央的一个小方块处,为了帮助它散热,设计了一根传热金属线,连到封装电路的左下第一个脚,并也与散热片相连。

图 9-17　待分析的一块电路板

　　要分析这样一个结构的温度分布,那就要考虑电流密度的分布造成的分布发热密度,进而研究三维空间的热传导。考虑多个发热源,几种不同的材料的复杂边界条件,它的数值解显然是非常复杂。用 COMSOL 进行场分析解出的结果表示为彩色图 9-18。这是一个底视图,所以电源电路在左上方。结果显示该处的温度最高,接近于摄氏 50 度,但还是低于芯片的安全工作温限。电路板必须经过这样的热设计并检验合格才能投产。

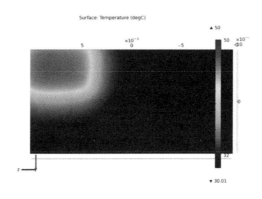

图 9-18　电路板的温度分布底视图

参 考 文 献

［1］　Thomas L，Harman，James B，et al. Advanced Engineering Mathematics Using MATLAB. Boston：PWS Publishing Company，1997.

［2］　Louis H，Turcotte，Howard B，et al. Computer Applications in Mechanics of Materials Using MATLAB. ［S. I.］：Prentice Hall，1998.

［3］　Vinay K，Ingle，John G，et al. 数字信号处理及其 MATLAB 实现. 陈怀琛，王朝英，高西全，译. 北京：电子工业出版社，1998.

［4］　Landau，Rubin H. Computational Physics— Probleming Solving with Computers. New York：John Wiley & Sons，Inc，1997.

［5］　George B，Thomas，Ross L，et al. Thomas Calculus(10 th ed). 北京：高等教育出版社影印，2004.

［6］　吴赣昌. 高等数学(理工类). 北京：中国人民大学出版社，2006.

［7］　Steven J，Leon. Linear Algebra with Applications (6 th ed). 北京：机械工业出版社影印，2004.

［8］　David C，Lay. Linear Algebra and It's Application (3 rd ed). ISBN：0201709708，2004：pp492＋76. 北京：电子工业出版社影印，2004.

［9］　Walpole R E，Myers R H，Myers S I，et al. Probability & Statistics For Engineers and Scientists (7 th ed). 北京：清华大学出版社影印，2004.

［10］　陈怀琛. MATLAB 及其在理工课程中的应用指南. 2 版. 西安：西安电子科技大学出版社，2004.

［11］　陈怀琛，吴大正，高西全. MATLAB 及在电子信息课程中的应用. 3 版. 北京：电子工业出版社，2006.

［12］　陈怀琛. 数字信号处理教程——MATLAB 释义与实现. 北京：电子工业出版社，2004.

［13］　陈怀琛，龚杰民. 线性代数实践及 MATLAB 入门. 北京：电子工业出版社，2005.

［14］　薛定宇，陈阳泉. 高等应用数学问题的 MATLAB 求解. 北京：清华大学出版社，2004.

［15］　乐经良. 数学实验. 1 版. 北京：高等教育出版社，1999.

［16］　李尚志，等. 数学实验. 北京：高等教育出版社，1999.

［17］　李继成，戴永红. 数学实验. 西安：西安交通大学出版社，2003.

［18］　张志涌，等. 精通 MATLAB 6.5 版. 北京：航空航天大学出版社，2003.

［19］　王向东，戎海武，文翰. 数学实验. 北京：高等教育出版社，2004.

［20］　陈怀琛，高淑萍，杨威. 工程线性代数. 北京：电子工业出版社，2007.

［21］　陈怀琛. 实用大众线性代数(MATLAB 版). 西安：西安电子科技大学出版社，2014.